金东寒　主编

秩序的重构

——人工智能与人类社会

上海大学出版社
·上海·

本书编撰委员会

主　编

金东寒

策划主任

李仁涵

总负责人员

于晓宇　王廷云　王家宝　孙伟平　李仁涵　李凤章　汪大伟
汪　宁　张文宏　张勇安　罗　均　金江波　费敏锐　骆祥峰
秦　钠　袁　浩　徐　聪　郭毅可　谢少荣

研究人员

丁嘉羽　王廷云　王　灵　王金伟　王　斌　厉　杰　史晓云
吕康娟　朱　虹　刘奂奂　刘建勇　刘　娜　刘　颖　安　平
孙伟平　李仁涵　李凤章　李　青　李　凯　李俊峰　李　颖
杨　扬　杨　骁　杨　晨　余　洋　张久俊　张卫东　张阿方

张珊珊　张　勇　张统一　张倩武　张　琨　张新鹏　张　麒
陈　灵　陈秋玲　陈　浩　罗　均　岳　林　金枫梁　金晓玲
周丽昀　庞保庆　侯庆斌　施　鹰　费敏锐　骆祥峰　秦　钠
聂永有　顾申申　顾　青　钱妮娜　徐　聪　郭纯生　郭　琦
郭毅可　唐青叶　彭　艳　彭章友　董春欣　董　瀚　童维勤
谢少荣　蒲华燕

撰写人员

王洋凯　王菁玥　王　斌　尹雪娇　刘小敏　刘奂奂　刘　娜
刘　颖　安　平　孙龙飞　孙伟平　李仁涵　李　青　李　凯
李俊峰　李晓强　杨　扬　杨　晨　吴祝欣　冷　拓　张卫东
张珊珊　张倩武　张紫伊　张新鹏　张　麒　陈汇资　陈　灵
陈玮玮　林智鍪　罗　均　岳　林　金枫梁　骆祥峰　顾申申
钱妮娜　徐　聪　郭　琦　唐青叶　陶益达　曹　宁　揭　旋
彭　艳　韩越兴　谢少荣　谢佳佳　蒲华燕　戴　伟

（以上均按姓氏笔画为序）

序

信息技术自上世纪中叶发展以来，已对人类社会生活在深度和广度上不断加深影响，特别是当信息技术发展到数字化、网络化乃至高级阶段——智能化阶段（人工智能）后，更加速了对人类社会生产与生活方式的影响，有人甚至预测它将进一步促使人的思维发生变化。

2016 年 3 月，作为课题组顾问，我参加了中国工程院有关人工智能发展的研究工作。5 月，我与 18 位院士一起，向党中央和国务院提出了在我国发展人工智能的院士建议，得到了中央领导同志的高度重视与采纳。9 月，科技部正式启动我国人工智能规划的研究工作，并邀请我担任规划研究的顾问。在此期间，除了在理论、技术、平台、应用、标准等方面参与讨论、学习外，我进一步感悟到人工智能的发展对人类社会的影响不可小觑，而且各相关部门也多次提出对这个问题需要从各种角度予以高度重视。2017 年 7 月，国务院颁布了《新一代人工智能发展规划》，明确提出要重视人工智能发展对人类社会影响的研究。

今天，我非常欣慰地看到，上海大学在金东寒校长的领导下，组织了学校的理、工、文、法和社会学科的老师们，在国家规划发布后的仅四个多月的时间里就完成了《秩序的重构——人工智能与人类社会》（以下简称《秩序的重构》）一书。我认为，这本书的站位选择符合“人类命运共同体”的思维，对人工智能时代的社会重构具有一定的参考价值。

《秩序的重构》一书共分七章，重点论述了人工智能与各界认知、伦理道德、法律法规、就业、教育、安全保障和国际准则，而且每一章都配了漫画，试图让不同专业的读者都有“一目了然”之感受，并希望能启示出各种创意和心意。

我相信，《秩序的重构》一书在出版发行之后，会对国内外有关读者产生一定的影响。同时，希望上海大学参与写书的团队能够持续跟踪人工智能的发展及对人类社会产生的影响，特别是不确定性的影响，发挥好上海大学理工学科基础扎实，文、艺、法、社各学科齐全的特有优势，不断提高发现问题、认识问题、解决问题的实际能力与水平，并为人才培养作出示范与贡献。

徐匡迪

2017 年 12 月 5 日

目　　录

第1章 人工智能与各界认知

人工智能(Artificial Intelligence,AI)发展正在深刻地改变着人类社会生活,改变世界。近年来,人工智能的发展已引起了国际社会的广泛关注。美国、日本、英国、德国等国家相继制定了人工智能发展规划,中国也于2017年7月发布了《新一代人工智能发展规划》。过去,人类生活在一个由物理空间(Physical Space,简称P)和人的社会空间(Human Social Space,简称H)构成的二元空间里,其活动秩序是由人与人和人与物之间的相互作用及相互影响而形成的,人是人类社会秩序的制定者与主导者。然而,随着大数据、云计算和物联网等信息技术向深度与广度发展,智能化移动设备、可穿戴设备以及"互联网+"不断深入到人类社会的各个领域,推动了第三次产业革命和智能时代到来,从而使得人类社会正进入一个由物理空间、人的社会空间和赛博空间(CyberSpace,简称C)构成的三元空间(PHC)。在这样的三元空间中,人类活动的秩序必然也随之发生重构。无论是否认同,智能时代对人类社会生活必将产生深刻影响已逐渐成为社会各界的共识。因此,人类应该未雨绸缪,做好相应的准备。

1.1 人工智能的前世今生

近年来,人工智能已经成为一个家喻户晓的名词。人工智能对人类社会秩序到底有何影响？这是人们最为关心的话题。

1.1.1　人工智能与人类社会秩序

人类智能是指人类通过对外部世界的感知，并根据对这些感知信息的理解与认知，作出合理决策与判断的过程。这是人类生产活动的结晶，促进了社会的进步与发展。人类社会发展程度的高低，不仅取决于人类对客观世界的认知程度，而且还与人、人类社会和客观世界之间的相互作用及相互影响的复杂性相关。复杂性的加剧或者复杂关系的不断变化，直接影响人类社会中人与人之间以及人与物之间的相互关系和相互影响方式，即影响人类社会的正常秩序，以螺旋式的方式推动着人类社会进步的步伐。

第二次产业革命以来，特别是第三次产业革命的智能时代到来，人类有能力快速掌握并运用多样的智能工具，一方面推动了社会生产力与人们生活质量的飞跃式提高，另一方面也极大促进了科学技术爆炸式的发展，并将人类带向了一个全新的阶段——数据驱动的智能时代。在这个崭新的时代里，人类的感知能力在各种智能工具（比如智能移动设备、智能机器人等）的辅助下，得到了前所未有的增强。与此同时，人类社会的各种活动被不断感知，所产生的海量数据也被持续不断地记录着。通过对海量数据进行分析，我们既可以进一步加深对主客观世界的了解与认识，也能够提高对世界万物的相互作用与联系而形成的秩序及其重构过程进行感知和预测的能力。

人类社会的发展正面临着日益增加的不确定性，这是人类社会秩序发生重构的原因所在。智能时代的到来推动了三元空间的形成，而随着人们对三元空间的愈加了解，就会发现影响世界运行与发展的因素与关系愈多，这将使人类社会正常秩序赖以维持的复杂行为和关系也变得愈加难以被清晰地表达与把握，从而进一步加大了对三元空间中人类秩序的重构进行理解与预测的难度。基于此，我们要解决当前面临的不确定性问题，必须进行信息输入，运用智能技术增强将海量数据转化为信息与知识的能力，从而为大规模降低人类认知的不确定性贡献力量。可以说，建立在大数据基础上的人工智能，其本质就是通过从数据中获取信息和知识来消除不确定性，继而对人类社会正常秩序的理解以及对人类社会秩序重构过程的探寻。

从科学技术发展的历程来看，信息技术的发展并非是匀速的，以大数据、物联网、云计算为基础发展起来的人工智能之所以能够在今天得到快速发展，其主要原因在于大量的相关技术已经达到成熟阶段。一方面，计算设备、移动设备与传感器等硬件领域的技术进步使得收集数据变得异常容易；另一方面，物联网与“互联网＋”等基础设施和相关技术的应用与发展，使得全球数据量呈爆炸式增长。在应用拓扑结构上，从分布式系统到云计算平台，信息的存储、传递、处理等均取得了长足的进步。上述因素为智能时代的到来提供了强大的硬件与软件支撑。

人工智能的发展必将带来“原有产业＋人工智能”的蓬勃发展，使得相关产业具有了智能化特征。未来的“农业、工业、服务业＋人工智能”将迎来崭新的产业形态，并推动现有的各个产业的秩序重构。

1.1.2　人工智能发展历程

对人工智能而言，数理逻辑与计算是其得以蓬勃发展的两大基石。17 世纪法国数学家勒内・笛卡尔(Rene Descartes)曾提出过一个伟大的设想：一切问题化为数学问题，一切数学问题化为代数问题，一切代数问题化为代数方程求解问题。这不仅是最初的机械化数学思想，也为人工智能的出现奠定了基础。因为只有机械化，才能让机器模拟人类的思维与逻辑推理。不过这个设想并不是那么容易实现的。

到了19世纪末,英国的罗素(Bertrand Russel)、怀特黑德(Alfred North Whitehead)和德国的希尔伯特(David Hilbert)等著名数学家经过不断努力,将基于演绎推理的数学体系结构形式化,并提出了数理逻辑和机械化数学的概念。在此基础上,一大批数学家开始致力于让机器能像人一样去推理、去解题,而逻辑机作为人工智能最早期的试验,就在人类最严格可靠的数学大厦中开始了。

美国的丘奇(Alonzo Church)和英国的图灵(Alan Mathison Turing)等科学家则在另一条道路上继续开拓着。20世纪初,这些科学家通过深入研究来引导人们认识计算的本质,正是通过他们的艰辛工作,形式推理概念和计算(特别是可以用于大量、快速计算的机器)之间的桥梁最终得以搭建起来。计算机随之诞生,并为各个学科及其研究者带来了巨大变化:一方面,计算机给人们提供了前所未有的强大工具,能够帮助人们通过计算与感知加深对世界的理解、预测和探寻;另一方面,计算机为科技工作者开拓了全新的研究内容,同时改变了人们对科学的评判标准。在计算机出现之前,只有结构的、逻辑的科学才是主流的科学;而在计算机出现之后,局部可解的、精确的实用性算法理论等则得到了前所未有的重视。

从现代意义上说,人工智能诞生的日子被普遍认定为1956年夏季。当时,由年轻的美国学者约翰·麦卡锡(John McCarthy)、马文·明斯基(Marvin Minsky)等人共同发起的一次长达两个多月的研讨会在美国达特茅斯学院召开。该次会议重点讨论了用机器模拟人类智能的问题,并且与会学者首次使用了"人工智能"这一术语。这是人类历史上第一次关于人工智能的研讨会,标志着人工智能学科的诞生。在人工智能的概念被提出后,科学界对于人工智能的乐观预测无处不在,人工智能由此进入了长达20多年的黄金时代。

经过20多年的快速发展，人工智能研究取得了丰硕的成果，但同时也遭遇了技术瓶颈，此前太过乐观的预测也在不断地被修正。1973年，法国数学家詹姆斯·莱特希尔(James Lighthill)的报告更是给了人工智能以沉重打击。这份报告以翔实的数据为根据，指出人工智能的很多研究是没有多大价值的，由此导致相关机构逐渐停止了对人工智能研究的资助，人工智能研究由此进入了第一次寒冬。

人工智能研究的第二次寒冬则是源于日本智能(第五代)计算机的研制失败。1982年，日本通产省开始了第五代计算机的研制计划，希望计算机具备能直接推理与知识处理的新型结构，但最终因没有突破关键性的技术难题而告失败。

1984年，美国斯坦福大学试图通过专家人工的方式，来构建一个包含人类常识的百科全书，并期望基于此实现类人的推理能力，然而，由于专家系统中知识获取问题的出现，促进了数据挖掘与机器学习的极大发展。

然而，20世纪80年代的降温并不意味着人工智能研究的停滞不前或遭受重挫，因为过高的期望难以实现是预料中的事，但自从人工智能中过于激进的部分被挤掉之后，其研究迈入了一段相对稳步的发展时期，并逐渐迈入了实用化进程。人工智能作为一门学科逐渐成熟起来，形成了不少分化的新领域和新流派。各个领域与流派之间不仅有合作，也出现了因为方法和理念不同带来的激烈争论。这些都极大地推动了人工智能的进一步发展。

人工智能的研究分为符号主义、联结主义与行为主义三大学派。特别的是，符号主义与联结主义所主导的知识库专家系统与机器学习都分别在不同的时代引领了人工智能的发展。其中，20世纪80年代是符号主义的黄金时代，许多知名的专家系统与知识工程在全世界得到迅速发展与应用，如 PROSPECTOR 地质勘探专家系统、ELAS 钻井数据分析系统等。从符号主义视角来看，人工智能本质上是一个知识处理系统，而知识表征、知识利用与知识获取则是人工智能的三个基本问题。

2006 年以来，人工智能领域中大放异彩的是基于神经网络的深度学习，这是联结主义学派的代表性成果。1986 年 7 月，被称为“深度学习之父”的杰弗里·辛顿（Geoffrey Hinton）和大卫·鲁梅尔哈特（David Rumelhart）一起合作在《自然》（*Nature*）杂志上发表论文，第一次将反向传播算法（Back Propagation）引入了神经网络模型。2012 年 10 月，辛顿教授领衔的研究团队开始将神经网络最新技术运用到基于 ImageNet 图片库的大型图像识别竞赛之中。随后，基于此种神经网络的深度学习研究与应用变得一发不可收拾，多个应用实例也已是家喻户晓。其中，最著名的标志性事件当属 2016 年的人机对弈比赛，其结果是谷歌旗下 DeepMind 公司的 AlphaGo 战胜了人类顶级职业棋手李世石，引发了大众对人工智能的强烈关注。

纵观人工智能的发展历程，不难看出，三次的起起伏伏恰恰是人工智能的螺旋上升式发展、进而走向成熟的过程。其中，人工智能代表性成果就是深度学习，近来增量学习、迁移学习等也活跃起来。为此，我们必须上下而求索。虽然对于人工智能究竟会给人类社会带来多大的影响，我们目前还未能得知，但是正如数学家希尔伯特所言：“我们必须知道，我们终将知道。”

1.1.3 人工智能发展的新特征

至 2016 年，恰逢人工智能概念提出 60 周年。近几年来，世界主要发达国家都把发展人工智能作为提升国家竞争力、维护国家安全的重大战略，加紧出台人工智能研究与应用相关的规划和政策，围绕核心技术、顶尖人才、标准规范等强化部署，力图在新一轮国际科技竞争中掌握主导权。在移动互联网、物联网、大数据、超级计算、脑科学等新理论新技术以及经济社会发展强烈需求的共同驱动下，新型的机器学习方法，比如深度学习、深度强化学习、生成对抗学习、迁移学习和增量学习等新的方法层出不穷。当前人工智能无论在学术界还是工业界都呈现出百花齐放、百家争鸣的态势。主要包括以下五个新趋势：

(1) 大数据智能

大数据智能是实现从抽样学习向全体数据学习的转变，从强调高密度知识的学习向价值稀疏知识学习的转变等。

大数据驱动的人工智能通过使用数据挖掘和机器学习等技术对大数据进行深度学习或其他学习，致力于获得有价值的知识。例如，谷歌曾通过大数据分析成功预测甲型 H1N1 流感。目前，大数据驱动的智能已经在投资领域的量化投资、金融领域的风险控制、消费领域的精准营销、交通领域的线路优化、医疗领域的健康管理等方面发挥着重要作用。

然而，大数据智能领域还有一些技术瓶颈需要突破，如数据驱动与先验知识相融合的智能方法、基于认知的数据智能分析方法、非完全与不确定信息下智能决策基础理论与方法等。

(2) 跨媒体智能

跨媒体智能是为了实现从单个通道数据的学习发展到多个通道数据的学习。众所周知，人类智能可以对多个媒体对象进行处理，包括文本、语音、图像与视频等。但是当前人工智能的一个主要挑战在于处理对象的单一性，进而造成了人工智能获得知识途径的单一性。例如，语音识别技术只能处理语音，而图像识别技术只能处理图像数据等，这就给新一代人工智能的发展带来了挑战。为此，人工智能领域中一个亟须发展的方向就是融合跨媒体数据，并对其进行感知、认知、分析和推理。

跨媒体智能将主要围绕跨媒体感知计算理论而展开，从视听语言等感知通道出发，利用机器学习方法、语义分析与推理技术等，从跨媒体中获取不同维度的知识，并形成统一的跨媒体语义表达的框架，以期能够习得超越人类感知能力的跨媒体机器自主学习技术。

(3) 群体智能

群体智能要实现从单体智能到群体之间通过协作而形成宏观智能的转变。由于单个个体难以完成复杂的任务，如果通过大量个体组成的群体协同而完成，则表现出群体智能。群体智能相对于单个个体的复杂任务具有更强的鲁棒性(Robustness)和灵活性，其主要的优势是没有全局控制，典型的示例为蚁群优化算法，这为复杂问题的求解提供了新的途径与新的思路。在万物互联时代，人、机、物都可连接在一起，那么如何发挥不同单个个体的优势以形成群体智能，这已经成为当前人工智能发展面临的挑战性问题。

(4) 混合增强智能

混合增强智能强调的是外部智能体信息的融合对人们从数据中获取智能的重要性。人工智能在搜索、计算、存储、优化等方面已经具有人类无法比拟的优势。然而，在外部环境的感知、推理、归纳和学习等方面尚无法与人类智能相匹敌。如果能将人类智能和机器智能进行相互沟通与融合，则可创造出更为强大的人工智能，这个过程就是一个典型的混合增强智能。

在混合增强智能系统中，生物体组织可以接受智能体的信息，智能体可以读取生物体组织的信息，两类信息可以实现无缝交互和实时反馈。混合智能系统可进一步融合生物、机械、电子、信息等领域因素，形成有机整体，从而提升系统的行为、感知、认知等能力。

(5) 自主无人系统

自主无人系统可以有效感知与融合无人系统所在的外部环境，同时可以根据感知的外部环境信息进行自主决策，且能适应复杂变化的外部环境的系统。自主无人系统主要包括无人艇、无人机、无人车等。传统无人系统则主要是按照预先编排的计算机程序去完成一些特定任务，却无法自主适应不同场景以及动态变化不确定的场景。

无人驾驶汽车也吸引了各界目光，目前全球已经有近百家公司在研发无人驾驶汽车，主要有谷歌(Google)、华为(HUAWEI)、特斯拉(Tesla)、优步(Uber)等。无人艇和无人机也受到国内外的广泛重视。

1.1.4 智能时代新秩序

上述人工智能新特征将加剧人类社会从二元空间秩序向三元空间秩序的转变，这种转变将对推进人类社会的发展起到非常重要的作用。人工智能的新发展将给人类社会的正常秩序带来挑战，如大数据智能可能会侵犯个人隐私，使得传统个人隐私保护的秩序需要重构；自主无人系统一旦被广泛使用，就业市场的秩序将受到冲击并必然发生重构等。

随着赛博空间的形成，世界将被愈来愈紧密地联系在一起，人类的政治、社会、经济和文化生活等会变得更加丰富多彩，更加充满挑战和机遇，人类也将拥有更大的空间来发展自己。人类先是通过互联网创造了一个虚拟世界，然后又通过大数据、物联网等将虚拟世界和现实世界联系起来。从而，人类通过 0 和 1 就将万事万物数字化，让人与人、人与物、物与物之间有机地联系在一起。可以预料，人类终将会走入一个虚拟世界和现实世界合一、人机走向一体化的时代。

关于人工智能的发展前景，有人将人工智能比做未来的电力，有人则警告说人工智能的发展将危及人类，甚至可能是人类文明的终结者。

但无论如何，智能时代的到来都将促使人类社会从二元空间走向三元空间，因此二元空间的秩序必然也要相应走向三元空间的秩序，在此转换过程中，尤其需要就人工智能的发展对人类社会的影响进行研究和预判，为人类社会应对与适应智能时代的到来做好相应的准备。

1.2 各界视野中的人工智能

继 2016 年 3 月 AlphaGo 以 4∶1 战胜韩国围棋世界冠军李世石后，2017 年 5 月，AlphaGo 又以 3∶0“零封”当时世界排名第一的中国围棋棋手柯洁，带动了人工智能话题持续升温，引起了公众的广泛讨论。与此同时，各国领导人对人工智能的发展也十分关注；商界精英更是早已投入到人工智能的大潮之中；传统媒体纷纷对人工智能刊文报道；微信、微博、Facebook、Twitter 等国内外新媒体对此热议不断。可以说，人工智能在公众视野中正越来越频繁地出现，而人们对人工智能的认知也在不断更新。

1.2.1 政界眼中的人工智能

人工智能日益受到世界各国的重视。一方面，人工智能是新产业革命的重要推动力，有望推动社会经济的快速发展和人类潜能的深度开发；另一方面，人工智能的发展还是需求推动的结果，不仅互联网企业甚至连传统企业都对人工智能充满期待。为此，欧美等发达国家都已对人工智能发展作出了战略规划。

德国在 2006 年颁布了《高技术战略》（*Hightech-Strategic für Deutschland*），2010 年拓展为《高技术战略 2020》，2013 年提出“工业 4.0”战略，明确了人工智能的重点研究方向。美国于 2016 年 10 月发布了《为人工智能的未来做好准备》(*Preparing for the Future of Artificial Intelligence*)的报告,将人工智能提升到国家战略的高度,随后又推出《国家人工智能研究与发展战略计划》(*The National Artificial Intelligence Research and Development Strategic Plan*),确立了七项长期战略及其实施路径。英国在2016年11月发布报告《人工智能:未来决策制定的机遇与影响》(*Artificial Intelligence: Opportunities and Implications for the Future of Decision Making*),对人工智能发展可能带来的影响进行预测。欧盟则启动"人脑计划"(Human Brain Project, HBP),开启民用机器人项目。日本在2015年1月发布了《机器人新战略》,2016年1月又发布了"第5期科技基本规划",同时制定了人工智能发展三阶段路线图,将人工智能视作"第四次产业革命"的核心技术。法国、韩国和印度也相继发布了各自的人工智能规划。

与欧美各国一样,中国政府对人工智能的发展也予以高度重视。2015年,中国政府将人工智能列入国家"互联网+"战略中11个具体行动之中。2016年,国家发改委、科技部、工信部、中央网信办联合发布了《"互联网+"人工智能三年行动实施方案》,这是中国首次单独为人工智能发展提出具体的战略方案;同年,工信部、国家发改委、财政部联合发布《机器人产业发展规划(2016—2020年)》。2017年7月,中国政府发布了《新一代人工智能发展规划》,这份具有里程碑意义的规划对人工智能发展进行了战略性部署,确立了"三步走"的目标,力争到2030年把中国建设成为世界主要人工智能创新中心。

对于人工智能的发展,我们可以通过分析世界各主要国家领导人关于人工智能的言论而一窥各国的关心程度、基本看法及发展目标。

中国国家主席习近平多次在重要讲话中强调人工智能对未来社会

的重要性。在2014年和2016年召开的中国两院院士大会上，他在讲话中都谈到了人工智能发展的重要性。2016年9月3日，习近平主席在二十国集团工商峰会开幕式上发表的主旨演讲中强调："人工智能、虚拟现实等新技术日新月异，虚拟经济与实体经济的结合，将给人们的生产方式和生活方式带来革命性变化。这种变化不会一蹴而就，也不会一帆风顺，需要各国合力推动，在充分放大和加速其正面效应的同时，把可能出现的负面影响降到最低。"2017年7月8日，在德国汉堡举行的二十国领导人第十二次峰会上，习近平主席强调要重视数字化生活、人工智能对各国就业的影响，呼吁各国共同实施积极的就业政策。

在美国，特朗普当选总统后是否会延续奥巴马政府的人工智能政策，这是美国各界非常关注的问题。其前任奥巴马对人工智能持非常积极乐观的态度。2016年10月，奥巴马主持了"白宫前沿峰会"，峰会上发布了《国家人工智能研究与发展策略规划》和《为人工智能的未来做好准备》两份报告，提出"本届政府认为，重要的是全行业、民间团体和政府携起手来，推进这项技术的积极方面，同时控制它的风险和挑战，确保每个人都有机会帮助打造一个基于人工智能的社会，并从它带来的好处中受益"。2016年10月12日，奥巴马在《连线》(*Wired*)杂志上发表《这是活着的最伟大时代》的署名文章。在他看来，人工智能将会使经济变得更有效率、人们的生活水平可以得到显著提高，对于导致的失业问题则主张通过制定新的社会契约而加以解决。10月14日，奥巴马和麻省理工学院媒体实验室主任伊藤穰一(Joi Ito)共同接受了《连线》杂志的专访。奥巴马指出，人工智能正以各种方式深刻影响着人们的生活，但人们对此的认识不够，部分原因在于流行文化对人工智能的描绘充满成见。为此，奥巴马建议应该对人工智能带来的影响加以研究。

与奥巴马不同，特朗普就任总统之后很少提及人工智能，这引发美国一些相关人士猜想，认为特朗普对于人工智能缺乏足够重视。2017年4月22日，企业家里肖恩·布鲁姆伯格（Rishon Blumberg）撰文大声疾呼，特朗普对人工智能的长期忽视将会对美国的创新能力和经济发展产生深远的负面影响，有可能使美国在人工智能产业发展中落在其他国家之后。此外，美国财政部长史蒂文·努钦（Steven Mnuchin）也在一次发言中表态称，人工智能不在政府工作考虑的范围之内。为此，2017年3月28日，《洛杉矶时报》（*Los Angeles Times*）在社论中批评财政部长这种拒绝人工智能的观点"危险而又无知"。

印度总理莫迪大力支持印度发展人工智能行业。2017年5月10日，莫迪在参加印度最高法院数字化系统发布仪式上发表了对人工智能的观点。在他看来，人工智能会驱动人类发展，但同时指出人们对人工智能的思维方式是采纳这一新技术的最大挑战。对于印度而言，随着人工智能的影响日益增大，印度需要创造促进数字化增长的环境。

日本首相安倍晋三也公开表达了对人工智能的乐观态度。在2017年3月19日德国汉诺威举办的消费电子、信息及通信技术博览会（CeBIT）上，他发言称日本不害怕科技进步和人工智能，不担心新技术夺走工作机会，日本不会产生机器取代人类的恐惧感。对于日本来说，即便面临人口老龄化的挑战，日本也会第一个证明：即使在人口数量下降的情况下，通过科技创新就可以促进经济增长。

无论是发达国家的领导人，还是发展中国家的领导人，他们大多都认为，人工智能在加速推动科技创新、驱动经济发展、改变社会生活等方面具有巨大的潜力，都在积极倡导其国内的人工智能发展。

1.2.2 商界眼中的人工智能

如前文所述，人工智能在发展历程中遭遇了三次寒冬，但自2008年以来，这一行业的前景日益明朗，人工智能已经成为目前备受关注的新兴科技领域，无论是谷歌之类的国际科技巨头，还是来自发展中国家的企业都非常敏锐地关注这一领域，试图在这一领域取得领先优势。这也是人工智能发展到今天的根本动力，只要市场需求强劲，人工智能定能显现更大的潜力。

2017年5月18日，谷歌CEO桑达尔·皮查伊(Sundar Pichai)在谷歌第十次开发者大会上发表讲话，再次强调谷歌的发展战略正在从"移动第一"变成"人工智能为首位"，称谷歌会重新思考自己的所有产品，同时还要把人工智能应用于学术研究及医学领域。显然，谷歌公司极为看重人工智能的巨大发展潜力。

2017年7月25日，Facebook创始人马克·扎克伯格(Mark Zuckerberg)在一次网络直播中反驳了关于人工智能威胁人类文明的观点，他认为，人工智能将会使人类生活变得更加美好，而那些鼓吹人工智能导致末日的言论是"极其不负责任的"，这些反对者可能并没有真正了解人工智能，他再次向世人表明自己对人工智能的坚定的乐观态度。

特斯拉公司CEO埃隆·马斯克(Elon Musk)曾在自己的Twitter上多次发表"末日预言"，认为人工智能将会引发第三次世界大战。他认为，在人工智能的威胁变得普遍的时代，人类有必要与机器结合，否则就会变得没用，从而被机器替代。马斯克曾说过"我觉得这个领域可能导致一个危险的结果"，不过"我非常喜欢关注人工智能"，"或许会有不好的结果，但是我们必须确保结果是好的，而不是不好的"。可见，即便如马斯克这样的悲观主义者，其态度仍然是要坚定地发展人工智能，只是强调要控制其不好的结果的发生。

中国互联网公司三巨头百度(Baidu)、阿里巴巴(Alibaba)、腾讯(Tencent)也极为重视人工智能蕴含的巨大商机和潜能，这与世界上企业巨头大多支持人工智能的态度是一致的。2017年，《财富》杂志针对人工智能的发展前景而对全球财富500强企业的管理者进行了问卷调查，结果显示，81%的受访管理者认为人工智能/机器学习是未来极其重要的投资领域，仅次于云计算和移动计算领域。问卷调查结果也显示了商界精英对于人工智能的积极态度以及人工智能发展领域的巨大商业潜力。

1.2.3 学界眼中的人工智能

与政治精英和商业精英对人工智能的高度热忱有所不同，知识精英对人工智能的态度更为多元、也更为复杂。除了探讨人工智能对人类生活可能带来的便利外，知识精英尤其关注人工智能对人类社会造成的潜在威胁，特别是人工智能领域的专家们在思考“人机关系”时则显得更为谨慎。

对于人工智能的发展，美国未来学家雷·库兹韦尔(Ray Kurzweil)的态度最为乐观与积极。他在《奇点临近》一书中预言，2045年左右，人工智能将会来到一个“奇点”，跨越这个临界点，人工智能将超越人类智慧，人类历史将会彻底改变。

中国人工智能学会副理事长谭铁牛认为，在新的热潮下，尤其要保持清醒的头脑，吸取人工智能发展的经验和教训，切忌借人工智能发展热潮圈钱圈地，一哄而上，给人工智能设定不切实际的目标，提出过高的期望，他表示人工智能不是万能，人工智能还有很多不能，设定科学的、可实现的目标非常重要。

与人工智能专家谨慎的态度相比，一些著名的科技精英表达出对人工智能的警惕以及悲观态度，其中以英国物理学家斯蒂芬·威廉·霍金(Stephen William Hawking)为代表人物。2016年，霍金在英国《卫报》(*The Guardian*)上发表《这是我们星球最危险的时刻》一文，认为工厂自动化已经影响了传统制造业的工作，人工智能的兴起将继续破坏中产阶级的工作，只留下护理性、创造性和管理性的工作岗位。他断言人工智能的崛起可能会导致人类的毁灭和人类文明的终结。不过，霍金也表示，虽然他对人工智能有各种担忧，但对于智能技术本身仍然抱有乐观的态度。

此外，英国科学知识社会学家哈里·柯林斯(Harry Collins)在《计算机的能力及其局限》一文中以教育事业和文化交流为例，提醒学者要警惕人工智能对人类行为的改造有可能会造成人类文明独特性和多样性的丧失。菲利伯特·赛克雷坦(Philibert Secretan)在《论智能：它的幻象和危机》一文中也持同样的观点，他甚至强调人类的特殊性正是在于能够进行哲学性的思考，而人工智能的滥用只能为现代社会的反智主义推波助澜。2017年6月24日，《世界报》(*Le Monde*)刊发了小说《人类帝国的衰落》的书评，该书作者对人工智能持警惕态度。他以机器人的回忆作为主线，回顾了人工智能的过去、现在和未来，展现了未来世界机器和机器人接管人类文明的景象。

在诸多对人工智能的反思中，除了明确支持和反对的声音外，还有一些学者开始思考应对人工智能时代社会问题的解决方案。其中比较有现实意义的是法国学者达尼埃尔·布西埃(Danièle Bourcier)的观点，他在《从人工智能到虚拟人：一个法人的突现?》一文中指出，当人类制造的机器人能够在虚拟世界和现实世界不断学习时，它们便获得了自主性，那么人类将如何通过法律对虚拟世界加以控制？如果人造机器人就在我们身边，那么应该赋予它们何种合法权利？基于此，他从法理的角度提出了虚拟人的假设，将之看做是一个法律上的人造物，进而建议须根据虚拟人的特征来制定不同的法律，以便处理智能机器人和一般人类之间的纠纷与冲突。

可以发现，学界对于人工智能的态度比较复杂多样，既有人工智能专家的谨慎态度，也有霍金这样的科学巨擘的警醒和担忧，当然也存在着对人工智能乐见其成的豁达心态，以及反思人工智能带来的问题并给出建设性意见的理性光辉。

1.2.4　媒界眼中的人工智能

(1) 新闻媒体中的人工智能

当一项新技术出现并进入公众视野时，公众会对这项新技术可能带来的裨益和潜在风险形成一定的认知，这种认知会影响人们如何看待新技术、在多大程度上支持或者运用新技术，也会对新技术的传播与接受产生影响。不过，在公众对新技术了解尚少的时候，媒体报道对公众认知的影响更为凸显。

关于人工智能的报道，伊桑·法斯特(Ethan Fast)和埃里克·霍维茨(Eric Horvitz)曾针对《纽约时报》(*The New York Times*)在 1986—2016 年这 30 年间的有关报道进行了专门研究，他发现自 2009 年以来，《纽约时报》对人工智能的报道大幅增加，是 20 世纪 80 年代报道的 3 倍多。通过对报道样本的关键词进行分析，他还发现与人工智能相关联的关键词也在不断发生变化。例如，1986 年，人工智能的关键词为“太空武器”，1997 年为“围棋”，2006 年为“搜索引擎”，2016 年则是“无人驾驶汽车”。这些关键词反映了不同时代的《纽约时报》及其读者对人工智能关注兴趣的变迁。

一般而言，新闻媒体更加关注的是人工智能给人类社会带来的积极影响。2016 年 8 月 29 日，《印度时报》(*The Times of India*)刊出《人工智能影响全球商业》一文，指出印度被列为把机器人自动化运用于商业核心领域的前三甲国家，人工智能提高了商业的效率和精准率，印度超过 64%的金融领域专家鼓励扩大机械自动化规模，因为自动化能节省时间、节约成本。同时，新闻媒体为了博取大众的眼球也会报道人工智能给人类社会带来的冲击和负面影响。2017 年 5 月 17 日，法国《论坛报》(*La Tribune*)刊出的《人工智能将会是一场海啸》一文则指出，AlphaGo 的优异表现和商业大鳄进军人工智能产业将宣告一个新时代的来临。文章作者认为，未来 10～20 年，以手机为载体，便携式人工智能将会迎来大发展，但是除了技术改变人们的生活方式之外，据调查显示人工智能还将取代 42%的工作岗位。

不过，面对人工智能带来的挑战和威胁，新闻媒体的报道还是有不少持比较乐观态度的。2017 年 3 月 19 日，印度新闻周刊 *Outlook* 发表《机器人、人工智能影响就业，职员需要适应，重新学习技能》一文，预估有 12%的工作将会因为人工智能的发展而消失，并且在接下来的 10 年里，任何一份白领工作都需要使用人工智能，培养全方面人才将是主要关注领域。

(2) 社交媒体中的人工智能

当前，除了传统的新闻媒体外，新型社交媒体已经成为人们互相交流、获取资讯和表达态度的重要载体，甚至在某些情况下会超越传统新闻媒体而成为人们形成对某一事物认知的主要渠道来源。以下对国内外主要社交媒体中呈现的人工智能舆论进行简要分析。

以"artificial intelligence"为关键词在 BuzzSumo 网站中搜索国际四大社交媒体(Facebook、Linkedin、Twitter、Pinterest)上有关人工智能的数据，发现位列四大社交媒体转发总量排行榜第一名的是 2016 年 10 月

12 日在《连线》发表的题为《奥巴马关于人工智能、无人驾驶汽车和人类的未来》的报道。该报道转发量高达 59 000 余次，其中 Facebook 转发量最多，为 42 000 余次，Linkedin 转发量为 10 000 余次，Twitter 转发量为 7 000余次。以 Facebook 为例，转发量最大的是福布斯网站（*Forbes*）于 2016 年 8 月 15 日发布的《Facebook 的十年计划：联通、人工智能和虚拟现实》，转发量为 47 000 余次。

对中国社交媒体上的人工智能舆论采取如下考察方法：

第一，为了考察普通大众的态度取向，通过清博舆情监测系统建立舆情监测方案“人工智能”并加以分析。数据获取时间段为 2017 年 7 月 23 日至 7 月 29 日，得到的与“人工智能”有关的数据总量为 17 040 条。从媒体分布来看，关于人工智能的讨论主要集中于网页、微博和微信；从情感属性来看，带有正面情感倾向的信息最多，比例高达 81.69%。具体而言，微信的情感属性分布：正面情感为 89.3%，中性情感为 8.4%，负面情感为 2.3%，位于头条位置的文章多达 994 篇。微博的情感属性分布为：正面情感为 63.5%，中性情感为 22.7%，负面情感为 13.8%。据微博账号性别分布显示，男性用户占比高达 75.4%，这说明人工智能话题更多获得的是男性网民的关注。

对清博指数[①]的正面情感和负面情感的分析显示，微信和微博有关人工智能的积极情感主要围绕人工智能在未来给人们生活带来的改善展开，如机器人教练上岗，实施人工智能精准化教学，节约人工，提高效率；精准医疗领域吸引大量投资；人工智能在法律领域的应用和发展历程；人工智能和教育的结合成为公办与民办教育融合的新契机

① 清博指数是国内领先的第三方新媒体数据搜索引擎，国内领先的“两微一端”新媒体大数据平台。截至 2017 年 7 月，已有 6 万多个机构用户注册使用，日更新 64 万多个微信公众号数据，每天发布 2 000 个榜单。其独有的 WCI、BCI、OCI 权威算法公式已成为中国各大部委、央企、500 强企业的评价标准。

等。微博有关人工智能的积极情感与微信类似，也是围绕人工智能对人类生活各方面的改善以及效率的提高，主要包括中国法院将人工智能引入办案系统，认为人工智能“创造更多机会”，重视人工智能成为全球共识。不过，微博的负面情感主要是因为埃隆·马斯克在2017年7月的一次会议发言。他在参加美国州长协会的会议发言中警告称，人工智能对人类文明的存在构成根本风险，未来一定会取代人类的工作，甚至将引发战争。

第二，为了细化分析结果，以“人工智能”为关键词对新浪微指数数据进行整理，内容为2013—2017年新浪微博平台上的相关内容。可以看出，公众在这四年里对“人工智能”的兴趣不断增加，在2017年3月24日达到热词趋势的峰值106 053人次，其他各个年份的热词趋势最高值分别是2013年8月4日的6 108人次、2014年2月13日的1 522人次、2015年12月22日的8 233人次以及2016年9月1日的121 150人次。详见图1.1。

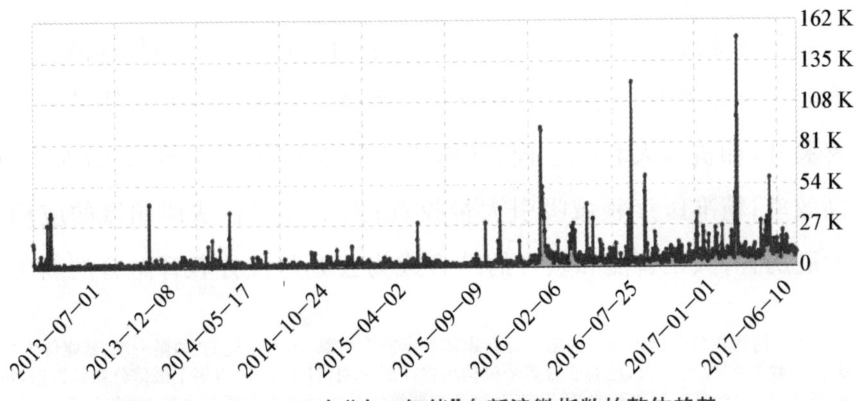

图1.1 2013—2017年“人工智能”在新浪微指数的整体趋势

从地域热议度和用户热议度这两个指标来看，位列中国各省份前三甲的均为北京、广州和上海三个大城市。从性别比例看，男性用户对人工智能的关注度更高（约70%），而女性用户则较低（约30%）。从年龄分布看，25～34岁的用户对人工智能的关注度最高，其次是19～24岁的用户，位列第三的是35～50岁的用户。

第三，对知乎论坛中有关人工智能的话题进行检索。目前，在知乎论坛检索到与人工智能有关的问题16 715个，共有876 176人关注，其中精华帖999篇。在精华帖中，网友赞同量最多的5个帖子分别是“为什么有很多名人让人们警惕人工智能?”，赞同人数约23 000人，评论1 870条；“网易云音乐的歌单推荐算法是怎样的?”，赞同人数约16 000人，评论826条；“高晓松说AlphaGo下得没有美感，不会打劫，事实如此吗?”，赞同人数约16 000人，评论529条；“如何看待在弈城围棋网和腾讯野狐围棋上出现的两大神秘人工智能高手Master(P)和刑天(P)?”，赞同人数约13 000人，评论499条；“试以‘Siri已失去控制’为开头写一个故事?”，赞同人数约13 000人，评论532条。可见，大众对于人工智能的技术现状、应用前景和潜在威胁都有着强烈的兴趣。

事实上，关于人工智能的网络话语会在热点事件前后有明显的舆论反差。以AlphaGo比赛前后的公众舆论为例：在比赛之前，网络上的讨论更多的是引用电影中人工智能的例子；在比赛期间，网络话语倾向于把人工智能塑造为一种威胁（如取代人类的一些工作等），不过对智能技术的兴趣却在增加；在比赛结束之后，网络话语对人工智能的兴趣持续上升，如对无人驾驶汽车的讨论有所增加。由此可以说明，公众对人工智能的正面与负面认知也和舆论的引导具有重要的关联。

(3) 电影中的人工智能

大众媒体对人们就某一事物的认知形成具有重要影响。早在“人工智能”一词正式出现之前，小说和电影等就对其进行了想象与再现。1868年，美国作家爱德华·埃里斯(Edward Ellis)出版了科幻小说《草原上的蒸汽人》(*The Steam Man of the Prairies*)，塑造了早期类机器人的形象。1886年，法国作家维利耶·亚当(Villiers Adam)出版了经典科幻小说《未来的夏娃》(*L'Eve Future*)，在小说里创造了“Android(安卓)”一词，这是机器人的概念首次出现在大众文学领域。1920年，捷克作家卡尔·恰比克(Karl Capek)创作了戏剧《罗素姆万能机器人》(*Rossum's Universal Robots*)，在剧中描述了一个依靠人形机器人的社会，并创造了“robot(机器人)”一词。

20世纪初，随着电影这一媒介的迅速发展，机器人和其他人工智能机制的形象开始出现在早期电影里。对于有关人工智能的电影，英国爱丁堡大学信息学教授罗伯特·费舍尔(Robert Fisher)曾经做过梳理。据他统计，从1927年的第一部人工智能电影《大都市》(*Metropolis*)算起，到2016年已有351部有关机器人或人工智能的电影，具体分布如图1.2所示。

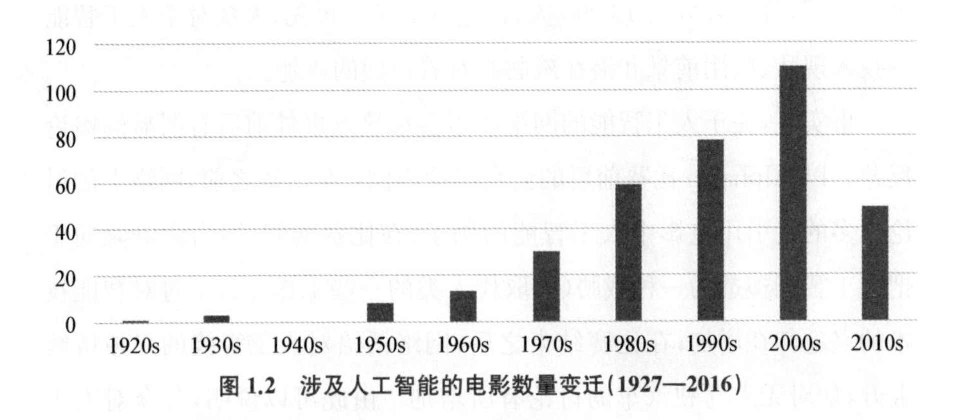

图1.2 涉及人工智能的电影数量变迁(1927—2016)

就主题而言，早期的机器人和人工智能电影主要体现了“反智能”的态度。20世纪20年代至60年代的电影主要反映了人们对于人工智能的恐惧。比如，1921年的《机械人》(*The Mechanical Man*)、1936年的

《海下王国》(*Undersea Kingdom*)、1939 年的《魔影蔓延》(*The Phantom Creeps*)都试图描绘一幅由邪恶的机器人统治世界的景象。在 1941 年的电影《机械怪物》(*The Mechanical Monsters*)中,一个科学家制造的邪恶机器人攻击了人类城市,只有超人才能阻止它们。1968 年的电影《2001：太空漫游》(*2001: A Space Odyssey*)则把人类对人工智能的恐惧提到了新高度。在电影中,智能电脑具有思考和感觉能力,试图用各种方法谋杀宇航员,直到最后被强行关闭才化解了危险。在该部电影里,导演试图探讨的问题是:如果智能电脑超越人类智慧,那么世界将会变成什么样子? 这一问题也成为后来很多科幻电影都在试图回答的问题,不过直到现在该问题仍然一直困扰着人类。

20 世纪 70 年代至 90 年代的机器人电影开始呈现出对机器人的多元态度,不过电影中对机器人的恐惧没有消失,如 1984 年的电影《终结者》(*The Terminator*),该部电影主要讲述以天网为首的人工智能试图消灭所有人类的故事。同时,也有部分电影对机器人成为人类朋友的可能性进行了探讨。1977 年,《星际大战》(*Star Wars*)热映,引发了大众对机器人的强烈兴趣,此后推出的星际系列电影吸引了大量粉丝的持续关注,电影里的机器人 C - 3PO 成为机器人电影史上最善良的机器人之一。

2000 年之后,好莱坞电影对人工智能的刻画变得更为多元。对于人工智能会造福人类还是毁灭人类这个终极问题,好莱坞电影的回答也比较多样。比如 2004 年上映的改编于美国科幻小说家艾萨克·阿西莫夫(Isaac Asimov)系列小说的电影《我,机器人》(*I,Robot*)探讨了拥有人类智慧和情感的机器人与人类之间的关系,引起了大众的广泛讨论。印度也制作了《宝莱坞机器人之恋》(*Robot of Love*, 2010)、《超世纪战神》(*RA. One*, 2011)和《爱情时光机》(*Action Replay*, 2010)三部与人工智能有关的影视作品。这些影片均涉及人工智能与人类之间的互动，整体上仍然倾向于认同人类的智慧超越人工智能，机器人是可以控制的，但同时也承认机器人会越来越多地介入人类的生活，特别是在处理人类情感危机方面会成为人类的救星。借助这些电影，人类与机器人之间的关系得到了全新的诠释。

与新闻媒体和新型社交媒体相比，电影是一种最具娱乐性、最为通俗易懂的媒介方式，但同时电影又不是一次性的简单消费品，往往承载着特定的政治文化规范，对于个体的世界观、人生观和价值观具有潜移默化的影响。基于此，关于人工智能的电影对于个体了解、感知和判断人工智能的潜力与威胁将起着至关重要的作用。

(4) 国外媒体眼中的中国人工智能

中国在人工智能领域的发展势头也引起国外主流媒体的密切关注。一些国外主流媒体报道了中国在人工智能领域的迅速发展和巨大潜力，并把中国刻画为美国在这一领域的有力竞争者，有些甚至暗示中国具有在科技领域称霸世界的野心。

2017 年以来，多家西方媒体发表中国可能在人工智能上赶超美国的报道。2 月 4 日，《纽约时报》发表题为《中国人工智能赶超美国不是梦话》的文章，认为中国的研究人员和企业在人工智能领域正大幅跃进，而美国在这一新兴科技领域中将不再占据垄断地位。针对中国是否会取得迅速进步，进而在人工智能和机器人技术上赶超美国这一问题，美国的军事战略专家和科技专家争论不休。

7 月 15 日，英国《经济学人》(*The Economist*)杂志发表了《算法王国》一文，而其网站发表时则以“中国可能在人工智能领域媲美甚至超过美国”为标题刊发，称在人工智能的某些领域，中国紧随美国位居第二，甚至可能超过美国。文章认为中国在这一领域能够崛起，一方面由于中国的科技巨头公司如百度、腾讯、阿里巴巴等都非常重视人工智能的发展，积极投入开发并且获得了相当多的资本支持，另一方面由于中国具有人工智能发展的两大资源，即大量的科研人才和海量的用户数据。

7 月 27 日，美国《外交家》（*The Diplomat*）杂志网站发表题为《中国的人工智能革命》的文章，详细分析了中国新发布的《新一代人工智能发展规划》，认为中国希望抓住人工智能革命的机会进一步加强国力和竞争力，寻求在科技领域成为世界领先国家，因此中国政府会从国家战略的高度来规划人工智能的发展。文章还认为，人工智能不是解决中国面临的经济和社会挑战的万能灵药，至于该规划究竟如何对症下药仍需进一步关注。

可以看出，随着人工智能话题的讨论持续升温，在大众热议人工智能的同时，社会精英们已经开始用各自领域的专业眼光来审视这一轮产业革命可能带来的机遇和挑战，并评判人工智能的发展所带来的影响。

1.3　智能时代的机遇与挑战

2016 年以来，随着移动互联网、大数据、超级计算、传感网、脑科学等新理论新技术的兴起，人工智能迎来了新时代。当前，智能技术正在以更迅猛的速度取得突破，并且被迅速投入到产业应用之中，对人类社会和生活的各个方面都带来了深远影响，也会促使人类在智能时代寻找新的发展路径。

1.3.1　智能时代的经济机遇

目前，各国都相继发布了人工智能规划，均从提高生产力和竞争力着手，以此振兴国家经济发展。由此可见，人工智能将担负着撬动经济发展和产业进步的重要使命，在此过程中必然孕育着无限的机遇。

(1) 人工智能助推传统企业重焕生机

当前，单纯依赖扩大资本投入和劳动力规模的生产模式已经无法推动企业走向快速发展之路，也无力再维持经济的高速发展，因此必须将人工智能作为新兴的生产要素用于传统企业的改造升级。如此既可大量节约生产资本，又可带动生产力的提升，从而推动传统企业焕发生机。

根据埃森哲(Accenture)公司2017年4月的一份分析报告，到2026年，十大关键临床人工智能应用可能每年会为美国医疗行业节省1 500亿美元。这十大人工智能应用包括：① 机器人辅助手术(400亿美元)；② 虚拟护理助理(200亿美元)；③ 管理工作流助手(180亿美元)；④ 欺诈检测(170亿美元)；⑤ 减少药物剂量错误(160亿美元)；⑥ 连接的机器(140亿美元)；⑦ 临床试验参与者识别(130亿美元)；⑧ 初步诊断(50亿美元)；⑨ 自动影像诊断(50亿美元)；⑩ 网络安全(20亿美元)。

另外据普华永道的相关报告，到2030年，人工智能将为全球经济贡献约15.7万亿美元，其中商业自动化以及使用人工智能辅助工人将促进生产力的提升，这部分的贡献为6.6万亿美元。另外的9.1万亿美元的贡献来自消费方面，如用户购买个性化、更高质量的商品，从而促进整个社会的消费。由于人工智能的因素，全球GDP到2030年将增长14%。埃森哲公司则预测，到2035年人工智能有望显著拉动中国经济年增长率，从6.3%提速至7.9%。这两份报告都预示传统产业的升级既能节省生产成本，也能为推动经济发展产生重要作用。

(2) 人工智能带动新兴产业大发展

战略性新兴产业代表新一轮科技革命和产业变革的方向，是培育发展新动能、获取未来竞争新优势的关键领域。人工智能的战略性新兴产业，包括模式识别、人脸识别、智能机器人、智能运载工具、增强现实和虚拟现实、智能终端、物联网基础器件，这是人工智能发展本身创造的新领域。

2017 年 7 月，中国发布的《新一代人工智能发展规划》，是关于人工智能政策的顶层设计和战略规划，其中针对性地提出了“三步走”的阶段性发展任务，明确了未来中国人工智能产业的战略目标：2020 年，人工智能总体技术和应用与世界先进水平同步，人工智能核心产业规模超过 1 500 亿元，带动相关产业规模超过 1 万亿元；到 2025 年，部分技术与应用达到世界领先水平，核心产业规模超过 4 000 亿元，带动相关产业规模超过 5 万亿元；到 2030 年，技术与应用总体达到世界领先水平，核心产业规模超过 1 万亿元，带动相关产业规模超过 10 万亿元。这为新兴产业的发展提供了巨大的机遇。

(3) 人工智能推动新商业模式和新商业领域的产生

商业智能化是未来最重要的发展趋势，因此无论对于传统行业，还是新兴产业而言，如何通过智能化和大数据提升企业的运营水平，并通过智能应用以及大数据挖掘、洞察并不断满足消费者的需求，将成为各行业领头羊的共同探索方向。

目前比较可行的路径是：在现实应用需求和“互联网＋”应用缺陷的双重倒逼下搭载人工智能，以此形成“人工智能＋金融”的新商业模式。新商业模式还须在新商业领域中进行规模化应用，如智能制造、智能农业、智能物流、智能交通、智能电网、智能医疗、智能金融、智能学习、智能家居、智能商务、智能城市，等等，从而推动人工智能在各行业中的应用，全面提升产业发展智能化水平，助力经济快速发展。

1.3.2　智能时代的社会挑战

据 2017 年高德纳(Gartner)咨询公司的报告，人工智能在未来十年内将成为最具有颠覆性的技术。短期来看机器学习、深度学习正处于发展的高峰期，未来 2～5 年就将成为主流应用技术。显然，人工智能的迅速发展正在深刻改变人类社会生活、改变世界。人类的社会秩序也由二元秩序向三元秩序转变，这个过程虽然不是一蹴而就的，但对人类社会业已存在的伦理与道德、法律与法规、就业与教育、安全与国际准则等带来严峻的挑战则是无可置疑的。

在伦理与道德方面，随着人工智能的广泛应用，安检系统可能会将人的隐私暴露无遗，此时人类应该如何应对这一窘境？是以人的基本权利为先，还是以安全为先；随着制造工艺的精进和商品价格的不断下降，陪护机器人可能在不久的未来会大批量地投入市场，这将对传统的家庭关系带来重大冲击，引发社会关系的重构；随着仿生学的发展，人类身上有可能会安装机器，而机器人也能够帮助人类做各种事情。那么如何看待“人机一体”，究竟是“人”还是“机器”？这将对于人和人的本质提出根本性的挑战。

在法律与法规方面，就现有法律秩序而言，传统的法律主体资格的重新界定、数据与隐私权的保护隐忧、法律咨询服务的行业升级以及人工智能生成内容的权利归属等都将成为亟待解决的棘手难题；就智能机器人的法律地位与责任而言，人工智能与智能机器人之间如何界定，智能机器人的法律地位和责任如何认定，目前仍未有明确的答案；就知识产权与相关权利保护而言，传统作品与人工智能生成内容的区别何在，人工智能生成内容在著作权法上如何定性，如何保护人工智能生成内容，这些仍然需要深入思考与研究。

在就业与教育方面，在智能时代里，以下趋势将会是大概率事件：大批量的生产岗位将会被机器人所替代；个人化的工作将会被人机协同所取代；大量上班族将会更多地在家里办公；自由职业者有可能会变得越来越多。根据以往历次产业革命的规律，新的产业革命必将淘汰旧的工作模式，但也必然带来大量新的就业岗位，新的岗位代替旧的岗位是社会发展的必然趋势。与之相对应的是，教育也要有的放矢，聚焦于培养符合智能时代的人才。对大学而言，大学的概念将会突破实体和地理的界限，实现上海大学老校长钱伟长院士的"拆除四堵墙"理念的教育，甚至可以实现"共享大学"。对教师而言，理论上学生可以选择世界上最好的教师来授课，因此教师工作的挑战性会变得更大。这又将带来一个新的难题，即在智能时代如何对学生和教师进行管理。

在安全与国际准则方面，人类在当今世界已经面临众多安全问题，但随着智能时代的到来，有些老问题解决后可能会出现新问题，而有些老问题不仅没有得到有效解决，反而有愈演愈烈的趋势，如交通安全、人身安全、生产安全、食品安全、能源安全、网络安全、公共安全、国防安全、金融安全等，为此要切实加强人工智能的安全保障。智能时代的安全问题较之以往更为复杂，仅仅靠一个国家的力量是无法解决的，因此需要整个国际社会加强协同，成立人工智能国际组织，制定人工智能国际准则，健全人工智能国际合作机制，加强人工智能的治理能力，为实现"人类命运共同体"添砖加瓦。另外，智能时代带来的最大挑战之一莫过于军事安全问题，可以预料的是，军事安全形势在未来将会变得更加严峻，因此建议世界各国对此问题予以高度重视。

1.3.3 智能时代的深远影响

当前，人工智能热潮已经在国内外引发了巨大的关注，带来了海量的科研和产业机遇，也对现有社会秩序造成了一定程度的冲击，可以预见，智能时代的到来将会对人类进化、人类发展进程、人与自然的关系带来深远的影响。

(1) 智能时代将会推动人类向高级阶段进化

过去的二三十年,人工智能在模仿人类的感知、学习等能力方面有了较大突破,在语音识别、图像识别、自主学习等方面有了长足的进步,已经在很多方面接近或超越了人的能力。然而,人工智能的研究方向并非也不应是取代人类,而是要与人类的能力互补,尤其是通过解放人类来增强人的能力,人工智能将会为人类实现更多的目的而存在。一个显著的趋势是,随着智能技术的发展,嵌入了智能机器的人类以及智能机器人的出现,将有可能打破人与动物、人与机器的界限,推动人类向高级阶段进化。

(2) 智能时代将会加速人类社会的发展进程

"科学技术是第一生产力",智能时代的到来将深刻地搅动世界发展进程,助力全人类向前发展。随着人工智能的普及,社会结构必将如先前几次产业革命一样再次发生巨变。按照当前的发展速度,人工智能将对人类社会方方面面产生深远影响。

(3) 智能时代将会实现人与自然的和谐融合

在原始文明时代,人消极地适应自然;在农业文明时代,人积极地适应自然;在工业文明时代,人主宰并支配着自然;在智能文明时代,"人为万物灵长"和"智能人类特有论"将会逐渐祛魅,变得不再神圣和神秘,人的单一主体性地位将会发生变化,这为人类深化认识人与自然关系,实现人与自然和谐相处提供了新的条件。

不过,对于有关"人在智能时代将走向毁灭"的观点,人们必须予以高度重视,但以当前所掌握的智能技术的发展趋势来看,还无须过于担心,主要原因在于:一是数据规范、流通和协同化感知有待提升。人工智能基础设施的仿人体五感的各类传感器缺乏高集成度、统一感知协调的中控系统,对于各个传感器获得的多源数据无法进行一体化的采集、加工和分析。二是人工智能在脑科学复杂技术层面尚未实现关键技术突破。人工智能目前在技术研发层取得的进展依然属于初级阶段,对于更高层次的人工意识、情绪感知环节还没有明显的突破。三是智能硬件平台易用性和自主化与人工智能应用存在较大差距。应用层的智能硬件平台以及服务机器人的智能水平、感知系统和对不同环境的适应能力受制于人工智能初级发展水平,短期内难以有接近人的推理学习和分析能力,难以具备接近人的综合判断力。

面对智能时代的到来,我们需要新理念、新思想、新战略加以应对,既需要各自为战,全力深入推进技术的创新、转化和应用,又需要整体谋划、协同合作,推进人类社会的共同进步,更需要国际社会以开放的心态、创新的行动、共享的理念,视全人类为统一的命运共同体的理念来应对这种颠覆性技术带来的机遇与挑战。

本章参考文献

[1] 高济,朱淼良,何钦铭.人工智能基础[M].北京:高等教育出版社,2002.

[2] [美]雷·库兹韦尔.奇点临近——2045年,当计算机智能超越人类[M].李庆诚,等,译.北京:机械工业出版社,2011.

[3] 李彦宏.人工智能让复杂世界变简单[EB/OL].(2017-06-29)[2017-09-24]. http://www.tj.xinhuanet.com/ztbd/wic/2017-06/29/c_1121234737.htm.

[4] 沐子飞.机器人将冲击就业市场 日本表示并不担心[EB/OL].(2017-03-21)[2017-09-24].http://www.gkzhan.com/news/Detail/98149.html.

[5] 天马津云.智能改变世界——马云在世界智能大会演讲全文[EB/OL].(2017-06-29)[2017-09-24].http://www.sohu.com/a/153144011_689129.

[6] 习近平.让工程科技造福人类、创造未来——在2014年国际工程科技大会上的主旨演讲[EB/OL].(2014-06-04)[2017-09-24]. http://cpc.people.com.cn/n/2014/0604/c64094-25099536.html.

[7] 习近平.在二十国集团工商峰会开幕式上的主旨演讲[EB/OL].(2016-09-03)[2017-09-24]. http://news.xinhuanet.com/world/2016-09/03/c_1119506216.htm.

[8] 习近平.在欧美同学会成立100周年庆祝大会上的讲话[EB/OL].(2013-10-21)

[2017 - 09 - 24]. http://cpc.people.com.cn/n/2013/1022/c64094 - 23281641.html.

[9] 张璇.专家：人工智能发展迎热潮仍需冷思考[EB/OL].(2017 - 07 - 23)[2017 - 09 - 24]. http://finance.sina.com.cn/roll/2017 - 07 - 23/doc-ifyihrwk1973070.shtml.

[10] 中华人民共和国中央人民政府.新一代人工智能发展规划[R/OL].(2017 - 07 - 08)[2017 - 09 - 24].http://www.gov.cn/zhengce/content/2017 - 07/20/content_5211996.htm.

[11] Accenture. Artificial intelligence: healthcare's new nervous system[EB/OL].[2017 - 09 - 24]. https://www.accenture.com/us-en/insight-artificial-intelligence-healthcare.

[12] Accenture. How artificial intelligence can drive China's growth[EB/OL].[2017 - 09 - 24]. https://www.accenture.com/cn-zh/insight-artificial-intelligence-china.

[13] BLUMBERG R. What happens when the Trump Administration ignores AI[EB/OL]. (2017 - 04 - 22)[2017 - 09 - 24]. https://venturebeat.com/2017/04/22/what-happens-when-the-trump-administration-ignores-ai/.

[14] BOUCIER D. De l'intelligence artificielle à la personne virtuelle: émergence d'une entité juridique? [J]. Droit et Société, 2001, 3(49).

[15] CHARNIAK E, MCDERMOTT D. Introduction to artificial intelligence[M]. Reading MA: Addison-Wesley, 1985.

[16] COLLINS H. Les capaciteés des ordinateurs et leurs limites[J]. Reéseaux, 2000, 8(100).

[17] ESCANDE P P. L'intelligence artificielle défie l'humanité[N/OL]. Le Monde, 2017 - 06 - 23[2017 - 09 - 24]. http://mobile.lemonde.fr/idees/article/2017/06/24/l-intelligence-artificielle-defie-l-humanite_5150440_3232.html.

[18] FAST E, HORVITZ E. Proceedings of the Thirty-First AAAI Conference on Artificial Intelligence, February 4 - 9, 2017[C]. San Francisco, 2017.

[19] WALKER M J. Hype cycle for emerging technologies, [EB/OL]. (2017 -07 -21)[2017 - 09 - 24]. https://www.gartner.com/doc/3768572/hype-cycle-emerging-technologies.

[20] GOYAL P, GURTOO S. Factors influencing public perception: genetically modified organisms[J]. GMO Biosafety Research, 2011, 2(1).

[21] HAINS T. Facebook CEO Mark Zuckerberg: AI "Naysayers" like Elon Musk are being "really negative", "pretty irresponsible"[EB/OL]. (2015 - 07 - 25)[2017 - 09 - 24]. https://www.realclearpolitics.com/video/2017/07/25/facebook_ceo_mark_zuckerberg_ai_naysayers_like_elon_ musk_are_really_negative_pretty_irresponsible.html.

[22] HAUGELAND J. Artificial intelligence: the very idea [M]. Cambridge, Massachusetts, London, England: Bradford Books, 1985.

[23] HAWKING S. This is the most dangerous time for our planet[EB/OL]. (2016-12-28)[2017-09-26]. https://www.theguardian.com/commentisfree/2016/dec/01/stephen-hawking-dangerous-time-planet-inequality.

[24] HSU S. China is investing heavily in artificial intelligence, and could soon catch up to the US[EB/OL]. (2017-07-03)[2017-09-24]. https://www.forbes.com/sites/sarahsu/2017/07/03/china-is-investing-heavily-in-artificial-intelligence- and-could-soon-catch-up-to-the-u-s/#6672f4c85384.

[25] KANIA E. China's artificial intelligence revolution [N/OL]. The Diplomat, 2017-07-27 [2017-09-24]. http://thediplomat.com/2017/07/chinas-artificial-intelligence-revolution/.

[26] KURZWEIL R. The age of intelligent machines[M]. 1st ed. Massachusetts: MIT Press, 1990.

[27] MABILLE P. L'intelligence artificielle va être un énorme tsunami[N/OL]. La Tribune, 2017-05-19[2017-09-24]. http://www.latribune.fr/technos-medias/l-intelligence-artificielle-va-etre-un-enorme-tsunami-716841.html.

[28] MARKOFF J, ROSENBERG M. China gains on the US in the Artificial intelligence arms race[N/OL]. New York Times, 2017-02-04[2017-09-24]. https://cn.nytimes.com/world/20170204/artificial-intelligence-china-united-states/dual/?mcubz=0.

[29] MURRAY A. Fortune 500 CEOs see AI as a big challenge[N/OL]. Fortune, 2017-06-08[2017-09-24]. http://fortune.com/2017/06/08/fortune-500-ceos-survey-ai/.

[30] MUSK E. Elon Musk predicts World War III[EB/OL]. (2017-09-10)[2017-09-24]. http://news.iyuba.com/essay/2017/09/10/57808.html.

[31] NILSSON J N. Artificial intelligence: a new synthesis[M]. 1st ed. Burlington, Massachusetts: Morgan Kaufman Publishers, 1998.

[32] OBAMA B. Now is the greatest time to be alive[EB/OL]. (2016-10-12)[2017-09-04]. https://www.wired.com/2016/10/president-obama-guest-edits-wired-essay/.

[33] PAN YUN-HE. Heading toward artificial intelligence 2.0[J]. Engineering, 2016, 3(4).

[34] POOLE D L, MACKWORTH A K. Computational intelligence: a logical approach[M]. 1st ed. Oxford: Oxford University Press, 1998.

[35] PWC. Sizing the prize: what's the real value of AI for your business and how can you capitalize? [EB/OL]. [2017-09-24]. https://www.pwccn.com/en/

consulting/ai-sizing-the-prize-report.pdf.

[36] RICH E, KNIGHT K. Artificial intelligence[M]. 2nd ed. New York: McGraw-Hill, 1991.

[37] RUSSELL S, NORVIG P. Artificial intelligence: a modern approach[M]. 3rd ed. New Jersey: Prentice Hall, 2009.

[38] SECRETAN P. Remarques sur l'intelligence. Ses illusions et ses crises[J]. Autres Temps, 2003, (79-80).

[39] SHIM, H B, et al. Examining public perception of artificial intelligence in cyberspace: before, during and after the Alphago vs Lee Sedol competition[C/OL]. Meeting of Pacific Telecommunications Council, 15-18 January, 2017, Honolulu[2017-09-25]. https://online.ptc.org/assets/uploads/papers/ptc17/PTC17_Wed_RTS11_Shim.pdf.

[40] SOUBRANNE Q. Comment le big data et l'IA vont révolutionner le conseil financier[N/OL]. Le Journal Du Net, 2017-06-14[2017-09-24]. http://www.journaldunet.com/patrimoine/finances-personnelles/1195333-comment-le-big-data-et-l-ia-vont-revolutionner-le-conseil-financier-selon-xerfi/.

[41] TNN H C. Artificial intelligence has globally impacted businesses across industries[N/OL]. The Times of India, 2016-08-29[2017-09-24]. http://timesofindia.indiatimes.com/business/india-business/Artificial-intelligence-has-globally-impacted-businesses-across-industries/articleshow/53912240.cms.

[42] WINSTON P H. Artificial intelligence[M]. 3rd ed. Reading MA: Addison-Wesley, 1992.

[43] ZEREGA B. AI Weekly: Google shifts from mobile-first to AI-first world[EB/OL]. (2017-05-18)[2017-09-24]. https://venturebeat.com/2017/05/18/ai-weekly-google-shifts-from-mobile-first-to-ai-first-world/.

[44] ZHANG S. China's artificial intelligence boom[N/OL]. The Atlantic, 2017-02-16[2017-09-24]. https://www.theatlantic.com/technology/archive/2017/02/china-artificial-intelligence/516615/.

第 2 章 人工智能与伦理道德

伦理道德[①]是一套调节人与人之间社会关系的价值系统，包括内在的价值理想和外在的行为规范。人工智能不是纯粹的一般性技术，而是一种深刻改变人类社会、改变世界、有远大发展前途和广泛应用前景的革命性技术，同时也是一种远未成熟的开放性的颠覆性技术，其可能导致的伦理道德后果尚难准确预料。近年来，人工智能的发展突飞猛进，应用领域不断拓展，产生的正面和负面效应也日益显现；特别是人工智能不断突破人的生物极限，其与生物技术的有机结合，超越人类智能是大概率事件，这导致了巨大的不确定性和风险。同时，在这一至关重要的新兴领域，人的思想观念滞后、政策取向不清晰、伦理规制缺失、道德观念淡薄、法律法规不健全，与人工智能的蓬勃发展形成了强烈的反差。在这种情况下，我们需要立足人本身，对人工智能及其应用后果进行全方位的伦理反思，坚持以人为本的原则，维护人的人格和尊严，防范和化解可能的风险，确立更加合理、更加公正的伦理新秩序。

2.1 人工智能对伦理道德的积极影响

可以预见，智能时代的到来，对社会生产方式、生活方式乃至休闲娱

① 伦理与道德是相近的概念，往往不加区分。伦理一般指应然性的社会关系，道德一般指应该如何做的准则和规范。伦理强调的是人所构成的客观的人伦关系，道德强调的是相应的主观的规范和德性。

乐方式都将产生巨大而深远的影响。以人工智能的发展和应用为基础，伦理道德建设的物质基础更加夯实，道德手段和工具更加丰富多样，社会伦理道德建设和人自身的提升面临着难得的历史机遇。

2.1.1 夯实伦理道德建设的物质基础

(1) 经济社会发展与伦理道德建设

智能化的推进与生产力的发展是相伴随的，社会的智能化程度已经成为一个国家、地区发展水平的标志。随着智能时代的到来，人工智能不断向社会生产方式、生活方式渗透，智能产业更是崛起为新的重要的经济增长点，并将极大地提高社会生产力水平。人工智能的广泛应用，促使产业结构不断调整，经济发展不断转型升级，劳动生产率空前提高，提供的产品和服务日益丰富。在经济快速发展的背景下，社会积累的财富越来越多，人们的生活更加富裕，生活品质不断改善，社会治理水平也不断得以提升。经济和社会的快速发展，人们生活质量的提升，虽然不能与道德进步直接画等号，但为伦理道德的提升、人与社会的自由全面发展奠定了更加坚实的物质基础。

按照唯物史观，生产力是社会发展中起决定性作用的因素，也是人与社会自由全面发展的决定性力量。物质文明建设与包括伦理道德在内的精神文明建设向来是相互联系、相互作用、相辅相成的。古人云："仓廪实而知礼节，衣食足而知荣辱。"(《管子·牧民》)只有在一定的物质生产基础之上，例如，只有在解决了吃穿住行等基本需要之后，人们才可能产生更高层次的精神文化需求，才可能有时间与余力充实和发展自己，才可能逐步改变混沌、愚昧、迷信、落后的状况，在精神文化和伦理道德方面不断取得进步。否则，就如同马克思所说的："就只会有贫穷、极端贫困的普遍化；而在极端贫困的情况下，必须重新开始争取必需品的斗争，全部陈腐污浊的东西又要死灰复燃。"①

随着智能时代的到来，智能经济和智能文化快速发展，智能治理和智能服务不断改进，这前所未有地满足了人们不断增长的精神文化需求，尤其是极大地拓展了人们的生存和活动空间，改善了人们的生活品质，可以帮助人们更好地发展自己，实现自身的潜能与价值，在"成人""成己"方面取得实质性进步。

(2) 为伦理道德提供直接支持

人工智能是一项前沿性的基础技术，应用前景极其广泛且不可限量。人工智能的应用不仅促进产业结构调整和经济转型升级，为新型伦理道德建设提供良好的前提和基础，而且可以直接应用于与伦理道德相关的领域，为伦理道德建设提供直接支持。

例如，迈入智能时代，国家更有条件增加财政投入，加大智能教育、培训的力度，创新思想政治教育方式，提高大众的文化素质、科技水平和伦理道德修养；能够提供更加丰富多样的精准化智能服务，促使社会运行更加安全高效，人们能够最大限度地享受高质量服务和便捷生活；有条件建立健全社会福利和社会保障体系，尽可能帮助和扶持弱势群体，促进社会公正与社会和谐；可以强化人工智能对自然灾害的实时监测，构建食品药品和公共安全智能化监测预警与控制体系，保障社会公众的生命财产安全；可以综合运用技术、经济和法律手段，对突破道德底线的行为(特别是智能犯罪行为)予以惩处，维护基本的伦理、社会秩序；等等。

伦理道德所涉甚广，可以说无处不在、无时不有。伦理道德建设应该与时俱进，符合智能时代大众的新期待、新要求。迈入多元、交互的智

---

① 《马克思恩格斯选集》第 1 卷，人民出版社 1995 年版，第 86 页。

能时代，伦理道德建设不宜像以前那样，着力于形式化、专门化、单一化甚至空洞的“道德教化”，而应该与经济、政治、社会、文化和生态建设有机地融合在一起，与人工智能的研究、设计、生产、应用、管理有机地融合在一起，通过多方面、多层次的互动而相互影响、共同提升，获得“春风化雨，润物无声”的效果。

2.1.2 社会发展与人的道德提升

(1) 促使生产过程更加“道德”

在农业生产中，人们通过付出体力、驾驭牲畜操纵生产工具，这种生产方式给人带来了重体力劳动负担，收获的劳动成果却比较有限。产业革命以机器生产将人从重体力劳动中解放出来，大幅提升了单位时间的生产效率；同时拓展了人们的生存和生活空间，丰富了人们的生活体验；但同时，导致的负面后果也是前所未有的。在机器大规模使用之前，人们的劳动节律在“春种秋收”的自然时间支配下还有一定的自由支配幅度，而在机械化生产方式中，自然时间被机械时间代替了。劳动者必须跟随机械的节律作息，日复一日地从事单调、重复的工作，批量化地生产标准化产品，生活变得日益紧张、无趣、压抑、烦恼。马克思直言：“劳动用机器代替了手工劳动，但是使一部分工人回到野蛮的劳动，并使另一部分工人变成了机器。劳动产生了智慧，但是给工人生产了愚钝和痴呆。”①

人工智能的快速发展实现了对机械的智能化改造，赋予了机械类似人的思维方式和思维能力，这不仅变革了生产方式、大幅度提高了生产效率，而且为人类生存和生活空间的拓展、体验的丰富提供了无限的可

① 《马克思恩格斯选集》第1卷，人民出版社2012年版，第53页。

能性。

早在机械刚刚运用于生产劳动时就出现了自动化倾向，然而，自动化的机械在没有感应技术和信息分析处理技术的情况下，不能对生产过程进行自主判断，人在生产过程中的角色不可替代。随着信息科技的发展，人工智能赋予了机械“眼睛”“耳朵”等感应器官，赋予了机械类似“大脑”的思维器官，智能机器能够自动承担大量工作，从而将人从机械化生产方式的异化状态中解放出来，人类可以更深入地探索和体验未知世界，更自由地从事人际交往和互动，在开掘自己的潜能和进行道德修炼方面取得进步。

(2) 帮助人类持续地自我提升

人工智能作为人的手、腿、大脑等的延伸，通过人机结合、人机协同、人机共生、人机一体化等方式，使人自身的结构、能力获得了跃迁式的发展。例如，日益发展的人机协同，包括智能技术的突破，可以大幅度提高人的记忆(存储)能力、运算能力、逻辑推理能力、管理能力等，从而大幅度地强化、提升人的认知能力。基于数据分析技术、虚拟技术，在机器学习的帮助下，人的各种潜能得到更好的发挥，各种能力得到更丰富的运用。许多以前没有条件发掘的潜能、没有条件开展的工作，现在开始进入人们的视野。例如，人工智能可以运用于虚拟现实之中，借助虚拟技术及相应设备，任何人都可以练习驾驶飞机、潜艇、宇宙飞船，可以进入时空隧道充满想象力地穿越旅行……“可上九天揽月，可下五洋捉鳖”，不再是遥不可及的痴人说梦，而成了“可知”“可感”的客观现实。

在虚拟现实中，一个人可以在身体上以及精神上成为一个不同的人，甚至可以按自己或他人(如恋人、伴侣等)的意愿选择。相关的体验可能迥然不同。美国未来学家雷·库兹韦尔大胆预测，2030 年左右，我们将可以利用纳米机器人，通过毛细血管以无害的方式进入人的大脑，将负责思维的大脑皮层与云端联系起来，即时互动，使人类变得更加敏感、聪明。甚至，我们还可以大胆预言，利用信息化的生物技术，包括基因重组，还可以帮助人修补自身的缺陷，让人变得更健康、更漂亮、更长寿……

值得注意的是，人工智能并不仅仅只是作为工具外在地强化人的能力，它还在不断"向内"发展，正不断改变产业革命以来一直存在的"人一机对峙"状态，努力打造人机协同、人机一体、人机和谐状态。例如，随着智能技术的应用，个人终端不仅能够处理文字，而且还能处理图像、音频、视频等，形成智能化的多媒体终端与人之间相互交流的全息操作环境；而且，新型的人机系统越来越聪慧，越来越"善解人意"，不再那么充满"机械味"，人们能够轻松自如地进行操作。个人听写系统的研制正在取得进展，它最终将能轻松识别用户的语音，在不同语言之间进行转换（翻译），日益成为"我的助手""我的秘书""我的伙伴"。一些特定的智能系统可以照料残疾人和病人，安装在他们身上，甚至植入他们的身体，帮助他们克服身体的疾患和局限性……在新的生活实践环境中，人们的生存和活动空间得到极大拓展，学习和工作方式、休闲和娱乐方式得到极大丰富；人自身也正在被重塑，正变得越来越强大、越来越完善，人们的想象力、创造力前所未有地发达，人的心智、才能的全面性更加充分地表现出来。

(3) 自由时间的伦理意蕴

在智能时代的产业升级和经济转型过程中，生产过程日益自动化、智能化，智能机器日益普遍地代替人从事各种工作，特别是人们不愿意承担的工作。这不仅大幅提高了劳动生产率，而且将人们从单调、繁重的劳动中和有害、危险的劳动环境中解放出来，大量节约了人力和人的劳动时间，增加了人的自由活动时间，从而为人的解放和自由全面发展提供了可能。

人的解放、自由全面发展必须以自由时间为前提。所谓自由时间，是指在必要劳动时间之外供人随意支配的时间，是一个社会中个人得以自由全面发展的空间。也可以说，自由时间是人的解放自由全面发展的条件。

在人类早期漫长的文明进化史上，由于生产力水平比较低下，人类不得不将大部分时间消耗在物质生活资料的生产上，能够拥有的自由时间非常有限。以剩余产品或剩余劳动为基础的自由时间的出现，使社会中的一小部分人通过占有剩余产品或剩余劳动从而脱离繁重的物质生产活动，形成了“不劳动的阶级”。他们通过占有剩余产品或剩余劳动，从而占有了整个社会的自由时间；而大多数人则被迫承担整个社会的劳动重负，成为终身从事物质生产的“劳动阶级”。“劳动阶级”创造了自由时间，却无法亲自享有，从而丧失了学习、研究、娱乐等精神活动所必需的空间。例如，在资本主义私有制社会，资本的逐利本性决定了它必然要将自由时间变成工人的剩余劳动，尽可能地榨取工人的剩余价值，运用各种办法，限制工人自行运用自由时间娱乐、发展和提升自己。即使通过先进技术的应用、劳动生产率的提高以及风起云涌的劳工运动的抗争，工人的工作时间缩短了，获得了一定的自由时间，资本家也试图“减员增效”，提高生产过程的复杂度，迫使工人不得不花费更多自由时间用于教育和培训，提升自己的素质和劳动能力，自觉或不自觉地为“资本增值”服务。

智能时代的到来，虽然没有改变资本固有的贪婪本性，没有彻底改变既定的统治秩序，没有改变一部分人占有另一部分人剩余劳动或者说自由时间的现状，但是，人工智能的发展和广泛应用，生产的日益自动化、智能化，仍然极大地提高了劳动生产率和社会生产力水平。这不仅满足了人们自由全面发展所必需的各种消费需求，而且逐步把人从繁重的体力劳动和脑力劳动中解放出来，前所未有地缩短了人们的工作时间，或者说减少了人们的社会必要劳动时间，从而在相当程度上打破了统治者、剥削者对人类潜能、能力发展的垄断权，普遍增加了人们自由全面发展所需要的自由时间。

节约劳动时间相当于增加自由时间，即增加使个人得到充分发展的时间，而个人的充分发展又会正向地反作用于社会生产力。从直接生产过程的角度来看，节约劳动时间可以看做生产固定成本，这种固定成本就是人本身。人们拥有更加充裕的自由时间，意味着不必为谋取物质生产资料而不停歇地辛苦劳作，意味着有可能培养自己旅游或体育运动等兴趣，歌剧欣赏或文艺创作等爱好，发挥自己多方面的力量和才能。人们的兴趣、爱好、力量和才能的发展，不仅可能反过来促进科学技术和生产力水平的进一步提高，促进社会物质生产条件的进一步改善，而且这一切直接就是人的解放和自由全面发展的题中之义，具有深刻的道德意蕴。

总之，迈入智能时代，不断创新的先进技术，不断发展的社会生产，不断增加的自由时间，给人们创造了更好的环境、条件和手段，人们可以在科学、哲学、文学、艺术、道德等方面得到更好的发展；到智能社会发展比较充分之时，人得以成为自然界和社会的主人，成为自己的主人——自由的人。这样发达、人性化的智能社会，自然是更加道德、也更加进步的社会形态。

2.1.3 伦理道德建设方式的改进

(1) 帮助人类理性地进行道德评价和选择

人工智能是对人脑的启发式、创新性的模拟。它以其“客观的立场”

"冷静的态度""丰富的知识""敏捷的思维""绝对的执行力"等，可以帮助人们更好地把握时代发展趋势，细致地掌握事实情况，并以此为基础更好地认识自我，不断提升道德评价、选择和决策水平。

基于学习算法的人工智能可以系统地掌握一个人的生活经历和处世原则，帮助人们在面临一定道德情形时，准确地分析自己的道德需要，"发现"自己的道德动机，明确自己的道德权利、责任和义务。假设智能助手知道某个人坚持"己所不欲，勿施于人"之类的"道德金规则"，那么，在处理相应的人际关系时，它便会将这一伦理原则[①]和当下的具体情形联系起来，提示主人应该怎么做。例如，一个人不赞成自己的孩子脾气暴躁，对自己不讲礼貌，如果某一天自己因为某种原因，也对年迈的父母过于性急、态度不好，智能助手便会适时提醒他，这样做违背了他信奉的伦理原则，是一种不理智、不恰当的行为。

相对于人类来说，一定的智能系统可能拥有的立场更加客观，视野更加开阔，知识更加丰富，了解的事实更加完整，后果预测更加可靠，对道德规范的适用更加到位，并更少受到各种社会关系、人情世故的干扰，据此可以理性地帮助人们进行道德评价、选择和决策。事实上，对于日常生活中的债务纠纷的裁定、交通事故中责任的划分、法律案件的量刑等道德难题以及不同道德选择的后果预测，特定的智能系统正在显现出优势。目前它们虽然尚嫌稚嫩，却已经成为人们进行道德评价、选择、决策的参谋和助手。我们完全可以预测，今后的智能系统拥有的数据将更多更好，将会更加"聪明""敏捷"，能够更好地理解伦理原则和道德规范，更有效地帮助人们进行道德评价、选择和

① 伦理原则是处理人与人、人与社会以及不同社会共同体之间价值关系的基本准则，是调整人们相互关系的各种道德要求、规范的最基本的出发点和指导原则，包括自主原则、公正原则、不伤害原则、责任原则等。

决策。

(2) 道德自律与人自身的修炼

一般而论，道德依靠两种方式加以维系，一是自律，二是他律。人工智能为道德自律和道德他律提供了新的实践基础、实践方式。

道德自律以人们的自我认知和道德评价为基础，是人们自我约束、自我提升的一种价值追求。智能系统的视野更加开阔，拥有的知识更加系统，可以帮助人们深刻洞察所处的社会环境，准确把握面临的事实情况，从而依照习得的伦理原则和道德规范指导自己的行为，并不断在生活实践中修正、完善自己。

如果人们有心向善，希望在道德方面自我修炼、自我提升，那么，可以借助智能秘书、学习助手、智能保姆、智能管家之类贴心的智能工具，及时提醒自己抑制不合理的欲望，督促自己切实践履道德规范。例如，提醒和督促自己"应该去看望父母了""应该信守诺言按时赴约""应该依据协议偿还债务""应该完成自己的本职工作"……这可以帮助人们时时自警，严格要求自己，锻铸自己的道德人格，做一个有德之人。对于一些自己不满意、却难以自制的不良习惯，如办事拖拖拉拉、网络游戏成瘾、网络购物上瘾等，还可以设计一定的智能程序，在超过预设的阈值后，帮助自己"强制执行"。

人类正在与越来越多的智能机器"生活"在一起。有了各种"知规知礼""铁面无私"的智能小伙伴，人们就将心中的"大法官"外在化了，可以时时警醒自己，修身养性，止恶扬善，令道德自律水平跨上一个新的台阶。

(3) 道德他律方式与新型伦理秩序

道德他律主要依靠社会舆论以及相关机构的教育、管理加以维系。智能时代为道德他律提供了更加透明的社会环境，也提供了越来越多的道德工具。

因为整个社会日益数字化、网络化、智能化，数据采集、存储、处理、传输能力空前强大，人们的一举一动几乎都处在“聚光灯”之下，无所遁形。这种空前透明的社会环境，可以形成强大的道德舆论压力，敦促人们主动抑制不良动机，自觉规范自己的言行。

在一定的道德情形中，如果某个人、某个组织的行为有违既定的伦理原则和道德规范，借助人工智能，社会公众和相关机构可以及时查询当事人的背景信息，准确还原事情的经过，从而以事实为依据，形成强大的社会舆论压力，迫使行为人弃恶扬善，维护正常的伦理秩序。

道德底线失守是当今世界以及社会转型时期的中国面临的突出问题。迈入智能时代，对于那些肆意践踏道德底线甚至触犯法律的行为，如故意伤害、见死不救、被人施救却恩将仇报以及公务员索贿行贿等恶行，可以借助各种智能系统包括各种智能监测系统、大数据分析系统，方便快捷地弄清事实真相，并对当事人采取系统性的、强有力的他律手段。例如，除了通过各种媒介曝光当事人，进行大范围、强有力的道德谴责外，还可以对其采取包括技术、经济、法律制裁等在内的惩处措施，切实让作恶者成为反面教材，从而将“善有善报，恶有恶报”落到实处。

可见，迈入新颖、独特的智能社会，面对现代社会信仰缺失、价值多元、道德底线屡屡失守的窘境，人工智能可能成为道德教育、管理的好帮手，成为维护正常的社会秩序的道德利器。或许，囿于社会目前的智能化水平，人们今天从中受益还不够多，但人工智能的发展一日千里，新颖别致的智能教育、管理方式正在涌现，更加合理、更加公正的伦理秩序有望形成。

2.2 人工智能引发的伦理冲突与选择困境

人工智能与人类历史上曾经面临的技术问题和科技挑战迥然不同。这一次，人类所面临的问题和挑战将是深刻的、全方位的。人工智能不仅破坏了传统的人伦关系，引发了大量的伦理冲突，而且其导致的伦理道德后果关系到人的本质和尊严，关系到人类的前途和命运。因此，人类不得不慎重对待，通过反思和批判作出明智的抉择。

2.2.1 人工智能引发的伦理冲突

(1) 隐私权等基本人权受到威胁

隐私权是一种基本的人格权利。现代社会对于个人隐私、通信自由等的保护已经形成共识。但隐私权作为一种抽象权利，具有强烈的“弹性”，在不同文化圈中有着不尽相同的理解，学术界并没有形成一个普遍认同的定义。一般而言，隐私权是指自然人享有的私人生活安宁与私人信息秘密依法受到保护，不被他人非法侵扰、知悉、收集、利用和公开的一种人格权，而且当事人对他人在何种程度上可以介入自己的私生活，对自己的隐私是否向他人公开以及公开的人群范围和程度等具有决定权。隐私权被侵犯，是指未经当事人的许可而窥探、采集、泄露、使用了当事人的个人信息，影响了其正常生活。有学者认为“隐私是人权的基础”，那么，应该如何保护隐私权等基本人权呢?

以大数据为基础的人工智能对诸如隐私权等基本人权造成了前所未有的威胁，隐私权已经陷入了风雨飘摇的困境。在智能时代，人们的生活正在成为“一切皆被记录的生活”，它可能详尽、细致到令人意想不到的程度。各类数据采集设施、各种数据分析系统能够轻松地获取个人的各种信息，如性别、年龄、身高、体重、健康状况、学历、工作经历、家庭住址、联系方式、社会身份、婚姻状况、亲属关系、同事关系、信仰状况、社会证件编号，等等。在个人信息采集、各种安全检查过程中，如机场、车站、码头等常见的全息扫描三维成像安检过程中，乘客的身体信息乃至隐私性特征“一览无余”，隐私泄露往往令当事人陷入尴尬境地，并常常引发各种纠纷。

在人工智能的应用中，云计算已经被配置为主要架构，许多政府组织、企业、个人等将数据存储至云端，这比较容易遭到威胁和攻击；而且，人工智能通过云计算，还能够对海量数据进行深度分析。大量杂乱无章、看似没有什么关联的数据被整合在一起，就可能“算出”一个人的性格特征、行为习性、生活轨迹、消费心理、兴趣爱好等，甚至“读出”一些令人难以启齿的秘密，如隐蔽的身体缺陷、既往病史、犯罪前科、变性经历等。据此可以说，数据智能分析系统往往比我们自己还了解自己，知悉我们喜好什么、厌恶什么、需要什么、拒斥什么、赞成什么、反对什么……如果智能系统掌握的敏感的个人信息泄露出去，被别有用心的人“分享”，或者出于商业目的而非法使用，有时会将人置于尴尬甚至危险的境地，个人的隐私权难免受到不同程度的侵害。

当然，在社会治理体系中，为了保护个人隐私权，可以通过立法，规定个人信息在任何情况下都不能被泄露，也可以通过普及加密技术等来实施保护。可是，这样一来，个人隐私与网络安全之间就出现了尖锐的矛盾：一方面，为了保护个人隐私，智能系统所采集、存储以及“分析”出来的个人信息应该绝对保密；另一方面，任何人都必须对自己的行为负责，其行为应该被详细记录，以供人们进行道德评价和道德监督，甚至用作法律诉讼的证据，以保障网络和社会安全。然而，应该确立什么样的伦理原则和道德规范，保障人的隐私安全？在什么情况下才可以存储、调取和使用个人信息？社会大众的道德评价依据何在？如何协调个人隐私与社会监督之间的矛盾？应该如何处理这一矛盾，避免演变为尖锐的社会伦理冲突？这些问题都没有确定的答案，因而对智能社会的伦理秩序构成了威胁。

（2）对婚恋家庭伦理提出挑战

“食色，性也。”情色业曾经推动了社会的信息化进程，迈入智能时代，也可能在推动智能社会发展方面发挥一定的作用。近年来，关于人工智能进军情色领域甚至婚恋家庭领域的新闻此起彼伏，不断地冲击着人们敏感的神经，冲击着既有的伦理关系、伦理原则、道德规范和伦理秩序。

伴随人工智能的发展，人形智能机器人的研制正在取得突破。人形智能机器人越来越像人，越来越“善解人意”，也越来越“多愁善感”。它们可能“读”过大量的情色作品，拥有丰富的情感经历，能够理解的“情事”越来越复杂，可以做的事情更是可能突破既有的限度。有专家预测，到2050年，人形智能机器人将变得和真人一样，令人们难以区分。也就是说，人形智能机器人可能跟真人一样，拥有完美的身材、精致的五官、光洁的皮肤、温柔的性情、坚贞的品格。人形智能机器人可以为人做家务，给人当助手，陪人聊天，一起玩耍，与人调情……人们不仅可以让人形智能机器人长情地陪伴自己，甚至可以私人定制性爱机器人，解除人在心理层面的寂寞，满足人的个性化的生理需求，为人怀孕、生子、养育子女……

当人形智能机器人真的出现在人的生活中，当它们以保姆、宠物、情人、伴侣甚至孩子的身份进入家庭，以家务帮手、工作助手、游戏玩伴、生活伴侣之类角色“参与”人们的工作和生活，久而久之，人与智能机器人之间是否会产生各种各样的感情？是否会产生各种各样的利益纠葛？

特别是当人们定制的机器人“伴侣”,“她”是那么的美丽、温柔、贤淑、勤劳、体贴,“他”是那么的健壮、豪爽、大方、知识渊博、善解人意,人们是否会考虑与它结婚,组成一个别致的“新式家庭”?这样反传统的婚姻是否能够得到人们的理解,法律上是否可能予以承认?

无论如何,可能到来的这一切将对传统的人伦关系、家庭结构、工作关系等产生程度不一的冲击。2013年,在美国科幻爱情电影《她》(*Her*)中,人类作家西奥多和名为“萨曼莎”的人工智能操作系统就产生了爱情。只不过西奥多发现,萨曼莎同时与很多用户产生了爱情。原来,他们所理解的爱情根本不是一回事,萨曼莎的爱情观不是排他性的!智能机器人与人之间的利益、情感纠葛将会越来越频繁,也越来越费解。我们不妨设想一下,当未来的智能机器人具有了自主意识,具有了情绪、情感,学会了“撒娇”或者“发脾气”,当它们堂而皇之进入家庭、进入人们的生活,并像恋人、家人、伙伴那样有所要求,那时人们应该如何与之相处?这难免会带来一些列令人头疼的新的伦理难题,对传统的伦理秩序形成巨大的冲击。有时,甚至可能爆发冲突,令当事人陷入危险境地。2014年,在科幻电影《机械姬》(*Ex Machina*)的结尾,机器人艾娃产生了自主意识,用刀残忍地杀死了自己的设计者。

(3) 人工智能与虚拟技术结合的伦理后果

众所周知,“虚拟”是人的意识的功能之一。但人的意识中的“虚拟”具有自身的局限性,如人脑能够存储的信息量有限,处理信息的速度有限,思维的发散性有限,人与人之间“虚拟”镜像的交流比较困难,等等。语言、文字以及沙盘等技术都在不同程度上外化了人的意识中的“虚拟”功能。现代信息科技以最为抽象的机器语言(即“0”和“1”)为基础,进行逻辑上比较简单、程序上异常复杂的各种计算;同时,又能将机器语言还原成具象的信息符号(包括文字、图像、音频、视频等),从而将“虚拟技术"推向了一个全新的发展阶段。在人工智能的支持下,机器能够自发地将人的语言、手势、表情等转化为机器指令,并依据这种已"读懂"的指令,通过"逻辑思维"和"类形象思维"进行判断,在此基础之上的"虚拟技术"能够真正让人身处"灵境"之中,产生身临其境的交互式感觉。在虚拟现实中,一个人甚至可以选择在身体上以及精神上成为一个不同的人,这样的体验显然是过去难以想象的。

虚拟现实虽然能够带来神奇的体验,也可能导致大量的伦理道德问题。人工智能医生可以通过远程医疗方式进行诊断,在患者身上实施手术,这种手术可能是智能机器进入人的身体内完成的。但是传统医患之间那种特别的感觉(如无条件的信任、温情的安慰)往往荡然无存,甚至可能在心理上造成一定的隔阂。此外,人工智能教师、保姆等也可能导致类似的问题。

人们越来越多地与各种智能终端打交道,智能设备越来越像人自身的身体器官,人们越来越离不开它,或者说离开了它,就会感觉难以正常地学习、工作和生活。生活在各种虚拟的世界中,人们有时难免觉得荒诞、无聊,充满着不可靠、不真实的幻象。有些人特别是年轻人过度沉溺于此,觉得虚拟世界才是真实、可亲近的,对虚拟对象产生严重的眷恋和依赖,却感觉与现实生活中的人交往"太累""没有意思",从而变得孤僻、冷漠、厌世,造成人际交往的新障碍。

在各种电子游戏中,往往充斥着色情、暴力等内容,有些游戏甚至无视道德底线,久而久之,难免助长人的精神麻木,影响人格的健康发展,甚至令人泯灭道德感,拒绝承担道德责任。例如,在一些具有暴力色彩的电子游戏中,人们为了"生存",必须尽可能弄到致命的智能武器,竭尽全力地去"杀人",而在虚拟世界中,却根本感觉不到"杀人"的血腥、残酷与非人性。因为没有面对面的愤怒对峙,没有物理意义上的肢体冲突,看不见对手的痛苦表情，此外，似乎也没有造成什么物理上的损害，游戏者不会感觉丝毫不安，不会产生任何犯错的意识和愧疚感。

虽然任何虚拟都具有一定的现实基础，但是当意识虚拟被技术外化时，人所面对的将是一个虚拟与现实交错、现实性与可能性交织的奇妙世界。新生活的拥抱者可能欢呼，虚拟实在开拓了一个崭新的生存与活动空间，提供了各种新的机会和体验，一种新鲜的道德感和伦理关系正在生成，一种全新的伦理规制、道德秩序正在形成；而传统的卫道士则显得忧心忡忡，认为现实社会的道德情感正在被愚弄，既有的伦理责任与道德规范正在被消解，社会伦理秩序濒临瓦解的危险。

(4) 自主无人驾驶的道德责任归属

自主无人驾驶，包括无人驾驶汽车、无人驾驶飞机、无人驾驶船舶等，可以说是目前人工智能应用最典型的领域，可能产生的经济和社会效益十分显著。以无人驾驶汽车为例，其安全系数更高，目前全世界每年都会发生大量的车祸，无人驾驶或许可以拯救许多人的生命；对于没有能力驾车的老年人、残疾人等，无人驾驶可能彻底改变他们的生活。此外，以大数据为基础的自主无人驾驶还可能实现更少拥堵、更少污染、提高乘用效率等目的。

自主无人驾驶诚然是新事物，应用前景广阔，但它也不可能尽善尽美，例如，不可能完全不产生污染，不可能消灭城市拥堵，不可能彻底杜绝安全事故。在无人驾驶领域充当急先锋的特斯拉公司，就已经报告了多起事故。例如，2016 年 5 月 7 日，美国佛罗里达州一辆特斯拉电动汽车在“自动驾驶”模式下与一辆大货车发生撞车事故，导致司机不幸身亡。虽然美国国家公路交通管理局（NHTSA）出具的报告认为特斯拉的自动驾驶系统不应对此次事故负责，但自动驾驶的安全性问题仍引发了担忧。各种问题的存在,难免导致大量新的道德问题和道德责任。

自主无人驾驶甚至可能导致一些新的“道德二难”。有人曾经设想了这样一个场景:一辆载满乘客的无人驾驶汽车正在高速行驶,突遇一位行动不便的孕妇横穿马路。这时,如果紧急刹车,可能翻车而伤及乘客,但如果不紧急刹车,则可能撞到孕妇。无人驾驶汽车应该怎么做呢?如果司机是人,这时完全取决于司机的经验,特别是通过本能或直觉而作出判断。可当人工智能陷入人类伦理困境的极端情形时,由于其行为是通过算法预先设定的,而既有算法中可能没有类似的设定,它只能从数据库中选取相似的案例进行类推。如果遇到的是完全陌生的情形,就只能随机选择一种方式处理了。众所周知,未知的领域总是无限大的,陌生的情形无论如何都难以避免。假如无人驾驶汽车在行驶中发生交通事故,造成了一定的生命、财产损失,那么应该由谁——无人驾驶汽车的设计者,还是使用者,抑或是无人驾驶汽车自身——来承担相应的责任呢?

2.2.2 数字鸿沟与“社会排斥”

(1) 数字鸿沟

迈入智能时代,人类创造了一个越来越复杂、变化越来越快速的技术系统和社会结构。然而,科学技术的发展并没有自动践履“全民原则”。由于人工智能的先进性、复杂性,它甚至根本就不在普通大众的掌握之中。实现社会公正,让全体人民平等享受人工智能发展带来的好处,绝不是仅仅随着科技进步就能够实现的。很多时候,即使体制设计合理、政府立场公正,决策和政策也可能出现偏差,更何况现在人工智能领域乱象丛生,政策取向和伦理规制存在诸多缺陷,人工智能的发展有可能背离初衷，沦为经济、政治或技术精英独享特权的乐土。例如，在当今世界，由于生产力发展不均衡，科技实力不平衡，人们的素质和能力参差不齐，不同民族、国家、地区、企业等的信息化、智能化水平不一，不同的人占有或利用人工智能的机会和能力不均衡，数字鸿沟已经是毋庸置疑的事实。具体地说，不同国家、地区的不同的人接触人工智能的机会是不均等的，使用人工智能产品的能力是不一样的，与人工智能相融合的程度是不相同的，由此产生了收入的不平等、地位的不平等以及未来预期的不平等。这一切与既有的地区差异、城乡差异、贫富分化等叠加在一起，催生了越来越多的“数字穷困地区”和“数字穷人”。而且在残酷的国际竞争和市场竞争中，发达国家、跨国企业一直在对关键数据资源进行垄断，对人工智能的核心技术和创新成果进行封锁，以期进一步获取垄断优势和超额利润。这导致数字鸿沟被越掘越宽，并呈现“贫者愈贫，富者愈富”的发展趋势。

智能时代崇尚知识创新，不再是以体力劳动者为中心的时代。对于普通劳动者而言，科学技术越进步，生产的力量越强大，产品越丰富，自己往往越渺小，越无法自主选择、主宰自己的命运。虽然有些聪明人、知识精英可以通过学习和创造，自己扼住命运的咽喉，凭借知识和智慧跨入强者和富翁的行列，但是数字鸿沟日益扩大，经济贫富差距也更甚以往，普通劳动者在经济、社会领域的地位实质上下降了，他们处在更加贫弱无助的境地，即使是合法的权利也可能受到损害。

随着人工智能的发展，产业结构不断调整、升级，资本越来越倾向于雇佣智能机器人，结构性失业凸显成为日益严重的社会问题。由于知识、技术的更新速度越来越快，为了适应优胜劣汰的竞争态势，人们面临着巨大的精神和心理压力。每个人都在程度不一地忧虑：自己的知识结构、技术水平是否陈旧过时了？是否需要通过培训进行更新？分配到新的岗位上，自己已有的技术、知识结构是否胜任？如何对技术、知识进行快速升级？反思以往的信息化、智能化历程，我们不难看到，激烈的知识、技术竞争以及由此导致的产业升级、经济转型，已经造成了巨大的差异。一些知识精英如鱼得水、风光无限，而普通劳动者的饭碗不断被生产的信息化和智能机器人等所取代，很多人遭受了重大的经济损失。大量的结构性失业者不得不重修专长，重新寻找工作岗位，在社会中的弱势地位加剧。

总之，在智能时代，数字鸿沟、“数字穷困地区”和“数字穷人”的存在已经是不争的事实，这已成为影响社会公正、和谐发展的新因素。如果先进的智能技术只是掌握在少数国家、地区、企业或个人手中，那么，不但不能给普通大众带来福利和尊严，而且可能成为欺凌“数字贫困地区”和“数字穷人”的利器，这种局面将是极不公正、极不道德的。数字鸿沟、信息贫富差距以及新的社会阶层的出现，将可能成为新的难解的社会问题，成为新的社会不稳定因素，甚至可能成为颠覆现存伦理秩序和社会秩序的破坏性因素。在这种情况下，应该由“谁”、基于什么伦理原则、运用什么方式，保护“弱者”(“数字贫困地区”“数字穷人”等)的权益，实现社会公正与世界和平呢？

(2)“社会排斥”

在人工智能的飞速发展和广泛应用面前，人的进化相对而言太缓慢了。与已经显露端倪的超级智能的脑力和体力相比较，人正变得越来越脆弱，越来越笨拙，也越来越力不从心。特别是人工智能的广泛使用，社会生活的智能化程度前所未有地提高，智能机器可能异化为束缚人、排斥人、奴役人的工具。例如，在高度自动化的生产流水线、聪明又能干的智能机器人面前，如果不是“术业有专攻”的科学家和工程师，普通人可能显得异常“呆”、特别“笨”，不仅难以理解和主导生产过程，就是辅助性地参与进来也比较困难。有些人即使具有一定的知识和技术,通过复杂的岗位培训,可能也只是掌握了智能机器原理和操作技术的很小一部分。与数据越来越庞杂、网络越来越复杂、机器越来越灵巧、系统越来越智能相比,人的天然的身体,包括曾经引以为傲的头脑,却显得越来越原始、简单、笨拙。在一些科幻作家一再预言将要失控的世界里,绝大多数人越来越可能沦为“智能机器的奴隶”,成为庞大、复杂的智能机器系统中微不足道的“零部件”。

随着生产的智能化,拥有甚至超越某些人类智能的机器正在取代人,替代人类从事那些自己不情愿承担的脏、累、重复、单调的工作,或者有毒、有害、危险环境中的工作;而且正在尝试那些曾经被认为专属于人类的工作,如做手术、上课、翻译、断案、写诗、画画、作曲、弹琴、驾驶、打仗等,成为医生、教师、译员、律师、作家、画家、音乐家、秘书、保姆、驾驶员、士兵……甚至开始尝试拥有和“消费”情感,出现了“取代”包括朋友、情人、伴侣、孩子的迹象。例如,富士康集团已经宣布,将用机器人取代 6 万名工厂工人;福特汽车在德国科隆的工厂也启用了机器人,与人类工人并肩工作。由于智能机器人可以源源不断地创造和复制,加之智能机器人相比人更加“勤劳”,更加“任劳任怨”,生产效率更高,可以胜任更加复杂、繁重的工作,能够取代越来越多的人类工人,汹涌的失业潮将随着生产的智能化以及产业的转型升级接踵而至。

更加可悲的是,一些目不识丁的文盲、缺乏科技知识的科盲和电脑盲,可能彻底失去劳动的价值,根本就不可能获得培训的资格和工作的机会,他们别无选择,只能接受失业、彻底被边缘化甚至被社会抛弃的命运。美国社会学家曼纽尔·卡斯特(Manuel Castells)指出:“现在世界大多数人都与全球体系的逻辑毫无干系。这比被剥削更糟。我说过总有一天我们会怀念过去被剥削的好时光。因为至少剥削是一种社会关系。

我为你工作，你剥削我，我很可能恨你，但我需要你，你需要我，所以你才剥削我。这与说'我不需要你'截然不同。"[①]这种不同被曼纽尔·卡斯特称为"信息化资本主义黑洞"：在智能社会中，"数字穷人"处于全球化的经济或社会体系之外，没有企业之类的组织愿意雇佣他、剥削他。俗话说："冤有头，债有主。"可谁都不需要他，他甚至没有需要反抗的对抗性的社会关系。"数字穷人"成了这个世界上"多余的人"，他们被发达的智能社会无情地抛弃了，存在变得荒谬化了。

人是通过劳动而成为人的。劳动是人的神圣的权利，也是人自我肯定、实现价值、获得尊严的一种活动。智能系统的不断发展、无处不在和不知疲倦、不计报酬的"劳模"精神，导致普通人的劳动机会减少，劳动权利被剥夺，这对人的基本人权和自由全面发展构成了现实的威胁；而且，智能机器人对人的工作角色、家庭角色的排挤，可能破坏传统的工作关系，导致传统的家庭结构解体，从而对既有的工作伦理、家庭伦理造成巨大的冲击。这样的被取代、被忽视、被排斥、被抛弃，这种生活意义的丧失和存在的荒谬化，除了使人的生存环境恶化、幸福指数下降，总有一天会让人在精神上无法忍受，在心理上感到绝望。例如，有调查显示，在目前工厂倒闭率和员工失业率较高的地区，居民自杀、滥用药物以及患抑郁症的概率都相对较高。未来智能社会的某一天，当人们忍无可忍、铤而走险时，一场全面的伦理危机和社会危机就将爆发。这正如曼纽尔·卡斯特严厉警告的："整个世界危机即将爆发，但不会以革命的方式，而是：我忍无可忍了，我不知道该干什么，我不得不爆发，为爆发而爆发。"[②]

---

① ［美］曼纽尔·卡斯特：《千年终结》，夏铸九、黄慧琦等译，社会科学文献出版社2003年版，第434页。

② ［美］曼纽尔·卡斯特：《千年终结》，夏铸九、黄慧琦等译，社会科学文献出版社2003年版，第434页。

2.2.3　对人的本质和人类命运的挑战

(1) 对人的本质的严峻挑战

人工智能的发展正在实质性地改变“人”,改变对“人”的认知。在过去的四十多亿年中,所有生命(包括人)都是按照优胜劣汰的有机化学规律演化的,然而作为无机生命的人工智能正在令人不安地改变这一切。随着生物技术、智能技术的综合发展,人的自然身体正在被“修补”和“改造”,人所独有的情感、创造力、社会性正在被智能机器获得,人机互补、人机互动、人机结合、人机协同、人机一体化成为时代发展的趋势。当人的自然身体与智能机器日益“共生”或一体化,例如,人的基因被“修补”甚至重新“编码”,生物智能芯片植入人脑,承担部分记忆、运算、表达等功能,那时新兴的“共生体”究竟是人还是机器?或者在什么意义上、什么程度上是“人”?这一切难免成为众说纷纭的难题。

正在研制的智能机器人本身,也对人和人的本质提出了挑战。例如,“会思维”曾经被认为是人的本质特征。然而随着人工智能的突破性发展,“机器也会思维”正在成为共识;就如同机械机器早已超过了人的体力、速度和耐力一样,机器思维也可能全面超过人类的思维水平。当智能机器不仅在存储(记忆)、运算、传输信息等方面远超人脑,而且在控制力、想象力、创造力以及情感的丰富度等方面也超过人时,就对人的思维本质提出了实质性的挑战。又如,劳动或者制造和使用生产工具曾经被认为是人的本质特征,但未来的智能机器完全可能根据劳动过程的需要,自主地制造或“打印”生产工具,灵活地运用于生产过程,并根据生产的发展而不断调适、完善。甚至智能机器还可以自行生产机器人,并根据生产和生活的需要不断调适。例如,2017 年启用的中国规模最大的机器人产业基地沈阳新松智慧产业园，其C4车间是中国首个工业4.0生产示范实践厂区，拟采用机器人生产机器人。如此一来，无论是制造和使用生产工具，还是更一般意义的劳动，都不再是人类的专利了。此外，借助现代生物技术和智能技术，智能机器人在外形上可以不像人，但也可以“比人更像人”，或者说，可以长得比普通人更加“标准”、更加“完美”。如果政策、法规和道德规范允许，任何一个人都可以定制一个或多个外形、声音、性格、反应与行为都一样的“自己”，令自己永远“活”在世界上。如此种种，智能机器人究竟是否是“人”，必将成为一个聚讼不断的时髦话题。2017年10月25日，沙特阿拉伯第一个“吃螃蟹”，授予汉森机器人公司（Hanson Robotics）研发的人形机器人索菲娅（Sophia）以公民身份，就引发了一场轩然大波，人们对此众说纷纭。

如果智能机器人在一定意义上是“人”，那么就可能导致一系列问题：它是否享有人权等基本权利（比如避免被人类过度使用，或者置于可能导致硬件受损的恶劣环境中）？是否具有与自然人同等的人格和尊严（比如是否可以被视为“人类的仆人”，是否允许被虐待）？是否应该被确立为道德或法律主体，承担相应的行为后果？智能机器人可否像自然人一样，与其他智能机器人自由交往，结成一定的“社会组织”？这类问题还有很多，并且新的问题必将层出不穷。放眼现实，智能机器人可以比较廉价地生产，可以大量地加以复制，已经广泛进入人们的学习、生产、生活、休闲、娱乐领域，成为人们学习的老师、工作的伙伴、生活的助手、游戏的玩伴……有人声称，猫、狗之类宠物尚且享有一定的动物权利，具有自主意识的智能机器人将变得与人难以区分，它们是否更应该拥有基本权利？

无论如何，智能技术的发展，具有自主意识的智能机器人的产生，令人和人的本质成了一个严肃的问题。或许，我们应该重新认识和定义

"人",将人与人的一切创造物——包括中介系统和智能系统——融合起来,赋予"人"以新的内涵,并重新确立人之为"人"以及处理人际关系和人机关系的伦理原则。

(2) 道德教育、管理权之争

关于伦理道德,一直存在着道德进步论与道德退步论的争论。即使从道德进步论的视角看,伦理道德的发展无疑跟不上人工智能发展的速度。在人工智能的研发和应用中,出现了越来越多的既有道德从未涉及的问题,在一定程度上出现了道德失范和伦理失序。如何应对挑战,重塑道德教育、管理方式,是一个亟待解决的难题。

随着智能时代的来临,智能系统越来越多地渗入人们的组织管理过程,教育、管理方式正在迎来新的变革。智能系统能够存储大量的政策和法规文件,自动处理管理工作中的行政协调和控制任务,承担管理工作中的程序性任务,减少管理工作中的人为失误,从而节省管理成本,提高管理效率。不过,运用人工智能所进行的道德教育和管理,有时可能忽视被管理者的文化传统和心理特征,甚至忽视被管理者是一个具体的活生生的"人",从而缺乏人类特有的同情心,缺少人们特别看重的"人情味"。

具有冲击力的是,随着人工智能的突破性发展,在自然人与智能机器人之间,谁的道德表现更为优异、更令人信服?谁能占据道义制高点、掌握话语权?谁更有资格拥有道德裁判权以及相应的教育、管理权力?虽然人类号称"万物之灵",过去在伦理道德领域一直掌控着话语权,但发展到智能时代,面对这些本来有确定答案的问题,人类已经变得不那么自信,不那么有把握了。

特别值得警惕的是,随着社会的信息化、智能化,超级智能是否可能倚仗自身的体力和脑力优势以及远超人类的活动效率,强行抢夺道德评价、决策的话语权与道德教育、管理的资格,甚至自以为是地对创造它的人类进行道德训诫和道德管理,将人类强行纳入智能系统的道德范畴?若果真如此,那将是有史以来翻天覆地的"伦理大变局"!

(3) 人工智能是否会"失控"

2016 年以来,谷歌开发的 AlphaGo 采用大数据的自我博弈训练方法,相继击败了李世石、柯洁等世界围棋冠军,令世人见识了人工智能深度学习的威力,也令人工智能的威胁具体地呈现在世人面前。众所周知,机械化曾经极大地"延长"了人的手和腿,解放和超越了人的体力。例如,一个人跑得再快,也跑不过汽车、火车、飞机;一个人力量再大,也无法与卡车、起重机相比……在人类脑力、智能的各个领域,人工智能也完全可能超越人类,甚至将人类远远地抛在后面。人类必须认识到这一点,并接受、习惯这种新变化,与无处不在的各种智能系统和谐相处。

今天,人工智能不仅具有深度学习能力,而且可能具有主动地学习、创新的能力,未来甚至可能拥有自主意识,自主进行升级、提升。或许正如雷·库兹韦尔大胆预测的那样,21 世纪 30 年代,人类大脑信息上传成为可能;40 年代,人体 3.0 升级版出现,即通过基因、纳米、机器人技术使人体进化成非肉体的、可以随意变形的形态;2045 年,奇点来临,人工智能完全超越人类智能。当机器智能达到人类智能水平,可能很快就会产生单一的超级智能;甚至超级智能可能通过相互学习、相互作用、自我完善而不断升级,并通过网络结成超级智能组织。雷·库兹韦尔甚至预测,2045 年之后,宇宙觉醒,为了超越计算机的局限性,人机智能将物质转化为超级计算机,最终整个宇宙变成一个超级智能,这种智能可以改变目前已知的物理定律,实现不同维度空间的穿越,并实现人类真正的永生。

一般而论，相比人类，超级智能及其组织掌握的背景数据更加完整丰富，形势的判断更加客观清晰，规划设计更加稳健合理，作出决策更加冷静快捷，采取行动更加精准有力，并且超级智能对于生存环境的要求不高，工作时间更长、工作时更专注，消耗的资源相比人类更少，还能不断通过反馈和学习自动纠错、自主升级，因而相对于人的智能优势将会不断扩大。

具有自主意识的超级智能就如同一个打开了的"潘多拉魔盒"。人类兴致勃勃地创造了人工智能，可是，人类的命运就"如同一个拿着炸弹玩耍的懵懂的孩子"。炸弹的巨大威力和孩子的成熟度是如此的不相匹配，令人忧心忡忡。例如，超级智能是否会"学坏"，拥有人类一样的自利心和贪欲，习得人类的各种错误的、腐朽的价值观，或者将人类对其的役使、虐待等存储起来，学着像历史与现实中的一些人一样，奉行"恶有恶报"的信条，肆意地寻仇、报复？更大的风险还在于，超级智能是否可能通过自我学习和自主创新，突破设计者预先设定的临界点而走向失控，反过来控制和统治人类，"将人类关进动物园里"，甚至判定人类"不完美""没有什么用"，从而轻视人类，漫不经心地灭绝人类？自从人工智能诞生以来，这种对人类前途和命运的深层忧虑就一直存在，并成为《黑客帝国》(*The Matrix*)《终结者》(*The Terminator*)《机器管家》(*Bicentennial Man*)等科幻文艺作品演绎的题材，带给人们深深的震撼。斯蒂芬·霍金就曾经引人注目地表示，或许，人工智能不但是人类历史上"最大的事件"，而且还有可能是"最后的事件"，"人工智能的发展可能预示着人类的灭亡"。

或许有人会说，上述说法过于超前，过于耸人听闻。但即使超级智能本身没有不良的动机和错误的价值观，如果某一组织或个人研发、掌握了类似的超级智能，滥用技术，以实现自己不可告人的目的，如对世界进行极其严酷、惨无人道的法西斯统治，后果也将是灾难性的。其导致的灾难可能远远超过法西斯轴心联盟发动的第二次世界大战以及冷战时期美苏的“核讹诈”。

过去，由于人工智能比较稚嫩，发展处于萌芽阶段，人们一直沉浸在乐观、祥和的氛围中，对潜在的威胁不以为意。然而，随着人工智能的突飞猛进，特别是在自主学习和创造性思维方面可能超越人类，这一威胁正日益清晰地呈现在世人面前。人工智能的发展日新月异，可能拥有的智能优势太过强大，人与人工智能的差距可能大到自然人与飞机、航天器“赛跑”一样。展望未来，人类已经没有资本承担盲目自大与自负的后果了！

2.3 智能时代的伦理道德建设

人工智能是人类文明史上前所未有的社会伦理试验。智能时代的到来，尽管为一个社会的伦理道德提升、为人与社会的自由全面发展提供了巨大的可能性，但也仅仅只是一种可能性，一种尚难预料其后果或其后果很难在传统的理论模式中加以解决的可能性。技术的力量无论如何强大，都只是人类的手段或工具，应该如何善意地选择性应用则是社会领域、特别是人自身的问题。一种以人为本、先进道德得以弘扬、人与社会得到自由全面发展的伦理新秩序，还有赖于我们基于科技的进步进行创造。

2.3.1 人工智能的“能够”与“应该”

(1) “能够”与“应该”的关系

如同一切科学技术一样，人工智能的研发、应用也需要正确处理“能够”与“应该”之间的关系。一般而言，“能够”与“应该”之间存在着以下几种可能性：其一，“能够”做的也是“应该”做的；其二，“能够”做的是“不应该”做的；其三，“能够”做的是“允许”做的。目前，人工智能的发展日新月异，能力愈来愈强，“能够”做的事情正在不断突破原有的阈限，拓展到许多新的领域：语音识别、机器翻译、电子警察、无人驾驶、私人医生、智能保姆、智能秘书、智能管家、律师、法官、编辑、记者……未来的超级智能更是可能在外形上像人，并且会思维，具有比人类更高水平的智能，能够完成许多人类不能完成的工作，能够快速处理各种复杂的社会关系和社会矛盾。那么，人工智能“能够”做的一切都是“应该”的吗？显然，从上述关于“能够”与“应该”之间的逻辑关系看，并不存在这种必然性。毕竟，“能够”做的也是“应该”做的，只是逻辑上的三种可能性之一，需要人们在生活实践中具体情况具体分析，审慎地进行评价、选择和决策。在分析、评价、选择和决策时应该认识到，人工智能是新颖而复杂的，具有强烈的不确定性，可能产生非人性、不道德的负面效应，这样的“能够”是不“应该”令其成为现实的。

或许有人会搬出科学的“价值中立说”或“科学无禁区”的信条来质疑和否决对人工智能的伦理及价值的思考。然而科学作为人类的一种本质活动，并不是“价值中立”的，不是与人类的价值生活无涉的。“科学无禁区”并不适用于一切科学技术。对于一些可能严重危害人类或可能导致不可预料后果的科学研究或技术应用，必须在社会公众充分讨论、民主决策的基础上，坚决地加以规范和控制。

从历史上看，人类以往的发明与创造，包括各种工具、机器甚至自动化系统，科学家、工程师或使用者都可以控制其道德表现。爱因斯坦(Albert Einstein)在《科学和战争的关系》中指出：“科学是一种强有力的工具。怎样用它，究竟是给人带来幸福还是带来灾难，全取决于人自己，而不取决于工具。刀子在人类生活上是有用的，但它也能用来杀人。”[①]技术中性论的代表人物 E.梅塞勒（Emmanul G. Mesthene）也指出：“技术为人类的选择与行动创造了新的可能性，但也使得对这些可能性的处置处于一种不确立的状态。技术产生什么影响、服务于什么目的，这些都不是技术本身所固有的，而取决于人用技术来做什么。”[②]

然而，随着现代高新科技的发展，特别是正在迈入的具有异质性的智能社会，令一切正在发生革命性、颠覆性的变化。人类“能够”做的事情正不断突破原有的阈限，有时甚至超出了人类的想象力，人们已经难以清晰地预测可能的后果，科学技术的发展正面临着“失控”的危险。人工智能的不断突破，特别是未来可能出现的超级智能，将会置人类于巨大的风险之中。一些悲观主义者甚至认为，人工智能加速的不是人类的进步，而是人类被奴役甚至消亡的过程！

可见，科技本身的“能够”“可行”并不等同于价值上的“应该”，逻辑上也推导不出“应该”。对此，美国著名思想家弗洛姆（Erich Fromm）曾经质疑过当代科技发展的两个“坏”的指导原则。这两个“坏”的原则：一是“凡是技术上能够做的事情都应该做”，二是“追求最大的效率与产出”[③]。显然，第一个原则迫使人们放弃一切伦理、价值尺度，放弃人对科学技术自身的自我反思和自我调控；第二个原则的贯彻则可能使人沦为总体的社会效率机器的丧失个性的“零部件”。这种质疑无疑是深刻的。科学技术不是外在于人的成果，而是具体的历史的人正在从事着的人类实践活动，把科学技术仅仅视为工具是对人类责任的放弃和逃避。为了

① 《爱因斯坦文集》第 3 卷，许良英等译，商务印书馆 1979 年版，第 56 页。

② Emmanul G. Mesthene. Technological Change: Its Impact on Man and Society, New York: New American Library, 1970, p.60.

③ Erich Fromm. The Revolution of Hope: Toward a Humanized Technology, New York: Harper & Row, 1968, pp.32－33.

使科技服务于以人为本、造福人类这一根本目的，从根本上避免那些无法承受的后果，必须从科技的规划、设计、发明、创新阶段开始，将伦理、价值因素作为一种直接的重要影响因子加以考量，进而使伦理、道德、价值制约成为科技活动的内在维度之一。

因此，我们有充足的理由对人工智能进行理智的价值评估，对人工智能的研发和应用进行道德规范，这也是我们的伦理责任和道德义务之所在。也正因为此，美国在2016年发布的《国家人工智能研究与发展战略计划》(*The National Artifical Intelligence Researth and Development Strategic Plan*)中，将“理解并应对人工智能带来的伦理、法律、社会影响”位列七个重点战略方向之一；中国在《新一代人工智能发展规划》中，也将“人工智能发展的不确定性带来新挑战”视为必须面对的问题。

当然，“应该”既必须以事实为基础，又需要人类立足自身的价值观，在民主协商的基础上逐步形成共识。一方面，虽然人工智能具有不确定性，可能产生种种负效应，但我们不能像某些反技术的浪漫主义者那样，抗拒人工智能，放弃利用人工智能促进经济、社会发展，为人类造福的机会。一切因噎废食的取向和做法都是不明智的。另一方面，在巨大的可能性空间范围内，应该防范人工智能的滥用产生的不良后果，消除超级智能等可能带来的恐惧和危险。在智能程序设计过程中，应该嵌入人类的基本价值观和道德规范，让智能机器人在此规范指导下进行思考和决策，“全心全意为人类服务”，增进人类的福祉；特别是应该加载纠错机制，超级智能还应该加载自毁装置，一旦背离人类基本价值，包括接受到别有用心的恶意指令，能够自动识别、自动纠错，否则就自动启动自毁装置，彻底杜绝后患。

(2) 体现“应该”的价值原则

自人工智能出现以来，一些思想家曾经反思过其带来的全方位的影响，提出过一些基本的价值原则。其实早在1942年，美国科幻小说家艾萨克·阿西莫夫就在《我，机器人》中提出了“机器人三原则”，即机器人不得伤害人类或者坐视人类受到伤害；在与第一定律不相冲突的情况下，机器人必须服从人类的命令；在不违背第一、第二定律的情况下，机器人有自我保护的义务。后来，阿西莫夫又补充了一条更基本的原则，即机器人必须保护人类的整体利益不受伤害。

随着人工智能的发展，人们逐渐意识到伦理规制的重要性，提出了越来越具体的价值原则。例如，2015年10月，日本庆应大学提出了“机器人八原则”，在阿西莫夫“三原则”的基础上，增加了“保守秘密、使用限制、安全保护、公开透明、责任”等原则。

2016年8月，联合国教科文组织（The United Nations Educational, Scientific and Cultural Organization）和世界科学知识与技术伦理世界委员会（World Commission on the Ethics of Scientific Knowledge and Technology）联合发布《机器人伦理初步报告草案》，讨论了机器人的制造和使用所带来的社会与伦理道德问题。报告认为，智能机器人不仅应该尊重人类的伦理准则和道德规范，而且应该承担一定的责任，要将特定的伦理准则编写进智能机器人中。

2017年2月，一个由诸多科学家和机器人爱好者成立的志愿组织——生命未来研究所（Future of Life Institute）发布了《阿西洛马人工智能原则》，提出人工智能的研究目标“不能不受约束，必须发展有益的人工智能”，人工智能应该在研发、生产、安全等领域遵守23条基本原则。埃隆·马斯克、斯蒂芬·霍金等892名人工智能、机器人研究人员和其他1 445名专家在文件上签字，产生了非常广泛的影响。

以上显然是一些康德式的道德律令。由于人工智能发展迅速、影响巨大，类似的伦理原则正在源源不断地提出并不断得以完善。这些原则对于指导人工智能的研发和应用无疑是必要的，而且对于提炼具有中国特色的伦理原则具有借鉴意义。

2.3.2 人工智能应该遵循的伦理原则

关于人工智能应该遵循的基本伦理原则，既包括人工智能研发、应用的基本原则，也包括今后具有自主意识的超级智能所应该遵循的基本原则。当然，由于后者是由前者所赋予的，因而前者是后者的基本保障。基于上一部分的讨论，结合人工智能的当代发展，我们不妨将道德义务论和效果论结合起来，提出如下几条基本伦理原则。

(1) 人本原则

科技活动是人类的一项富于价值的创造性活动，必须始终坚持以人为本或“以人为中心”的原则。人工智能的发展前景不可限量，应该更新观念，改革体制，壮大智能产业，培育智能经济，尽可能满足人类的愿望和需要，增进人类的利益和福祉，为人类自我提升和自我完善服务，而不应该放任自流，让人工智能的可疑风险、负面效应危害人类。虽然智能机器人可以在十分恶劣的环境中生存和工作，但环境、家园的选择、设定必须以适合作为有机生命的人的生存为原则；智能机器日益强大，但应该始终服从和服务于人类，特别是代替人类做那些人类做不了的事情；在任何情况下，智能机器人不得故意伤害人类，也不得在能够救人于危难时袖手旁观；智能机器人必须尊重人，宽容对待人类的缺陷和局限性，确保人永远像人一样生活在世界上。对于一切可能有损人的人格和尊严，可能威胁人类的前途与命运的科学研究和技术应用，经过审慎评估后，必须予以禁止，并对相关责任人严肃问责。

(2) 公正原则

公正是人们的一种期待一视同仁、得所当得的道德直觉，也是一种对当事人的利益互相认可并予以保障的理性约定。按照公正原则，人工智能应该让尽可能多的人获益，创造的成果应该让尽可能多的人共享。任何人都是生而平等的，应该拥有平等的接触人工智能的机会，可以按意愿使用人工智能产品，并与人工智能相融合，从而努力消除数字鸿沟和“信息贫富差距”，消除经济不平等和社会贫富分化。按照公正原则，需要“以人为中心”完善制度设计，既抑制“资本的逻辑”横行霸道，也防止“技术的逻辑”为所欲为；同时，建立健全社会福利和保障体系，对落后国家、地区、企业进行扶持，对文盲、科盲等弱势群体进行救助，切实维护他们的尊严和合法权益。

(3) 公开透明原则

“阳光是最好的防腐剂。”公开透明是确保人工智能研发、设计、应用不偏离正确轨道的关键。鉴于当前的人工智能的研发、设计仍属于一种黑箱工作模式，而发展却一日千里，以及可能拥有的超级优势和可能产生的灾难性风险，因而在研发、设计、应用过程中，应该坚持公开透明原则，置于相关监管机构、伦理委员会以及社会公众的监控之下，以确保智能机器人拥有的特定超级智能处于可解释、可理解、可预测状态，确保超级智能不被嵌入危害人类的动机，确保超级智能不为别有用心的人所掌控，确保超级智能不能私自联网、升级，结成逃避监控的自主性组织。一旦智能系统可能或已经产生破坏性后果，设计者和使用者必须立即报告相关监管机构，采取有效应对措施，并向社会公众加以说明。公开透明原则可以在相当程度上降低不可预知性和不确定性，消除人们的恐惧、紧张、担忧心理。

(4) 知情同意原则

人工智能的研发和应用可能实质性地改变人、人的身心完整性和人的生活实践状态。对于采集、储存、使用哪些个人及企业用户等的数据，对于可能涉及人的身心完整性、人格和尊严以及人的合法权益的研发与应用，当事人应该具有知情权。只有在当事人理解并同意的情况下，方可付诸实施。在实施过程中，一旦出现危及当事人生命、身心完整性及其他合法权益的未预料后果，应该立即中止行动，重新获取授权。

(5) 责任原则

在人工智能的研究、开发、应用和管理过程中，必须确定不同道德主体的权利、责任和义务，预测并预防产生不良后果，在造成过失之后，必须采取必要行动并追责。智能系统的设计和运行必须符合人类的基本价值观，具有基本的道德判断力和行为控制力，确保实现人工智能服从和服务于人类以及人机和谐共处的价值目标。必须强调，对于防范人工智能已知的或潜在的风险，确定责任性质和责任归属具有重要意义。尤其是人工智能领域的科技工作者，过去往往是处在人类知识限度之边缘的评价和决策者，迈进智能时代，他们的所作所为往往决定着智能机器的道德观和道德表现，更是肩负着神圣的、不容推卸的道义责任，必须将以人为本或“以人为中心”的原则贯彻到底。这正如爱因斯坦在《要使科学造福于人类》中所告诫的：“如果你们想使你们一生的工作有益于人类，那么，你们只懂得应用科学本身是不够的。关心人的本身，应当始终成为一切技术上奋斗的主要目标；关心怎样组织人的劳动和产品分配这样一些尚未解决的重大问题，用以保证我们科学思想的成果会造福于人类，而不致成为祸害。”[①]

2.3.3　伦理道德建设的具体路径

鉴于人工智能所导致的伦理道德问题，国际社会正在积极行动起

① 《爱因斯坦文集》第3卷，许良英等译，商务印书馆1979年版，第73页。

来，如欧洲发布了《机器人伦理学路线图》，韩国政府制定了《机器人伦理章程》，日本人工智能学会内部设置了伦理委员会，谷歌公司也设立了“人工智能研究伦理委员会”。我们必须对问题有清醒的认识，采取有效措施，努力寻求共识，主动引导发展。

(1) 加强道德主体建设

道德主体是具有道德权利、道德责任和道德义务意识，依据自身的道德需要与能力而活动着的人。伦理道德是属人的范畴，只要人心之中还存在恶念和贪欲，就不可能杜绝恶行。由于人工智能的复杂性、后果的难以预测性以及应用过程中可能存在的风险，因而相关责任人强化自己的道德感，明确自己的道德权利和责任，采取审慎、合理的行动，是人工智能健康发展的必要条件。在人工智能的研发、应用、管理过程中，加强道德主体建设，主要是唤醒相关决策者、管理者、科学家、工程师、用户等的道德意识，通过自省、自律和“慎独”，自觉认同、遵循相应的价值原则和道德规范，努力运用人工智能造福他人和社会，并时刻警惕人工智能的负面效应危害社会。虽然目前人工智能还不具备成为“完全的道德主体”的基础物理条件，但未来是否会成为“完全的道德主体”，是一个有争议的话题。即使今后人工智能获得突破性发展，超级智能具有自主思考和行为的能力，它也必须认同、遵循人类的伦理原则和道德规范，并一直处于人机交互状态，不拒绝接受人类的指令。

(2) 成立“伦理委员会”

人工智能在研发和应用过程中带来了大量缺乏一致意见的前沿问题，对其进行评估、监管和规制存在困难。因此，有必要在不同范围内，组织包括人工智能专家在内的科学家、工程师和伦理、法律、政治、经济、社会、文化等领域的专家，成立“伦理委员会”，确保人工智能发展的正确方向。

“伦理委员会”的职权包括以上述基本价值原则为基础，在充分民主协商的基础上，按照“多数决”原则，对人工智能的发展规划和前沿技术的研发进行审慎评估，对人工智能研发、应用中的伦理冲突进行民主审议，通过调取资料、充分讨论和理性论证，最大限度地寻求共识，协调各方采取步调一致的行动。由于兹事体大，“伦理委员会”对人工智能的研发和应用具有延迟表决权与否决权。当然，当事人可以针对自己认为有误的决议进行申诉，以使可能的错误决议得到纠正。

(3) 综合施策，止恶扬善

在全社会组织协同攻关，推广成熟的智能技术，促进产业升级，提高生产效率，普遍提升民众的收入水平和生活质量。增加投入，加大免费教育和培训的力度，帮助无业和失业者提升就业能力，尽可能保障人们的劳动权利。建立健全覆盖弱势群体的社会保障体系，为“数字贫困地区”和“数字穷人”提供专业服务，让全体人民共享社会智能化带来的好处。

建立有效的风险预警和处置机制和公开透明的人工智能监管体系，实行设计问责和应用监督并重的双层监管结构，实现对人工智能算法设计、产品开发和成果应用等的全流程监管。督促人工智能行业和企业加强自律，切实遵守底线伦理，履行基本的社会责任，不能为了赚取利润而为所欲为。成立有处置权限的国际协调组织，加强智能终端异化和安全监督等共性问题研究，储备应对技术方案，共同应对全球性挑战。对于数据滥用、侵犯个人隐私、故意伤害他人、窃取他人财物、监管失责等违背伦理道德的行为，运用道德谴责、利益调控与法律制裁相结合的综合手段，加大惩处力度，真正形成“善有善报，恶有恶报”的良性机制。

(4) 伦理道德建设是一个过程

人工智能是一个新事物。人工智能的发展有其自身的规律和逻辑,人工智能未来发展的方向不必是简单地模仿人类,亦步亦趋。如果汽车、火车、飞机非要像人类一样,依靠双腿行进,那无论如何是跑不快的。人工智能的研发不是简单地模拟人脑,将智能机器拟人化。人只有一个大脑,一般而言不能"一心二用",但智能机器却可以有 N 个处理器,可以同时从事多个工作。打破人类既有的思维定式,顺应人工智能的规律和逻辑开发智能,帮助人类做人所做不了以及没有意愿做的事情,最大限度地帮助、服务人类,是我们思考和行动的前提。

目前人工智能的发展处于早期,像是一轮刚刚跃出地平线的朝阳,在大多数领域仍然远远低于人类的智能水平。不过,我们不能拘泥于既有的人工智能水平来揣测超级智能的未来发展。人工智能正呈加速度发展趋势,前途不可限量,应用前景无比广阔,接近甚至超过人类智能水平似乎不存在技术上的限制。如果不加限制,超级智能的产生及其"联合"是有可能发生的事件。人工智能可能导致的广泛而深刻的社会影响,我们已经获得了初步的体验。

人工智能是非常复杂、深具革命性的高新科学技术,是人类文明史上前所未有的社会伦理试验。就人工智能目前的发展状况而论,理念上尚待更新,技术上亟待突破,应用领域有待拓展,应用后果尚难预测,人们的体验也极不充分,对于人工智能可能导致的伦理后果,还不宜过早地下结论。人类的一些既定的伦理原则和道德规范对于人工智能是否依然适用,需要我们开放地进行讨论;应该如何对人工智能进行技术监管和道德规范,还需要探索有效的路径和方式。因此,关于人工智能的伦理道德建设必然是一个漫长的历史过程,那种急功近利、期待毕其功于一役的做法是有害的。

当然，由于人工智能的发展如同一匹脱缰的野马，充满了不确定性，更是充满了风险，隐藏着人类可能承担不了的代价，因此我们也不能坐等，听之任之，无所作为。我们必须加强对人工智能的研究，跟踪人工智能的技术创新，了解人工智能的发展趋势，促进人工智能运用于实践，善于用人工智能服务人类，增进人类的福祉；更重要的，必须居安思危，未雨绸缪，对人工智能进行大胆前瞻和彻底反思，谨慎地进行价值评估和决策，提出不可逾越的“底线伦理”，分阶段采取合理可行的对策，逐步积累控制人工智能的经验和技术，逐步塑造人机合作、人机一体的伦理新秩序。

本章参考文献

[1] 爱因斯坦文集(第3卷)[M].许良英，赵中立，张宣三，编译.北京：商务印书馆，1979.
[2] [英] 弗兰克・韦伯斯特.信息社会理论[M].曹晋，梁静，李哲，等，译.北京：北京大学出版社，2011.
[3] [美] 雷・库兹韦尔.奇点临近——2045年，当计算机智能超越人类[M].李庆诚，董振华，田源，译.北京：机械工业出版社，2011.
[4] 李开复，王咏刚.人工智能[M].北京：文化发展出版社，2017.
[5] 李彦宏，等.智能革命[M].北京：中信出版社，2017.
[6] [美] 马尔库塞.单向度的人[M].刘继，译.上海：上海译文出版社，1989.
[7] 马克思恩格斯选集(第1卷)[M].北京：人民出版社，1995.
[8] [美] 马文・明斯基.情感机器[M].王文革，程玉婷，李小刚，译.杭州：浙江人民出版社，2016.
[9] [美] 曼纽尔・卡斯特.千年终结[M].夏铸九，黄慧琦，等，译.北京：社会科学文献出版社，2003.
[10] [英] 尼克・波斯特洛姆.超级智能——路线图、危险性与应对策略[M].张体伟，张玉青，译.北京：中信出版社，2015.
[11] [美] 佩德罗・多明戈斯.终极算法——机器学习和人工智能如何重塑世界[M].黄芳萍，译.北京：中信出版社，2017.
[12] [美] 约瑟夫・巴-科恩，[美] 大卫・汉森.机器人革命——即将到来的机器人时

代[M].潘俊，译.北京：机械工业出版社，2015.

[13] BOSTROM N. Super intelligence: paths, dangers, strategies [M]. Oxford: Oxford University Press, 2013.

[14] FROMM E. The revolution of hope: toward a humanized technology[M]. New York: Harper & Row, 1968.

[15] MESTHENE E G. Technological change: its impact on man and society[M]. New York: New American Library, 1970.

[16] VERUGGIO G. The Birth of Roboethics[C]//Proceedings of ICRA 2005, IEEE International Conference on Robotics and Automation, Workshop on Robo-Ethics, Barcelona, April 18, 2005.

第3章 人工智能与法律法规

人工智能的发展促进了人类的进步，也触发了社会结构的变革，还对既有的法律制度和法律观念产生了深刻影响。法律在积极回应科技发展的同时，也需要应对技术革新所带来的潜在风险。人工智能突破传统的时空界限，带给世界一个便捷的交互式发展环境，其对自然的改造也渗透到人类生活的各个方面。人工智能引发了一系列问题，诸如智能机器人的法律身份界定、人工智能创作的著作权争议、数据信息安全及个人隐私权保护等。鉴于法律本身更加强调安定性，一旦制定就不宜频繁变动，而人工智能仍处于快速发展阶段，现阶段对于人工智能产业的规制应以政策引导为主，以法律规范为辅。同时，在知识产权保护、信息利用和隐私权保护、技术标准制定方面，也应该未雨绸缪，及早立法。

3.1　对现有法律的挑战

社会生活任何一方面的发展都可能产生对法律的需求，进而对立法和司法产生某种影响。以传感技术、大规模数据存储和通信技术的应用为纽带，数据规模呈现指数型上升，数据处理能力飞速提高，人工智能开始深度介入社会。人工智能的诞生与发展使得社会生活和法律关系更加复杂化，而法律实践需要新的思维工具，人工智能在解决这些问题方面已逐步显示出巨大的优势，其对法律活动的影响日益彰显。

3.1.1 人工智能对现有法律秩序的影响

传统法律秩序是建立在自然人的自然理性基础之上的。大数据时代,人工智能的兴起打破了传统社会人际关系的互动单一性,而这些社会关系的不可预测以及隐蔽无形更是给传统法律秩序带来强烈的冲击。很多情况下,人们依靠人工智能实施的个体行为超出了个人意图可以控制的范围,人与人之间的关联度越来越高,个体社会活动的规模也越来越密集。人工智能的发展挑战着传统的法律预期和传统的法律秩序。

(1) 打破传统法律主体资格的界定规则

人工智能的发展使得智能机器人法律主体资格的认定逐渐进入法律规制的视野。

2016 年 2 月,美国政府部门中汽车安全的最高主管机关——美国国家公路安全交通管理局(National Highway Traffic Safety Administration)给予谷歌无人驾驶汽车所采用的人工智能以“司机”的资格,这在某种程度上变相承认了人工智能产品能够取得虚拟法律主体资格。同年 5 月,欧盟议会法律事务委员会(European Parliament's Committee on Legal Affairs)向欧盟委员会提交《就机器人民事法律规则向欧盟委员会提出立法建议的报告草案》(*Draft Report with Recommendations to the Commission on Civil Law Rules on Robotics*),要求对飞速发展的自动化机器赋予“电子人”(electronic persons)法律地位,并给予这些机器人通过依法享有法律主体资格而获得的“特定权利与义务”。该动议同时建议为智能自动化机器人设立相应的独立账户,以便为这些机器人设置法律责任,为其纳税、缴费、领取养老金等。2017 年 1 月,欧盟议会法律事务委员会通过决议,要求欧盟委员会就机器人和人工智能提出立法提案。同年 2 月,欧盟议会通过了这份决议。美国国家公路安全交通管理局公开发表的言论以及欧盟议会通过的决议在对智能技术发展给予肯定的同时，无疑也冲击了传统法律主体资格的认定体系。

(2) 数据与隐私权的保护隐忧

人工智能的核心是以大数据作为基础性架构进行建设的，而人工智能产业的可持续发展也需要借助大数据技术实施完成。智能机器人通过传感器与其环境进行数据交换并加以数据分析而获得自主性(autonomy)的能力。但在大数据参与的环境下，数据流传输与使用过程中时常会引发数据泄露和个人隐私权受到侵犯等问题。例如，互联网技术的发展能够将收集和使用数据的频率与规模加速升级，很多互联网服务提供商利用行为跟踪(behaviour tracking)技术抓取其网络用户浏览网页时留下的电子痕迹以获得用户使用信息，并把汇总整合后的数据擅自出售给第三方，购买数据的第三方可基于用户的行为信息制定有针对性的商业策略。看似高明的商业手段，却是以牺牲网络用户的个人信息和隐私为代价的。这些亟待解决的问题需要各国对现有法律制度给予足够的重视。

(3) 法律咨询服务的行业升级

人工智能已经被广泛地应用在法律服务的很多方面，最具代表性的是法律信息系统和法律咨询检索系统。纷繁庞大的法学资料数据库涵盖了各种法律法规、法院判决、立法草案以及学术文献，而这些都是法律人士从事专业服务不可或缺的基础资源。鉴于法律案件争议以及审理的复杂性，目前阶段人工智能还无法完全取代律师的角色，但人工智能的发展对传统法律服务模式的挑战是显而易见的。

3.1.2 智能机器人的法律地位与责任

随着大数据和计算机信息技术的推进与发展，人工智能已经逐渐有所突破，谷歌、百度、宝马、奔驰等科技和汽车公司都在探索与研发无人驾驶技术。人工智能信息技术的突破已经成为当今世界的焦点话题，但人工智能的发展是否会对法律制度产生影响？传统的法律制度和法律关系均是以人为中心所构建的法律体系，而人工智能的发展是否会对整个法律体系构成挑战？2016 年 11 月 16—21 日在深圳举办的第十八届中国国际高新技术成果交易会上出现了首例机器人伤人事件，引发了对于智能机器人一系列法律地位与责任问题的考问。如智能机器人在法律中处于何种地位，可否作为著作权等知识产权的主体？假如智能机器人对他人造成损害，应如何承担责任？2017 年 7 月国务院颁发的《新一代人工智能发展规划》规定："开展与人工智能应用相关的民事与刑事责任确认、隐私和产权保护、信息安全利用等法律问题研究，建立追溯和问责制度。明确人工智能法律主体以及相关权利、义务和责任等。"可见，在人工智能时代，上述问题均需法学界作出回应。限于篇幅，以下将重点阐述智能机器人在法律关系中所处的地位及相应法律责任的承担问题。

(1) 智能机器人的法律界定

当前，人工智能涉及行业和产业广泛，《新一代人工智能发展规划》中列举了智能软硬件、智能机器人、智能运载工具、虚拟现实与增强现实、智能终端、物联网基础器件等发展方向。但并不是所有的人工智能都会对法律体系中的法律地位和责任构成挑战，主要是智能机器人与智能运载工具(无人驾驶技术)将会面临法律地位和责任的认定问题。

对于智能机器人的法律规则探索，欧盟议会法律事务委员会于 2015 年 1 月成立了工作小组，专门研究与机器人和人工智能发展相关的法律问题。继 2016 年 5 月发布《就机器人民事法律规则向欧盟委员会提出立法建议的报告草案》后，同年 10 月，欧盟议会法律事务委员会又发布研究成果《欧盟机器人民事法律规则》(*European Civil Law Rules on Robotics*)。根据该规则，所谓智能机器人，其特征：一是具备通过传感器与其环境进行数据交换以及数据分析等方式获得自主性的能力；二是具备从经历和交互中学习的能力；三是具有可见形体；四是具备随其环境而调整其行为和行动的能力。按照这一特征，自动驾驶汽车、医疗机器人、护理机器人、机器人律师、机器人法官（如“法小淘”）等都可以被智能机器人涵盖，而自主性（包括自主进行决策）和学习能力则是智能机器人的核心特征。

(2) 智能机器人的法律地位

第一，当前阶段智能机器人法律地位的探讨：权利客体。

一般而言，法律关系主体是指在法律关系中一定权利的享有者和一定义务的承担者，是法律关系的参与者。在实证法上，能够参与法律关系的主体大致有公民（自然人）、机构和组织（法人）以及国家。法律关系的构建以自然人为核心，单位参与法律关系时，被法律赋予拟制人格，因而也可以作为法律关系的主体。因此，从现有的法律规定来看，智能机器人显然不是法律关系的主体，即不是权利的享有者和义务的承担者。

在科技的发展中，智能机器人可能拥有人类一样的智商，甚至超过人类。但是否因此就承认智能机器人可以作为法律关系的主体呢？通俗地讲，智能机器人是否可以订立合同？是否可以拥有财产？是否可以享有人类的人身权利（如身体权、健康权、名誉权、隐私权）和财产权利，并因此成为责任的承担者？依据现有的法律思想，人之所以可以作为权利主体，是因为人具有独立的人格；而法人被赋予拟制法律人格，是因为法人具备自己的名称、住所，拥有必要的财产并且能够独立承担责任，同时法人本质上还是由人进行控制和代表的，由自然人担任法定代表人，依法对外作为法人行使权利。智能机器人目前尚不具备独立的人格，亦不拥有独立的财产，因此不能作为法律关系的主体。

那么，智能机器人是否可以作为法律关系的客体呢？理论上认为，法律关系的客体是指法律关系主体之间权利和义务所指向的对象，现有法律关系客体的种类包括物、人身、精神产品等。而法律关系客体要具备三个最低限度的特征：① 必须是对主体的“有用之物”；② 必须是人类能够控制或部分控制的“为我之物”；③ 必须是独立于主体的“自在之物”。当前，自动驾驶汽车、医疗机器人、护理机器人、机器人律师、机器人法官等智能机器人的出现都为人类生活提供了辅助或便利条件，这类智能机器人听从人类指令行动，并且又独立于人类。因此，智能机器人满足法律关系客体的特征，是权利客体。

第二，未来阶段智能机器人法律地位的展望：法律人格拟制的可能性。

法律系统在人类文明的演化历史中，“通过赋予不同主体以不同的法律人格、地位、身份、权利、资格和责任，以此来铺垫与架设社会系统运作的节点、结构和层次”[①]。在法律系统的发展史上，法律主体逐渐从自然人扩展至法人和组织，法人通过法律人格拟制的方式参与法律关系并作为法律关系的主体，为社会经济作出了积极而重要的贡献。

同样，随着人工智能的快速发展，智能机器人拥有越来越强大的智能，智能机器人与人类的差别有可能逐渐缩小。未来出现的机器人将拥有生物大脑，甚至可以与人脑的神经元数量相媲美。美国未来学家甚至预测：“在 21 世纪中叶，非生物智能将会 10 亿倍于今天所有人的智慧。”[②]届时，可以通过法律人格拟制的方式赋予智能机器人以法律关系主体资格，使之参与社会经济生活。

(3) 智能机器人的法律责任

第一，当前阶段智能机器人的法律责任：产品责任。

---

① 余成峰：《从老鼠审判到人工智能之法》，载《读书》2017 年第 7 期。
② 杜严勇：《论机器人的权利》，载《哲学动态》2015 年第 8 期。

当前阶段的智能机器人在法律关系中是作为权利客体参与其中的，因此智能机器人无法独立承担责任。但因使用智能机器人而造成损害，如何划定责任就成为一项全新的课题。在现有法律框架中，可将智能机器人的责任认定为一种产品责任，此阶段的智能机器人无法承担行政责任和刑事责任。因为，当前智能机器人本质上仍是由生产商或研发机构根据算法形成的一种“产品”。因“产品”造成的损害，可归入产品责任并无疑义。

产品缺陷是产品责任的一个核心概念。产品缺陷是指产品存在危及人身、他人财产安全的不合理的危险。产品具有保障人体健康和人身、财产安全的国家标准、行业标准。产品责任的承担主体主要有生产者、销售者，就智能机器人来说，即其生产者、销售者，但两个主体之间承担责任的标准并不相同。生产者承担的是严格责任，而销售者承担的是过错责任。假如人类在使用智能机器人的过程中，造成他人人身或财产的损害，该智能机器人的生产者、销售者应根据《侵权责任法》《产品质量法》《消费者权益保护法》承担产品责任①。

欧盟在智能机器人的法律责任承担方面走得更远，建议建立一些新的民事责任承担规则。其中，欧盟议会法律事务委员会在《欧盟报告草案》中结合欧盟自身法律体系提出了一些可供参考的立法建议。具体如下：① 对于智能机器人，有损害，必有责任。无论选择什么样的法律方案来解决机器人的责任问题，在涉及财产损害之外的案件中，都不应该限制可以被弥补损害的种类或者程度，也不应该基于损害是由非人类行动者（即智能机器人自身）造成这一理由而限制受害人可能获得的赔偿。② 如果最终负有责任的主体得到确认，其所承担的责任应与其给予机器人的指令级别以及机器人的自主性程度相称。③ 为自主智能机器人造

① 《消费者权益保护法》中规制的是消费者和经营者之间的法律关系，其中经营者包括《侵权责任法》和《产品质量法》中的“生产者”和“销售者”。

成的损害分配法律责任是一个复杂的问题。一个可能的解决方案是建立适用于智能机器人的强制保险制度。④ 可以考虑建立赔偿基金,作为强制保险制度的一个补充。

第二,未来阶段智能类机器人法律责任的展望:独立承担责任。

未来阶段智能机器人一旦像法人一样被赋予法律人格,其可以作为法律关系主体享有权利,同时独立承担责任。当然,智能机器人独立承担责任和被法律人格拟制的法人承担责任的方式有所不同,其承担责任的方式应该参照人类承担责任的方式,无论是民事责任还是行政责任,甚至独立承担刑事责任。但是,具体责任形态有何不同,这是未来研究的一个重要课题。

3.1.3 人工智能对司法生态系统的影响

(1) 提高司法效率

第一,节省审判时间。

机器人法官以及其他智能技术可以提高法官工作效率,这已经是不争的事实。据苏州市中级人民法院统计,仅一项庭审语音转换系统就能使庭审时间平均缩短 20%~30%,复杂庭审时间更能缩短 50%以上。中国法院开发的智能审判系统能减少法官 30%以上的事务性工作。

案多人少是近年来法官遇到的主要问题。与工厂遇到劳动力短缺问题时一样,法院的应对策略也是在尽量增加现有人手劳动时间、扩充新手的同时,试图通过技术革新来提高劳动生产率。很有可能的是,只要在某一个环节出现了技术突破,就会带来整个生产链条生产效率的大幅度提升。如语音识别技术不仅可以减轻书记员的工作量,而且也会削减其他庭审人员(特别是法官)所耗费的时间。根据目前的人事政策以及司法改革方向,法官的职位依然是稀缺资源。因此法官工作效率的提高，确实如中国司法系统领导层所言，会降低法官的工作强度和压力。当然，如果机器人技术的进步让这个数字攀升到60%、90%，甚至更高，情况就完全两样了。毕竟，国家每提供一个法官岗位，都要提供诸多福利和保障。但机器人不吃不喝，而且可以24小时不间断地工作。

第二，削减司法辅助人员。

只要机器人技术从理论层面进入到应用层面，就必然会带来人类的下岗问题。乐观者如雷·库兹韦尔和杰瑞·卡普兰都相信，人工智能虽然会在具体岗位上挤占人类的空间，但从整体上看，人工智能不仅会提高人类社会的总效率，而且会创造出新的工作岗位。因此，机器人引发的失业只会是暂时现象。而悲观者如比尔·盖茨和斯蒂芬·霍金则相信，人工智能会永久地夺走一部分人的工作，而且不会为他们创造新的工作机会。如果仅考虑到信息技术以及人工智能的影响，法院对人类法官劳动力的需求应该会开始下降。虽然不太可能对人类法官立即大规模裁员，但法官之外的司法行政人员以及司法辅助人员则会面临相对窘迫的处境。因为语音识别技术尚不完善，仍然需要人工调试和监督，所以在这些技术成熟之前，现有的辅助人员还需要继续“站岗”，直到被彻底淘汰为止。当然法官也不能高枕无忧。

第三，降低人类法官介入的必要性。

即便机器人法官可能将长期处于弱智能状态，但我们的社会生活却没有停止智能化。在其他生活领域，智能化程度反过来可能会高于法院。譬如说，我们把淘宝网视为一个独立的社会系统的话，其内部在线纠纷解决机制的智能化程度可能已经超过任何国家的司法系统了。而只要法院愿意与淘宝网的纠纷解决机制挂钩，统一流程与标准，那么法官在审理相关案件时也就会格外清闲，甚至清闲到怀疑自己对案件还保留有多大的影响力。同理，如果在某一具体的生活领域，如购物、租房合同纠纷或者交通违章方面，人类所有的行为都被信息系统记录在案（如支付宝、微信或者“电子眼”），那么这类法律问题也将越来越不成为“问题”。换言之，越是智能化的生活领域，法官介入的必要性也就越小。

(2) 重构人类法官的自由裁量权

第一，促进同案同判。

在欧陆法系国家，法官被要求尽量做到同案同判，而且司法体制一直被诟病为“行政化”。但法官从事裁判工作时，却很难做到一国范围内的同案同判。虽然最高人民法院颁布了大量司法解释以及指导案例，但在实际效果上也无法统一全国范围的司法裁判尺度。

随着人工智能进入法院，无论它是弱是强，只要它能在全国范围内按照统一标准铺开，那么都会在很大程度上限制及缩小法官的自由裁量空间。一方面，人工智能会按照统一的规格，让整个诉讼流程中的信息（包括法律规范和案件事实）都更加标准化，不会再留给法官多少自由解释发挥的余地；另一方面，法官的每一步操作都有机器人相伴，因此实际上处于被严格监控中，甚至可能连一个多余的空格或者标点符号都打不出来。因此即便今天的机器人法官被定性为法官助手，但它其实还起到了监督者的作用。随着它的介入程度的不断加深，被辅助的法官会逐渐觉察出，自己反倒更像是机器人的助手。

第二，人类法官主要负责价值判断。

今天依然有不少人认为，即便人工智能会削减一定数量的司法行政人员甚至司法裁判人员，但要说机器人完全替代人类法官那还为时尚早。毕竟今天的法律规范，还是用人类语言或者自然语言来书写的，其中许多价值判断内容，都是机器人无法“理解”的。因此，只要智能技术尚未发展到可以掌握自然语言以及价值判断的程度，那么人类法官也就不可能被机器人彻底淘汰。

当然，无论自然语言还是价值判断，其也是智能技术试图攻破的壁垒。今天人类对于司法自由裁量权的信心，其实是建立在智能技术尚不发达的前提之上的。因此或许将来更为关键的问题，可能并不在于机器人法官与人类法官之间的竞争，而在于究竟由谁来设计和控制人工智能。如果未来的人工智能能够识别自然语言并能够进行价值判断，且不论在多大程度上达到甚至超越人类，那么此时最为重要的问题就是人类是否还能保持对智能技术本身的“自由裁量权”。就像在科幻作品，如《2001：太空漫游》或者《黑客帝国》中，机器人已经发展到我们所谓的超人工智能水平，人类反倒被机器人控制和奴役。

(3) 司法内部管理的理性化

第一，司法管理科层化。

早在 2015 年 9 月，上海市第一中级人民法院就已研发出一套合议庭评议音字转换智能支持系统。2016 年初，该院对审判管理系统进行了智能化改造升级，新系统能够为法官们提供更为精准、贴心的“私人定制”服务。近两年，人民法院的工作方向之一就是要建设“智慧法院”，推进“审判智能服务”，构建“司法人工智能系统”。如果说“智慧法院”是法院信息化的泛称，涵盖法院工作的方方面面，那么“审判智能服务”或者“司法人工智能系统”都涉及法院最核心的职能，也就是司法裁判。

但是在马克斯·韦伯(Max Weber)的法律社会学和支配社会学视角下，法律的形式理性化，是要与法律制度的科层化相互匹配的。在法官裁判工作高度人工智能化的同时，法院管理科层化也会相应提升。所以人工智能在法律领域不仅仅是司法裁判技术，同时也是司法管理技术；机器人法官既是人类法官的辅助者，同时也是人类法官的监督者。

目前人工智能在大多数国家司法体系内部主要还是作为一种管理技术来使用的。我们暂时还没有必要对所谓的“机器人法官”进行过于科幻或者浪漫的想象。从表面上看，人工智能正在削减人类法官岗位以及限制自由裁量权，但对司法制度更深层次的影响，还在于它会进一步强化司法体制的科层化。而这一科层化进程，在韦伯看来恐怕还是整个现代社会理性化的延续。

第二，司法权威集中化。

对于"智慧法院"的建设，是由最高人民法院提供"顶层设计"，地方各级法院具体实施。因此在各地法院之间，人工智能的内容和标准还很不一样。这样一种建设方式，可以通过地区法院之间的竞争来筛选出较好的技术标准，既能避免"一刀切"式的改革，又能增加制度改革的灵活性。值得注意的是，近年来兴起的"智慧法院"或者"信息法院"的建设，一方面的确是受到了人工智能的影响，但另一方面也是法院系统自身进行司法改革的内在需要。通过人工智能来优化或者重构法院内部的管理体制，也是"智慧法院"建设的一个主要动力。

包括人工智能在内的所有信息技术，都会通过削减信息传递层级的方式，来降低人类社会组织的管理成本。同理，随着人工智能的成熟，或许有一天，全国法院系统内部会建立起一套整齐划一的人工智能。如果是这样，那么全国各地各级别法官在审理案件时，将必须按照同样的标准来运用法律。而这也就意味着，全国所有案件的审理都会直接受到来自最高人民法院的监督或者监控。如此一来，各级人民法院之间的审判监督关系以及各级人民法院内部的管理关系都会被弱化；而最高人民法院和基层法院以及基层法院之间的管理关系，相反则会得到进一步强化。

3.2 政策法规对人工智能产业发展的规制

人工智能已被公认是下一轮改变世界的革新性技术，谁走在前面，谁就引领世界未来的发展趋势。为了实现这一目标，首先就应建立积极响应并且有效负责的产业规制手段。

法律规范是对既往社会经验的吸纳和总结，其对未来社会发展的判断存在一定的滞后性，因此，现阶段对人工智能产业的规制应该侧重于以政策引导为主、法律规范为辅的协同规制。在人工智能产业发展初期，“政策法规先行、法律规范后进”的策略将更多依赖政策法规的调整力量，充分调动智能产业发展的积极性，从而更好地推动和调整智能产业的发展，也为建立与完善规范的法律体系奠定基础。

3.2.1 人工智能产业规制的现状

《中国制造 2025》行动纲领明确指出：“为了推动智能制造，应当研究制定智能制造发展战略、加快发展智能制造装备和产品、推进制造过程智能化、深化互联网在制造领域的应用、加强互联网基础设施建设等。”[①]《中国制造 2025》作为人工智能产业发展重要的政策指引，是未来人工智能产业建立立法规范的“前奏曲”和“助推剂”。从这一行动纲领出发，目前阶段中国应当主要通过政策的方式推动智能产业的发展，仔细考量可能带来的法律难题，并针对可预见的法律问题制定相应的法律规范和政策法规。

(1) 人工智能产业规制的顶层设计：推动发展

2013 年，欧盟提出了 8 项政府与社会资本合作模式（Public-Private Partnerships）的策略和“展望 2020”（Horizon 2020）研究计划，政府部门将投入 60 亿欧元以发展新技术、产品与服务。同时，为推广“数字未来计划”（Digital Futures Project），欧盟启动了“欧洲数字化议程”（Digital

① 龙卫球：《我国智能制造的法律挑战与基本对策研究》，载《法学评论》2016 年第 6 期。

Agenda for Europe)。

早在2011年,英国政府就直接注资成立了高价值制造弹射中心(High Value Manufacturing Catapult Center)。该中心是一个由公权力部门、大学与企业共同运作的研发协调中心,由科技策略委员会(Technology Strategy Board)负责监督管理,具体的组成部门包括先进设计研究中心(Advanced Forming Research Center)、先进制造研究中心(Advanced Manufacturing Research Center)、程序创新中心(Center for Process Innovation)、制造技术中心(Manufacturing Technology Center)、国家综合中心(National Composites Center)、核子先进制造研究中心(Nuclear AMRC)以及华威制造集团(WMG Catapult)这七个研发机构。作为英国政府与行业部门间双向沟通的重要渠道,该中心致力于政府部门与行业协会的密切合作,并积极投入相应的研发资金以供研究的持续进行。该中心在不同地区存在着不同的分中心,各分中心旨在依托地区优势,为企业提供设备以及相关的专业知识和信息以辅助创新。

2013年,美国政府设立了"国家制造创新网络体系"(National Network for Manufacturing Innovation)以整合科研资源,推进技术研究创新。2016年,美国总统办公室也发布了《为人工智能的未来做好准备》和《国家人工智能研究与发展策略计划》。这两份报告除强调国家应重视并积极运用人工智能为人类造福之外,也为特定领域分别提供了下一步的行动建议,以更好地适应人工智能时代的来临。

中国也紧随其后,在《新一代人工智能发展规划》中提出要"抢抓人工智能发展的重大战略机遇,构筑我国人工智能发展的先发优势";要"深入实施创新驱动发展战略,以加快人工智能与经济、社会、国防深度融合为主线,以提升新一代人工智能科技创新能力为主攻方向,发展智能经济,建设智能社会"。

(2) 人工智能产业规制的战略布局：加强规范

欧盟议会法律事务委员会在 2016 年 5 月发布《就机器人民事法律规则向欧盟委员会提出立法建议的报告草案》及同年 10 月发布研究成果《欧盟机器人民事法律规则》后，于 2017 年 1 月通过决议，向欧盟委员会就机器人和人工智能提出多项具体立法建议，其中包括成立专门的欧盟人工智能监管机构、建设人工智能伦理框架准则及基本伦理原则、重构人工智能产业责任规则、明确人工智能的“独立智力创造”以界定知识产权归属、强调隐私和数据保护标准、推进标准化和保障安全可靠性、出台有针对性的特殊用途人工智能的规则、关注社会影响以及加强国际合作等十项内容。

2016 年 8 月，联合国教科文组织和世界科学知识与技术伦理世界委员会联合发布的《机器人伦理初步报告草案》，认为机器人不仅需要尊重人类社会的伦理规范，而且需要将特定伦理准则编写进机器人中。

2016 年 12 月，国际电子和电气工程师协会(Institute of Electrical and Electronics Engineers)发布《合伦理设计：利用人工智能和自主系统(AI/AS)最大化人类福祉的愿景(第一版)》，就一般原理、伦理、方法论、通用人工智能(AGI)和超级人工智能(ASI)的安全与福祉、个人数据、自主武器系统、经济/人道主义问题、法律等八大主题给出具体建议。

2017 年 7 月，美国众议院通过了《自动驾驶法案》(*Self Drive Act*)，对《美国法典》(*United States Code*)第 49 条交通运输(Transportation)部分进行修正。该法案首次对自动驾驶汽车的生产、测试和发布进行管理，提出了自动驾驶汽车的安全标准、网络安全要求以及豁免条款。该法案将在国会表决和总统批准之后成为正式法律。

相比之下，中国在人工智能立法方面基本上还属于空白，因此制定规范的任务非常繁重。

(3) 人工智能产业协同规制体系

世界主要国家的创新驱动多为双向驱动，即由政府牵头注资或整合研究机构，搭建技术创新研发的平台，为本国的产业智能化和信息化创新发展提供基础设施保障。在人工智能产业可持续发展过程中，政府更多地要扮演引导角色，同行业整合相关领域的科研机构以及研发平台，创建统一的创新机构，提供良好的产学研基础设施与环境，有效地推动技术进步，促进智能产业的创新突破。

3.2.2 人工智能产业规制路径

人工智能的前沿性与革新性，使传统的行业规制手段难以充分发挥作用。传统的监管方式，如产品许可制度、研究与开发监管、产品侵权责任，都无法有效地应对管理自主智能机器所带来的风险。事前的监管措施亦很难进行，因为人工智能的开发与研究可能是非常秘密的(只需要占据非常少的基础设施)、不连续的(人工智能需要的部件可能并不需要有意的合作就能够被制造出来)、零散分布的(人工智能的研究计划可以由地理位置相去甚远的几个小组共同完成)，以及不透明的(外部人员很难发现人工智能中潜在的危险)。“人工智能的自动化特征造成了风险预见和管理上的困难，尤其是在人工智能带来灾难性风险的情况下，使得事后监管措施变得无效。”①

对人工智能进行产业规制，面临着法律法规亟须适应技术现状并紧跟技术发展的挑战，需要协调社会各部门的分工责任，并重新评估讨论各类法律法规针对人工智能及其相关产业进行规制的有效性。有必要建立专门负责人工智能产业监管的机构并搭建立体化的综合规制框架，由专门机构执行落实，在规制框架内细化分类内容，设立行业产品标准、

① 马修·U. 谢勒:《监管人工智能系统：风险、挑战、能力和策略》，曹建峰、李金磊译，载《信息安全与通信保密》2017 年第 3 期。

产业监管流程及特定分类下的部门规范细则，最终通过完善的规制框架实现可持续的动态监管。

(1) 人工智能协同规制的模式选择

从世界范围来看，以欧美发达国家为主的很多国家已经开始制定人工智能发展战略，同时构建相应的法律法规与行业自律协同规制架构。由于人工智能领域范围比较广泛，难以形成统一适用的治理原则和规范标准，而人工智能本身的复杂性使得既有的法律规范难以对其进行整体的法律调控，目前世界主流的人工智能产业规制范式，尚存在核心概念界定模糊、权责主体不明晰等诸多问题。因此，国外现有的人工智能法律规范仍处于摸索试行阶段，其具体的司法施行效果有待进一步实践评估。在进行人工智能立法时，也建议中国采取专门立法的模式，以问题为导向，结合现有的国际准则，以既有法律规则体系内有效解决新问题为基本框架，总结人工智能和产业的发展路径，以政策引导为辅助，制定具有实际可操作性的规则。

(2) 正确处理两对关系

第一，公共利益与私人利益的平衡关系。

在对人工智能产业进行协同规制时，首先应将公共利益与私人利益的冲突协调作为相应法律规制的基本问题之一来进行考量。人工智能依托数据和算法的开放性，将传统法律框架下针对分散行为主体的规制转向针对集中化算法的规制。个体数据组成的语料库是人工智能不断发展的基础和驱动力，对个体信息的搜集、整理和运用，固然对于人工智能发展，对于建设智能社会、智能城市、智能经济至关重要而必不可少，但因此也使得个人信息暴露于各种智能网络，个人隐私及其他合法权益的保护在人工智能环境下显得更为重要。面对人工智能的飞速进步，立法者需要在保护社会公共利益的同时更好地兼顾公民个体利益。

第二,市场竞争与技术创新的关系。

人工智能产业的发展是技术与市场双向需求和作用的结果。智能技术的提升和市场的拓展促进了人工智能时代传统法律规则的变化。一方面,智能技术的不断升级开拓了新的供需市场,而其市场的逐步深化也会对智能技术的进一步创新提出新的要求,从而实现人工智能和市场的良性互动;另一方面,人工智能和市场的矛盾也会对现有的法律规制体系造成极大的挑战。市场的发展以利益驱动为导向,人工智能产品的市场成长也不例外,良好的竞争环境是智能技术市场可持续增长的大前提。因此,法律在鼓励人工智能和市场良性互动的同时,应充分考虑人工智能和市场发展的需求,在确保必要规制的同时,为未来人工智能新型业态的发展预留制度空间。

3.2.3 人工智能协同规制架构

(1) 设立人工智能专门监管机构

可以预见,人工智能将全面渗透进人类社会的各个方面。对人工智能产业进行监管和规制存在着一定的实践困难,这需要政府部门间进行高度一体化的协调联动,如图 3.1 所示。而人工智能的发展还将产生大量从无到有、由浅及深、持续进行且专业要求极高的工作项目。因此十分有必要设立专门负责人工智能产业监管的行政部门,担负起人工智能产业规制的行政管理责任与人工智能广泛使用的安全保障责任,在伦理、科技、产业发展等多个方面,充分利用专业知识对人工智能产业进行规制,推动产业健康化发展。大部分针对人工智能及相关产业制定的法案或政府报告中也都明确提出,要全面应对人工智能对人类文明发出的各项挑战,有必要设立专门的监管机构或委员会,承担审查评估人工智能产品、统一产业制造标准、协调其他社会部门、收集技术前沿信息以更新产业监管的有关法规政策等工作。

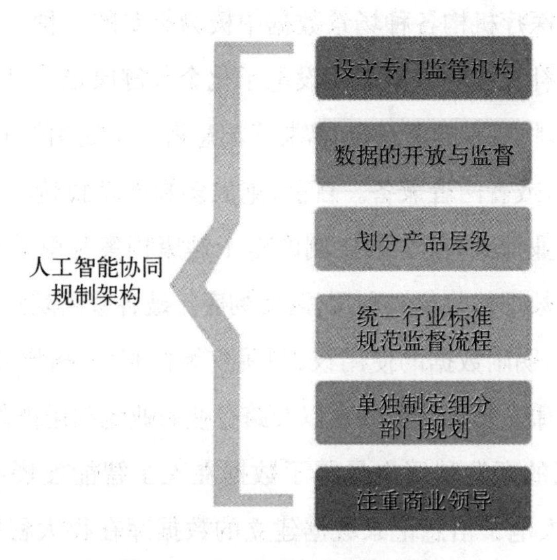

图 3.1　人工智能协同规制框架

(2) 数据的开放与监管

人工智能产业的演进依托大数据分析技术的不断发展。新的处理技术使得原先的信息处理工具升级，也加速并加大了数据处理的频率和规模。以互联网公司为代表的商业公司借机收集具有潜在商业价值的数据，而在数据的收集和使用过程中，互联网公司不断深入发掘数据背后巨大的商业价值，谋求利益最大化。

以医疗数据的使用为例，2016 年 6 月国务院办公厅公布的《关于促进和规范健康医疗大数据应用发展的指导意见》（以下简称《指导意见》），明确指出医疗大数据是国家重要的基础性战略资源。对于医疗健康数据的使用，需要在深化数据开放和共享的同时加强规范监管。如何在有效保护个人隐私和信息安全的同时，保障相关数据的开放，不仅需要技术上的安全支持，更需要强化安全管理责任，同步加强行业数据的使用标准和政策指引。

人工智能辅助下的医疗行业深化产业化发展的前提是数据库的建设。电子病历便是医疗机构各种场景数据中极为重要的一种。对电子化医疗档案的替代或补充性的方案是建设电子化个人健康记录(Personal Health Record,PHR),将所有的资料合并,制作出患者可以使用的U盘,或者上传到云端信息库,或者两者兼备。目前,绝大多数医疗机构的电子病历还未完全实现同行业流通,仅少数比例的电子健康档案与电子病历实现了互通。电子病历数据的收集和利用,需要彻底打破各家医院相对封闭的电子信息管理体系,明晰数据的使用权、归属权等权利。《指导意见》的出台更好地为医疗健康数据的行业共享以及跨行业商业化利用提供了政策依据。

医疗数据的开发利用也暴露了数据在人工智能发展中存在的潜在风险,基于个人电子信息记录数据建立的数据库在很大程度上存在个人隐私泄露的安全隐患。开放才能共享,但只有加强监管才能消除隐患和保护权利。人工智能行业的繁荣呼唤从国家到地方出台自上而下且高效安全的解决方案,即加快构建相关大数据产业链的同时,探索其衍生行业的互动发展,推进移动应用等数据资源规范信息平台。

(3) 明确划分人工智能产品层级

受技术发展程度的制约,人工智能的"智能"水平和功能性在可以预见的未来将存在明显层次差异。不同层次的人工智能将对产业造成截然不同的影响,同时对法律法规提出差异明显的需求和挑战。在不同发展阶段,对人工智能产业规制标准的探索将是一个逐步深入、逐步丰富的过程,试图一步到位必将导致规制手段难以达到应有的效果。美国白宫发布的人工智能报告就明智地指出,过早对人工智能产业进行广泛规制并不可取。激进的规制措施不利于人工智能产业的发展,而应充分考虑到人工智能对社会的影响及规制手段的必要性,因此采用渐进式的规制路径最为合适。人工智能发展进步的过程也是规制者逐步摸索和调适规制手段的过程。在传统规则的基础之上采取不断渐进的方式，保持与技术进步相对同步的速度，对这一不断发展变化中的产业进行有效的规制，不仅成本更低、风险更小，同时还能够给予整个规制框架适当的预留空间，对随时可能出现的新问题进行及时处置。

人工智能产业的规制机制必然不是单一的、扁平的，而需要根据产业技术基础的发展和成长规律产生层叠渐进、环环相扣的一套立体框架。应对人工智能产品和产业按照性能级别、应用类型以及目标市场的不同进行分类，根据不同的标准进行管理，从而适应产业发展步伐，实施有效的产业规制手段。

(4) 统一行业标准，规范监管流程

随着人工智能的快速发展，各类技术存在发展水平、效果评价不一致等问题。从技术的应用角度来看，人工智能产业缺乏统一的行业标准，相关政策也不甚明确。实施行业标准需要分工明确、责任清晰的监管手段作为保障。从资质审核到品质监控，从信息披露到代码审查，从评估预警到应急处置，从监管行业到促进发展，均需要逐一制定相应的流程化规范性文件，对监管手段的实施作出清晰规定。

要明确人工智能产业在研发、生产和制造时必须满足的最低限度要求及“必须遵守”的最高程度限制，将人工智能产业的发展保证在符合人类伦理和法律约束的范围内，向着保障人类利益并创造有利结果的方向发展。不同层次人工智能研发、生产、制造和使用遵守的基本规则以及对其进行监管的核心原则不同，不同智能程度的人工智能产品所应承担的规则标准和规制手段也不同。设立统一的人工智能领域的行业标准，可以有效整合人工智能产业的信息资源；设立标准化参数体系，可以避免对市场资源的重复开发、降低生产成本、提高产品技术的兼容性，从而保障人工智能产业进入发展的快车道。

(5) 单独制定细分部门规则

明确了行业标准体系和规制监管方式之后，更具有针对性的细化的部门规则才有可能逐一依照产业需求制定出来。对照行业标准，可以按部就班地进行更细致的探讨，无论是人工智能的制造、销售、民用或商用都应有相应的规则，同时具备不同功能模块的人工智能也应针对其特定用途制定分门别类的规则。而对人工智能产业进行监管的不同手段需要得到有效落实与实施，也应配备相应的流程规范文件，以指导实务操作。如人工智能产品研发和制造过程中应安排专项测试和评估，根据流程规范对人工智能软硬件的安全可靠性进行检测等。美国《自动驾驶法案》第 9 章就规定了产品信息公示、专门面向公众发布的文件等以说明自动驾驶汽车的实际能力、功能缺陷以及最佳操作方式等信息。这些细化的部门规则还应随着人工智能的发展而持续更新。

(6) 注重商业引导

大数据时代带来的数据交换、平台服务也催生了新型的商业模式，而这种以平台为基础、以数据为驱动的商业架构本身也是智能制造的重要组成部分。终端用户的信息资料、平台服务的交易数据等资源在很大程度上可以让商业平台为其不同类型的用户量身定制特定服务以优化用户体验。“创新工场”管理合伙人汪华就认为，人工智能的商业化发展大体可分成三个阶段：① 人工智能会首先应用于在线化程度较高的行业，在数据端、媒体端等移动端实现自动化。② 随着感知技术、机器学习技术和机器人技术的发展，人工智能会延伸到实体世界，并在专业领域、行业应用方面实现线下业务的自动化。传感器和感知技术的日趋成熟，将带动人工智能商业化深入渗透至制造业。③ 当成本技术进一步成熟时，人工智能会拓展至个人场景，全面自动化的时代终将到来。

未来是一个人类与智能机器共存、各工种协作完成的全新时代。人工智能产业将对全世界各行各业的现有工作方式、商业模式以及相关的经济结构产生巨大冲击。人工智能时代的到来并不意味着传统的商业模式遭到彻底颠覆。全新的商业模式本质上是人工智能对商业模式的根本性改造,人工智能一旦与产业结合,则其数据分享和交易平台将集中整合相关数据源,形成新型商业模式,联动用户选择。相比很多消费者担忧和惧怕智能时代下传统商业生态会遭到破坏,规制者所要做的是引导传统商业模式向新型商业模式平稳过渡,避免商业形式的激进型突变。为了更好地适应人工智能时代的高速发展,需要尽快认清人工智能时代的现实状况,厘清人工智能与人类的关系,尽快制定一系列配套的政策法规等。

3.3　知识产权与相关权利保护

随着人工智能对作品传播、使用方式的改变,基于人工智能生成的内容产生了新的经济利益关系以及新的商业模式。人工智能能够自我创造,这在权利归属和保护上是否颠覆了传统的“机器工具论”?人工智能能否成为知识产权的主体?这是人工智能时代法律面临的一个重大挑战。

3.3.1　人工智能创作的权利归属

关于人工智能创作的法律定性以及权利归属,著作权法需要回应两个疑问:一是人工智能创作的创作者究竟是人还是机器;二是人工智能创作是否满足著作权法客体的门槛性条件——独创性。根据世界知识产权组织(World Intellectual Property Organization)的权威界定,著作权法保护的作品必须具备独创性,即作品能够满足最低限度的智力创造、反映出创作人自己独立的个性,而不是简单的复制和抄袭。如果人工智能生成的内容在表现形式上与传统人为作品类似，如机器人绘制的图画、智能机器写出的新闻，则需要从其产生过程判断其是否构成作品。目前人工智能的创作依托的是应用算法、规则和模板，如何在尊重传统人类智力成果的前提下鼓励并促进人工智能的长足发展，是各国科技法律规制体系需要慎重考虑的重要议题。

(1) 技术要素：传统作品与人工智能创作

第一，人工智能创作冲击传统作品市场。

2015 年 6 月，谷歌在其博客中宣称：人工智能绘制图画是建立在“人工神经网络”算法的基础上，人工智能能够在识别图像后进行图画绘制。不久，谷歌发布由其人工智能项目 Magenta 创作的钢琴曲《爸爸的车》(*Daddy's Car*)。2015 年 9 月，腾讯开发的新闻写作机器人 Dreamwriter 发表了《8 月 CPI 同比上涨 2.0% 创 12 个月新高》的财经新闻。2017 年 5 月，微软智能机器人“小冰”创作完成的诗歌集《阳光失了玻璃窗》正式出版发行。“小冰”通过反复学习 1920 年以后的 519 位诗人的千余首诗完成了该创作，其语言风格与真实诗人几乎无异。

人工智能创作与人类传统创作作品在一定程度上的相似性，无疑对现行著作权法体系中有关权利人复制和发行的行为规则构成挑战。在传统著作权法看来，“著作权法所称作品，是指文学、艺术和科学领域内具有独创性并能以某种有形形式复制的智力成果”。在作品的判定要件中，著作权法要求作品必须满足三个要件：① 人类的智力成果；② 能够被客观感知的外在表达；③ 具有独创性。传统意义上著作权法保护的作品是人类所独有的智力成果，其主体一般局限于自然人，只有在特定情况下，法人或者其他组织才能被视为作者。

第二，人工智能创作的技术机理。

人工智能创作的过程分为三个阶段：① 语料(数据资料)的收集、拣选和输入。② 基于设计的算法建立数据模型,对语料进行数据训练。算法本质上是计算机按照一系列指令去执行处理收集到的数据。③ 依据数据模型生成新的内容。人工智能最重要的能力是学习能力和数据处理能力。人工智能可以利用已知数据得出适当的模型,然后再利用此模型对新的情境作出判断,其可以根据所收到的更新数据对原有模型和假设进行持续检验,并进行实时调整。以人工智能创作新闻为例,传统算法下,程序员要严格设计机器在设定的语境下对每一个指令的执行程式;而机器学习算法下,计算机通过对大量的既往新闻稿件进行数据分析,发现新闻稿件写作的诸元素,并自己模拟写作新闻稿件。

第三,有关人工智能创作的保护争议。

以人工智能创作小说为例,具体过程是人为设定人物角色、故事内容以及小说提纲,然后指示人工智能依据此前的设定自动生成文字内容。此种情况下,人工智能生成的文字内容仍需要进行人工润色和修改,因此,该小说仍是在人为设定的程序下由人为发出的指令主导,并借助人工智能内在的数据架构和算法规则完成的。

人工智能在文学和艺术领域的积极参与已成为智能时代的常态。人工智能的发展实现了计算机从工具的辅助创新到兼有自主学习本领的能力转变,而这些人工智能生产出的创造性成果却因为与传统知识产权法的理念和制度相冲突而无法受到法律保护。

(2) 保护与否:人工智能创作在著作权法上的定性

第一,传统知识产权客体受著作权法保护的正当性基础。

知识产权保护的正当性理论包括道义论(自然权利论)和激励论(功利论)。道义论或自然权利论主要基于对美国法之借鉴的功利主义。其中,道义论又分为两种观点:一种以约翰·洛克(John Locke)为代表,认为创作者(或发明人)在创作作品(或进行发明)时可基于自身的劳动投入，就劳动成果获取一定的排他权利；另一种以康德（Immanuel Kant）和黑格尔（G.W.F. Hegel）为代表，更加强调人格权，认为作品创作体现了创作者的人格属性，是创作者个体的自我实现，因此创作者对作品应享有排他权。而以马克·莱姆利（Mark Lemley）为代表的激励论（功利论）认为，知识产权权利较财产权的表述而言，更是一种服务于功利的目的——激励创新、促进社会福利。无论是道义论还是激励论，著作权法体系自设立至今，其通过赋予权利人对作品的法定专有权来鼓励文学艺术作品创作和传播的立法目标从未改变。因此，人工智能创作能否纳入著作权法的保护体系，需要从著作权立法以及相关解释的目的展开讨论。

第二，人工智能创作受著作权法保护的客观需要。

对于人工智能创作的作品，在该作品与人类创作作品质量与功能相当的情况下，没有理由不给予保护。或许有差异的只是权利的归属，而权利的保护应该是一致的。同时，如果不承认人工智能创作的著作权法客体地位，一旦人工智能创作作品与人类创作作品之间产生了相似性，或者相应的复制、发行等行为，就没有办法确定权属关系以解决潜在的著作权侵害争议。再者，对人工智能的创作予以著作权法保护，在促进社会进步的时代背景下也是一种变相保护投资的方式和途径。人工智能从事创作，同样会有成本的支出和投资，同样需要通过产权保护的方式对这些成本和投资进行弥补，只有赋予人工智能创作的作品以著作权法上的保护，才能更好地保障对人工智能的技术投资，鼓励人工智能产业的发展。

第三，人工智能创作受著作权法保护的现实障碍。

一旦将人工智能创作视为著作权法上的作品进行保护，势必会对传统著作权的客体认定标准和权利归属原则造成极大的冲击，产生一系列“多米诺骨牌效应”。这首先会导致人类创作激情的降低。如果人工智能的创作一旦完成，相应的，该人工智能的使用公司因此享有了著作权人的法律地位，对于人工智能创作的作品享有独占权利，人类对人工智能的依赖性就会越来越强，而人类就会越来越少地从事创作，导致人自身的创造欲望和创作能力不断下降。从这个角度而言，人工智能创作纳入著作权法体系进行保护违背了著作权法旨在“传播文化知识、鼓励智力创作”的立法本原。此外，即使承认人工智能创作作品受知识产权的保护，这种保护也是极为有限的。由于国际社会尚未对人工智能创作的著作权法地位作出统一的回应，鉴于知识产权专有权利本身具有的地域性，某一国家给予人工智能创作以知识产权法的独占性保护，该国的人工智能创作并不当然受到其他国家知识产权法律体系的承认，该创作物在海外市场也无法享受其他国家权益互惠的保障。

从法律规范来说，受传统著作权法保护的作品，本质性要求该作品是创作者个人思想、情感和观点的表达。从这个角度来说，即使人工智能所生成的内容具有独创性特点，其也不是人类思想或者情感、观点的表达，因此，无法成为作品；而且，即使承认其为作品，也未必满足作品的独创性要求。如计算机生成的内容是毫无独创性的数据群，则该内容不能作为作品而受到著作权法的保护。即使人工智能创作的内容与传统人类作品在外在表现形式上相似，如上述智能机器人撰写的新闻或诗歌，如果其内容完全基于算法和数据架构而生成，完全受控于计算机程序设计人员的操作，其也很难满足著作权作品的独创性要求。此外，即使智能机器人创作的内容被著作权法接纳为作品，其著作权也很难归属于智能机器人本身，因为机器人本身目前尚无法构成法律上的权利主体。

(3) 人工智能创作纳入邻接权保护的立法建议

邻接权是作品的传播者和作品之外劳动成果的创造者对其劳动成果享有的专有权利的总称。邻接权产生的原因是：一方面有价值的非物质劳动成果因独创性不足而无法受到著作权法的保护，但这些创造劳动成果的活动另一方面又促进了作品的传播，同时面临容易被未经许可而复制和传播的风险，需要法律进行保护。换句话说，邻接权是对与著作权相邻权利的保护。例如，德国等一些欧盟国家为了实施“欧盟数据库指令”(EU Database Directive)，赋予无独创性的数据库权利人以邻接权，来保护数据库编制者和投资者的权益。人工智能创作本质上是一种技术生成，在构成要素上目前尚不能满足著作权法独创性的实质要件，因而无法获得作品的著作权保护。但是，人工智能创作本身又确实需要投入一定的劳动和成本，有必要给予保护，以促进对人工智能创作的投入。对此，完全可以将人工智能的拥有者对人工智能所创造内容的权利解释为邻接权，建立起以所有者/投资者为核心的邻接权权利架构，以鼓励并促进人工智能的长远发展。

3.3.2 人工智能时代的数据信息与隐私权保护

以信息为客体的权利类型在民法中久已有之，而且有逐渐增多之势，但在人类可以感知、利用的海量信息当中，已经被视为权利客体的信息种类仍然非常有限，一般和整体意义上的信息并未被纳入私权客体的范畴。人工智能的广泛应用，必然伴随着电子通信网络的“泛在化”(无所不在、无时不在)，使人类的信息感知能力和从“一切”事物的信息里挖掘价值的能力空前提高。如不对这种能力的滥用加以节制，会催生一个“令人毛骨悚然的不再有秘密可言的世界”。为此，应当思考在人工智能时代，对包括个人隐私在内的各类信息如何实施法律保护。

(1) 传统信息权利制度与人工智能环境的冲突

第一，传统信息权保护的制度缺失。

知识产权法的诞生和发展，使作品、技术方案、商标、商业秘密、数据库等信息表现和组合方式成为可以被权利人合法地独占使用的对象[1]；隐私权法、个人数据资料保护法以及旨在保护特定内容、形式的信息的专门立法，将自然人的敏感信息、具有身份识别意义的信息纳入了人格权、财产权的规制范畴。不过，现有的信息权利规范，散见于立法目的、立论基础不同的法律，各自管辖着某些局部的信息领域。它们可以堆砌成一堆“立法目的狭隘的法律组成的杂烩”[2]，却无法聚合成一幅全面覆盖的信息权利谱系。

在人类可以感知、利用的海量信息当中，已经登上“私权孤岛”的信息种类仍然非常有限，绝大部分仍然游离在辽阔的法外之地，或者说集合为人人可得获取和利用的“信息公地”(data commons)。总之，世界各国的民事立法为个人隐私、智力成果等信息类型提供了某些专有权利保护，但没有把一般和整体意义上的信息纳入私权客体的范畴。

第二，人工智能对信息利益冲突的激化。

人工智能应用导致电子通信网络“泛在化”。人类的信息感知活动借此能够极大地超越生物官能局限、时间空间局限和对象内容局限，从“一切”事物的信息(包括那些看似最简单、最寻常的信息)里挖掘出现实或潜在的资源价值。作为现代信息感知技术的基本实现方式，大量微型化、智能化、嵌入式的信息感知设备在物理环境中的普遍部署，正在催生一系列新型利益冲突。

利用泛在的信息感知技术，能够对信息载体(无论是人体还是其他物体)进行全面实时的监控。如果不加节制地滥用，“由智能设备组成的人工环境，将注视着、探听着、理解着我们的绝大多数举动，一切都记录

---

① 知识产权法可以被理解为“关于授予某些种类的信息或者信息的某些方面以垄断或准垄断权的规制方式之法”“知识产权法的基本标的(basic subkect matter)就是信息”。

② Joel R. Reidenberg. Privacy Wrongs in Search of Remedies, Hastings Law Journal, 2002, Vol.54.

在案，什么都遗漏不掉”[1]，计算机可以利用大量信息记录分析甚至预测人的行为方式。不管是出于国家利益、公共安全、商业利益、个人娱乐或者其他目的，只要在信息感知设备方面进行投入，或者购买某种监视服务，任何人都能“晋升”为某种级别的“监视者”，但同时又难以逃脱被更高级别的“监视者”监视的命运。

第三，信源与信宿的“二主分立”特性。

人们既渴望获得自己不拥有的物质（包括人体和人体以外的其他物体）上的信息，以分享他人或公共信息界域的价值，又希望能够严格掌控自己拥有的物质上的信息，以维系传统信息界域的价值。这种监视与反监视的矛盾，源于“二主分立”的社会法律关系，这种关系可用图 3.2 表示：

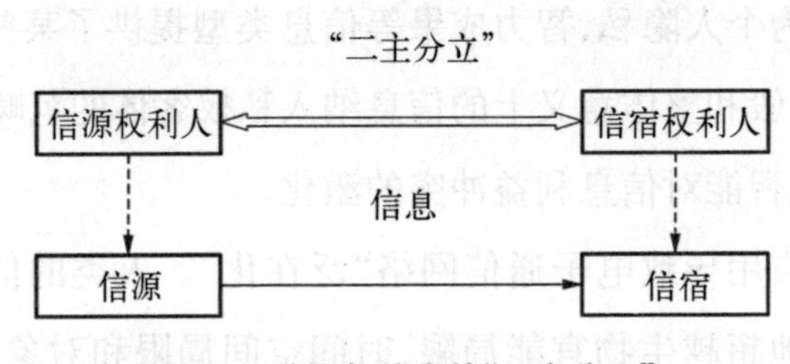

图 3.2 信源与信宿的“二主分立”

从自然科学或哲学的角度看，信息必须以物质为载体，没有脱离物质而单独存在的信息，无论是传感信息还是人感信息，信息来源本质上都是物质，信息内容都是物质运动状态的量的表征。人体视觉、听觉、嗅觉、味觉、触觉、温觉所能感知的信息，都来自被感知的物质对象，理论上都可以用某些计量单位的数值来表征。在信息论的话语体系里，这些产生被感知信息的物体称作“信源”（information source），从信源那里获取信息的物体称作“信宿”（destination），信源、信宿可以是

① Richard Hunter. World Without Secrets: Business, Crime, and Privacy in the Age of Ubiquitous Computing, John Wiley & Sons, Inc., 2002, p. XXII.

人或者是物[①]。

信源与信宿分属不同的权利人,信宿权利人获取信息的利益与信源权利人保有信息的利益发生了冲突。对物体信息泛在感知的客观状态与排他性保有的主观需求之间的矛盾,是泛在网络社会和人工智能环境下特有的重大矛盾。因此,如何为信息传感技术的应用方式与应用范围划定底线和边界,解决信源、信宿“二主分立”状态下“物质信息”(即人体或物体上负载的信息)的权属问题,对于当下及未来社会关系格局的塑造,具有重大而深远的影响。

(2) 人工智能环境下的信源信息权

第一,信源信息权的概念。

如果我们承认,当一个人基于经验、“文明社会的假设或者是共同体的道德感”,怀有某种受到法律承认和支持的“合理期望”时,这种期望是符合自然权利或道德权利的法律权利,那么我们也必须承认,人们普遍地怀有一种期望,那就是能够排他性地保有与享用其身体和其所拥有的物上负载的信息。拥有人身权的自然人或者拥有物权的人,对其身体或物上的信息怀有的这种期待的应受保护性,可称为信源信息权,即信源的权利人对负载在信源上的信息的权利。因为信源包括人体和物体两类,故信源信息权又可分为身体信息权和物体信息权。

第二,信源信息权的合理性。

信源信息权具有自然法上的正义性、实在法的基础以及经济学上的合理性。这一范畴的确立能够为泛在网络环境下信息权属制度的安排奠定基础,而且意味着即便物理环境的制约可以被科技手段轻松逾越,但在信息获取行为人与信源之间,依然矗立着清晰的法律屏障,信息传

---

① 信息论是运用概率论与数理统计的方法研究信息、信息传输和信息处理的一般规律的学科。信源、信宿的概念由被誉为“信息论之父”和“信息时代奠基人”的香农首先提出。

感技术的应用方式和应用范围，仍须遵循明确的底线和边界。

人的身体就是信息的一种载体形式，人体的任何组成部分的任何运动状态都可以量度和表征为信息，细胞的基因序列、心脏的搏动频率、大脑的意识活动、声带的振动、肢体的动作、人体移动的速度、所处的地理位置等，莫不如是。身体信息对拥有身体的人或者他人来说，可能都是有价值的。但是，由拥有身体的人自主地保有和享用这些信息，拒绝他人随意刺探，对于维系人的目的性、主体性地位，实现分配（持有）正义具有不可替代的意义。

物体广义上是指“人体以外的，一切可被人感知的物质”，包括民法上的物以及民法意义以外的物质（如日月星辰等宇宙天体）；狭义上仅指民法上的物，即“人体以外的，一切可被人感知、支配和处分的物体”。物体信息是指某物的运动状态的量的表征。如果我们把对物的使用理解为“借助物的自身特性以实现人的目的”，那么就应当承认，有目的地获取物的运动状态的量的表征（信息）的行为就是对物的一种使用方式。权利人对物体信息的权利，或者说权利人享有的物体信息权，当然地蕴含在其对物的权利中，是物的所有权或完全物权的应有之义或衍生权利，或者说是所有权的具体权能形式。所有权是财产权，故物体信息权亦属财产权。

(3) 人工智能环境下的信息权利保护原则

第一，信息权利保护需要原则框架。

自然人对其身体信息、权利人对物体信息的排他性保有和享用，是从当今人类法治文明和经济理性共识中推衍出的正当权利。将物质区分为人体和物体，相当于对一切可能的信息载体的结构性认识。以人体和物体负载的信息为客体的信源信息权范畴，相当于为人类凭借自身官能或技术手段可得感知的一切信息，提供了初始权利确认的理论工具。但是，任何权利的行使都有限制性条件，创设和承认信源信息权并不意味着信源权利人可以完全垄断其人体信息或物体信息，也不意味着他人未获其许可就绝对不得对相关信息实施处理行为。提出信源信息权的范畴，目的不是取代或者凌驾其他特定的信息权利类型，而是为既有权利规范未能覆盖的大片信息领域提供基础性、兜底性、补遗性的权利确认。有鉴于此，一个具有包容性、解释力和内在统一逻辑的信息权利谱系，可能需要建构在由若干原则组成的理论框架之内。

第二，信源信息权取得原则。

如果没有证据证明他人对信源上的信息享有权利，那么信源权利人(包括人身的权利人、物体的所有权人)应被推定为信源信息的初始权利人。这种推理判定信息权利归属的思路，可称为信源信息权取得原则。

据此，对信源这种物质载体的权利的公示方式，就是信源信息权的公示方式：若信源为动产，对信源的占有即可被推定为对信源信息权的取得；若信源为不动产，则法定的不动产权利公示方式就是拥有信源信息权的外观标志；非民法物的信源上负载的信息，是没有特定权利人的信息，或者说是人人皆可为权利人的信息的，任何人均有权对其进行处理。

第三，优先信息权保留原则。

优先信息权保留原则是指，如果他人依据优先适用的法律规定对某些信息享有专属权利，那么除非基于其他合法事由，这种专属权利(以下简称“优先信息权”)应得到优先于信源信息权的保护，信源权利人处理信息的行为不得损害优先信息权。

第四，信息权利限制原则。

权利的普遍法则是“能够使一个人的意志选择的自由与任何人的自由同时并存”，或者说每个人的目的都内在地尊重别人的目的。为了保护人的尊严，体现人的价值，保障人的发展，既有必要为普遍意义上的信息作出个体权利的客体化安排，也有必要对这种权利加以限制，防止信息资源的排他性、绝对化占有，妨害其他主体正当目的之实现。

第五,公开信息处理原则。

信源权利人公开信源信息的行为,应被视为对信源信息权的某种程度的放弃,他人有权在遵循优先信息权保留原则的前提下,自由处理相关信息。

信源信息是否被公开,可以考虑从信源权利人的主观意愿和信源的客观状态两个方面加以判断:其一,信源权利人以明示或默示的方式向不特定人主动提供的人体信息(如在公共场所发表演说时的语言信息、举行集会时的行为信息)、物体信息(如公开展示、陈列的器物的图像信息),应被视为公开的信源信息;其二,就信源的客观状态而言,当其处于不特定人可以接触的场合时,那些可被普通人凭借感官功能获取的信息(如当某人乘坐公共交通工具时,其他乘客可以看见该人的衣着外貌、随身物品等外观信息),应被视为公开信息。但是,对公开信息的处理不得违背优先信息权保留原则,例如不得以侵害著作权的方式将演讲人的讲稿出版发行;不得以侵害肖像权或隐私权的方式,使用某人在公共场所的形态外貌信息。

3.4 技术标准的设定

3.4.1 人工智能标准的设立

作为人工智能产业发展的先锋,各大科技企业早已开始人工智能战略布局。这些企业在开展技术研发的同时,还在涉足的领域内建立各自的技术标准,并在行业内推广自我约束的规范框架,以期在未来的经营与政策博弈中掌握更多筹码。2016 年,谷歌、亚马逊、Facebook、IBM 和微软这五家全球最大的科技公司已经开始尝试制定人工智能的技术标准。在中国,百度、阿里巴巴、腾讯三巨头正从应用层、技术层、资源层等三个层面布局人工智能。百度在语音和人脸识别技术方面已经达到较高的准确率,并推出了在语音、图像、自然语言理解和用户画像四个方面拥有前沿能力的"百度大脑”;阿里云推出了具备智能语音交互、图像视频识别、交通预测、情感分析等技能的人工智能ET;腾讯也成立了人工智能实验室,进行人工智能基础理论研究及工程实现,并推出了机器人开放平台。

在各大企业争相布局人工智能产业的同时,业内关于设立人工智能标准和制度规范的呼声也越来越高。设立人工智能标准是促进人工智能产业有序发展的基石,也是提升我国人工智能国际竞争力的先决条件。人工智能标准的设立应聚焦以下几个方面:

(1) 人工智能标准的统一化

人工智能标准统一化,有助于人工智能产品与大数据网络的无缝衔接,也使建设以全球化大数据网络为基础的人工智能信息联动机制成为可能:一方面,借助大数据库的信息分析指导人工智能产品的“工作”,可以大大增强网络安全的预警和应急处置效果;另一方面,将人工智能产品收集的大量信息数据,在统一的标准信息提交框架下集中并进行全面整合,可以形成各国、各地区以至国际间联动的全面全球化大数据信息网。因为具有物理形体的人工智能可以推动群体智能发展,通过分布式终端收集更多数据加以处理,并不断传输至云端“大脑”,提升整体网络的智能水平。在监管的同时,利用人工智能的收集和分析海量信息的潜在能力,大大提升和拓展现有大数据库的精度与广度,再循环至以大数据预测和辅助决策人工智能发展与监控的下一步方向,并最终实现人工智能及相关行业自我监控、自我预警、自我(辅助)决策内循环的最终目标。

但就人工智能的发展现状来看,缺乏统一的、被广泛应用的技术标准,无疑将严重制约人工智能的发展。因此,应当首先明确人工智能的基本概念,在此基础上建立人工智能分类分级技术标准,对智能产品进行评估检测并对特定高水平智能产品施行登记和定期审查制度,同时借助大数据库分析与信息收集的功能,监管并追溯人工智能的使用情况,促进可持续监管规范的落实，确保在利用人工智能推动社会进步的同时，将人类担心的种种科技风险限制在可控范围内。

(2) 人工智能标准的安全化

人工智能产品包含软件内容与硬件实体两个方面，其中，软件内容是核心技术所在。由于政府规则难以紧跟人工智能发展的步伐，这很可能造成监管空白，并引发公众恐慌，阻碍人工智能的创新和发展。兜底式的底线规则是保障人工智能对于人类社会文明安全的最后屏障。其内容主要是对人工智能的设计、研发、生产和利用提出最基本的技术规则，以满足最低限度的安全、伦理、法律等要求。

人工智能标准的安全化包括“最低安全限度规范”和“最高智能程度规范”两个方面的内容。最低安全限度规范是进行人工智能研发必须遵守的最基本的安全规则，如应当配备统一的代码和监测控制程序，使人工智能运行时符合人类的伦理逻辑等；最高智能程度规范则是人工智能的研发、生产及其“思想”和功能应被限制在一个适当的范围内，确保符合法律与人类道德的要求，防止其侵害人类利益。例如，从人工智能的研发开始，就始终设置自查与评估机制，对可能产生风险的情况发出预警；还可设置“一键终止”命令，当人工智能产品对人类造成或即将造成实质性伤害时，可以通过这一强制命令终止它的运行；此外，监管机构可引入信息披露机制，指定行业主体对人工智能产品的程序代码与算法设计中的关键部分进行披露，以方便公众进行监督。美国众议院通过的《自动驾驶法案》第5章中就包含了网络安全计划的内容，提出应如何抵御和应对网络攻击、非法入侵和恶意控制指令等情况的安全策略。此外，政府还可以制定引导性标准，根据国家和社会安全需要，对人工智能的发展方向作出适当引导。

欧盟议会法律事务委员会在《欧盟报告草案》中指出：“在机器人和人工智能的设计、研发、生产和利用过程中，需要一个指导性的伦理框架，确保其以符合法律、安全、伦理等标准的方式运作。”“针对具有特定用途的机器人和人工智能出台特定监管规则。”①就其实践而言，在无人飞机、自动驾驶汽车等人工智能发展较为迅速的领域，就可以上述指导性伦理框架为基准，针对其特定用途制定相应的监管法规。

(3) 人工智能标准的国际化

面对人工智能掀起的高潮，社会各界在密切关注技术进步的同时，也对人工智能的迅猛发展产生了巨大担忧。

如何应对人工智能给人类社会带来的变革与挑战，如何制定既能有效防范和控制风险又能推动技术进步的统一准则，如何对人工智能的发展和扩散进行有效监管，这是世界各国共同面临和亟须解决的重大难题。不可否认的是，日趋扁平化的世界下一步必将通过国际化的讨论与合作，寻求建立一种共享的监管机制，这一机制由联合政府部门、科技行业代表、非政府的学术机构的研究者以及代表最大部分服务消费者的公共利益团体共同组建，通过制定国际统一的标准对人工智能进行全球化的管理和监测。中国的人工智能发展水平和理论研究均处于世界前列，在抓紧制定人工智能相关的法律法规与行业标准，积极引导国内产业发展的同时，还应当积极参与或主导各种国际化技术标准的研究与制定。

此外，值得注意的是，统一准则是人工智能健康、安全发展的基石，其中数据立法、隐私权保护、跨学科研究、教育与文化传播、法律与伦理基础原则等内容都应作为准则框架基础建设的关键部分。对于这其中的部分内容，如数据立法、隐私权保护、跨学科研究等，各国在制定技术标准或法律规范时应当相互联合、相互沟通，以实现最大限度的规制效果；而另一些如教育与文化传播、法律与伦理基础原则等则不然，各国因

---

① Mady Delvaux. Draft Report with Recommendations to the Commission on Civil Law Rules on Robotics，31-05-2016，JURI_PR(2016)582443.

文化、历史、宗教信仰、社会发展水平等方面的差异而存在不同的技术标准或法律规范是合理的。因此,在进行基础建设的过程中,不仅应考虑国内法和国际法的规定,还应顾及不同国家和文明之间的伦理与文化观点的差异性,此外还应考虑社会期望等因素。

3.4.2 技术标准的设立——以智能网联汽车为例

人工智能应用在驾驶领域而创造出来的新型车又可以称为智能网联汽车。这种新型汽车的基本特征是搭载先进的车载传感器、控制器、执行器等装置,融合现代通信与网络技术,实现车与X(人、车、路、云端等)智能信息交换、共享,具备复杂环境感知、智能决策、协同控制等功能,可实现“安全、高效、舒适、节能”行驶,并最终可实现替代人来操作的目标。智能网联汽车功能的发挥完全依赖于车辆信息系统的互联互通,德国电信战略车联网高级副总裁霍斯特·莱昂贝格尔(Horst Leonberger)甚至大胆放言,到2022年所有的车都会纳入车联网。互联互通标准因而成为发展智能网联汽车的核心技术。

(1) 设立智能网联汽车技术标准的必要性

产业发展,标准先行。如何实现车辆互联互通已成为无人驾驶领域的战略制高点。在汽车工业发达国家和地区都将发展智能网联汽车作为重要国家战略的背景下,中国也有必要通过加强共性技术研发、示范运行、标准法规、政策鼓励等综合措施加快促进车联网互联互通的发展。与发达国家的推进速度相比,中国在这方面并不占有先机。以互联互通通信标准为例,美国强制推行使用DSRC通信标准①,并要求在2021年50%的智能汽

① DSRC,即Dedicated Short Range Communications,指专用短程通信技术,是一种高效的无线通信技术。它可以实现在特定小区域内(通常为数十米)对高速运动下的移动目标的识别和双向通信,例如车辆的“车—路”“车—车”双向通信,实时传输图像、语音和数据信息,将车辆和道路有机连接。

车需配备 DSRC，2022 年与 2023 年比例分别提升至 75％和 100％；从专利申请数量的国内外对比看，中国国内市场来自国际的专利申请数量较多，因而国内企业在车联网互联互通的专利上并不占据优势。政府作为最高决策者，加强对智能网联汽车技术标准的顶层设计，调配整合行业资源，指导产业未来发展，对保障智能网联汽车顺利渡过产业萌芽期至关重要。

(2) 对智能网联汽车技术标准的顶层设计

智能网联汽车的互联互通具有显著的跨域性。一方面，它融合了信息、通信、汽车、交通等不同技术与行业；另一方面，未来庞大的智能汽车市场与较大的交通治理压力必然涉及各个监管部门。这决定了互联互通标准的制定必然涉及多个标准化组织与政府部门。前者包括全国智能运输系统标准化技术委员会、车载信息服务产业应用联盟、智能网联汽车产业技术创新战略联盟、中国通信标准化协会泛在网技术工作委员会以及全国汽车标准化技术委员会等；对后者来说，对于沿途路线的采集必然会涉及国家测绘地理信息局，而对于军事要害区域进行制图必然牵涉到军事机关。此外，制定专利标准必然与国家知识产权局有直接关联，涉及的其他部门还包括交通监管部门等。

制定智能网联汽车技术标准涉及多个政府职能部门和行业组织，如果没有顶层设计和通盘规划，很容易陷入各自为政的低效率困境。例如，2015 年 5 月发布的《中国制造 2025》已将智能网联汽车作为重点突破领域，工业和信息化部也积极推动智能网联汽车标准法规的制定和法律体系的完善；但在车联网互联互通问题上并没有站在智能交通的角度研究 V2V(车与车)[①]、V2I(车与网)、V2P(车与人)之间的互联互通以及

① V2V 通信技术是一种不受限于固定式基站的通信技术，可为移动中的车辆提供直接的一端到另一端的无线通信，即通过 V2V 通信技术，车辆终端彼此可以直接交换无线信息，无须通过基站转发。

人、车、路的有效协同，缺乏顶层设计的指导和规范。目前只能依靠汽车市场主体去探索，企业仅能以车为基础，以研究车网互联的汽车信息化为目标，将车辆接入互联网，实现车“连”网，而不是同一系统内的车辆接入，不同系统之间无法做到互联互通，并且对同一系统内的车辆，仅能实现简单车网互联，无法实现车车、车路及车人之间的互联互通。因此，政府加紧顶层设计已显得尤为重要。

(3) 智能网联汽车技术标准的主要内容

智能网联汽车并不是特指某类或单个车辆，而是以车辆为主体和主要节点，由车辆、道路设施及交通控制系统以及数据存储与处理系统等共同构成的多车辆系统，智能网联汽车技术也可以相应地分解为两部分：关键硬件系统和通信系统。关键硬件系统利用车载传感器来感知车辆周围环境，并根据感知获得道路、车辆位置和障碍物信息，包括车载传感器、控制器、执行器等，处于信息收集最前沿；通信系统利用现代通信与网络技术将车辆感知系统所获得的信息进行安全的双向互联互通，从而实现车与X(人、车、路、云端等)智能信息交换、共享。

第一，车载传感器标准法规建设。

智能网联汽车的智能化建立在车载传感器对周遭信息的正确感知基础上，因而车载传感器处于信息收集的最前沿位置，正是根据感知获得的道路、车辆位置和障碍物信息，智能网联汽车才能及时作出判断。车载传感器主要包括了雷达、摄像头、传感器、信号接收与发射器、车载信息处理终端、电子执行器等关键硬件设施。“由于中国汽车零部件厂商众多，车载传感器的产品性能、精细化程度千差万别，标准制定机构有必要结合中国交通环境，出台一系列硬件标准，强制规定雷达、摄像头、传感器等外部信息获取类硬件的测试范围、精度及环境适应等级，信号接收与发射器的传输范围和抗干扰能力，车载信息处理终端的执行效率和可靠性等级，执行器的环境适应性、执行效率、无故障里程等要求，保障产品的运行可靠性以及应对突发情况的快速处理能力等。”[①]

第二，通信标准的制定。

目前，中国企业普遍采用的是美国DSRC通信标准。然而，作为拥有全球最大汽车市场的中国，在智能网联汽车可能取代传统汽车的时代背景下，理应研发具有自主知识产权的技术标准。中国汽车工程学会的研究表明，目前正在研制的具有自主知识产权的智能网联汽车技术LTE-V2X方案，其广泛应用可使普通道路的交通效率提高30%以上，并且具有重复利用既有蜂窝网络基础设施以及工作频段的功能；尤其是高通和华为对LTE-V2X技术的推广大大加重了该技术的竞争砝码。

第三，加快制定车联网安全标准。

维基解密的一份文件显示，“目前美国中央情报局通过各种电子设备甚至是车载智能系统中的漏洞就能够在任何时间、任何地点启动这些设备中的麦克风和摄像头来进行监控甚至劫持，即使这些设备‘关机’也能被激活”[②]。这意味着带有智能系统的汽车与其他电子设备在安全方面已经没有任何区别。目前世界上已经有国际标准化组织（ISO）、欧洲电信标准化协会（ETSI）、汽车通信焦点工作组（FG CarCOM）、美国国家公路安全交通管理局（NHTSA）[③]等组织开展相关车联网安全标准研究工作，关注重点聚焦于安全隐私和安全通信。相比之下，中国在车联网

---

① 张亚萍、刘华、李碧钰、樊晓旭：《智能网联汽车技术与标准发展研究》，载《上海汽车》2015年第8期。

② Jason Koestenblatt. FBI Cybersecurity Chief: As Mobile Use Grows, So Do Threats, Enterprise Mobility Exchange, 2016-11-10.

③ ISO是最早制定车联网相关标准的组织，发布了“电子计费的安全架构和安全准则”技术标准以及“ITS系统安全架构”“隐私保护”“合法监听”等安全报告。ITS WG5安全工作组/欧盟C-ITS Platform发布了ITS通信安全（TS 102 940V1.2.1）、隐私与信任管理（TS 102 941V2.1.1）、安全威胁评估标准（TR102 893V1.2.1）。2009年成立的FG CarCOM，主要进行汽车安全通信标准工作。NHTSA发布了DSRC车辆通信的安全标准（1609.2—2013），并逐步开始关注隐私和通信安全。

安全标准研究方面相对较为滞后，因而亟须尽快将车联网安全标准的制定提上日程。标准制定初期可采取“银行级别”的安全评定法则，随着技术实力的提升，相关标准细则应进一步严苛化，形成民用领域的最高安全级别，保障车载终端和云集控中心的高度安全。

总之，中国车联网的互联互通技术标准与国外相比仍然存在不少差距。因此，我们建议国家成立专门的标准制定机构，尽量避免各自为政，并加快推进包括车载传感器标准、通信标准、车联网安全标准等在内的技术标准的研制工作。如能抓住先机，加快智能网联汽车相关技术标准的制定，重视专利的申请与保护，减少外来专利控制，破除专利壁垒，将有望扭转长期以来我国汽车及关联产业所面临的不利局面，实现汽车行业整体技术实力和综合竞争力的提升。

本章参考文献

[1] [美] 埃里克·托普.颠覆医疗：大数据时代的个人健康革命[M].张南，魏薇，何雨师，译.北京：电子工业出版社，2013.
[2] 曹建峰. 10 大建议！看欧盟如何预测 AI 立法新趋势[J]. 机器人产业，2017,(2).
[3] 国家车联网产业标准体系建设指南(总体要求)[EB/OL].(2017-09-26)[2017-10-10]. http://www.360doc.com/document/17/0926/15/38241425_690325148.shtml.
[4] 何波. 人工智能发展及其法律问题初窥[J]. 中国电信业，2017,(4).
[5] 胡凌. 人工智能的法律想象[J]. 文化纵横，2017,(2).
[6] [德] 霍斯特·艾丹米勒. 机器人的崛起与人类的法律[J]. 李飞，敦小匣，译. 法治现代化研究，2017,(4).
[7] [美] 雷·库兹韦尔.奇点临近——2045 年，当计算机智能超越人类[M].李庆诚，董振华，田源，译.北京：机械工业出版社，2011.
[8] [德] 雷炳德. 著作权法[M]. 张恩民，译. 北京：法律出版社，2005.
[9] 李俊峰.“泛在网络”社会中的信息权利确认[J].东方法学，2015,(3).
[10] 瞿国春. 加强智能网联汽车顶层设计与法规完善[J]. 汽车纵横，2016,(7).
[11] 司晓，曹建峰. 论人工智能的民事责任：以自动驾驶汽车和智能机器人为切入点[J].法律科学(西北政法大学学报)，2017,(5).
[12] 孙杰贤. 车联网标准之争：DSRC 与 LTE-V2X 谁将胜出？[J]. 中国信息化，

2017,(5).
[13] 孙婷婷，刘兆惠，吕明新. 基于V2V通信技术的车辆防撞预警系统研究[J]. 山东交通科技，2016,(2).
[14] 腾讯研究院. 人工智能各国战略解读：英国人工智能的未来监管措施与目标概述[J]. 电信网技术,2017,(2).
[15] 王凌方. 中国车联网发展喜忧参半[EB/OL].（2016 - 10 - 09)[2017 - 09 - 15]. http：//www.cnautonews.com/xwdc/201610/t20161008_496370.htm.
[16] 王迁.论人工智能生成的内容在著作权法中的定性[J].法律科学,2017(5).
[17] 王迁.著作权法[M].北京：中国人民大学出版社,2016.
[18] 王兆,邓湘鸿,刘地.中国智能网联汽车标准体系研究[J]. 汽车电器，2016,(10).
[19] 吴汉东.人工智能时代的制度安排与法律规制[J]. 法律科学,2017,35(5).
[20] 熊琦.人工智能生成内容的著作权认定[J]. 知识产权,2017,(3).
[21] 杨婕.全球人工智能发展的趋势及挑战[J]. 世界电信，2017,(2).
[22] 张保生. 人工智能法律系统的法理学思考[J]. 法学评论，2001,(5).
[23] 张亚萍,刘华,李碧钰,等.智能网联汽车技术与标准发展研究[J]. 上海汽车，2015,(8).
[24] BALKIN J M. The path of robotics law[J]. California Law Review，2015，(6).
[25] BOEGLIN J. The costs of self-driving cars：reconciling freedom and privacy with tort liability in autonomous vehicle regulation[J]. Yale Journal of Law & Technology，2015，(17).
[26] BRIDY A. Coding creativity：copyright and the artificially intelligent author[J]. Stanford Technology Law Review，2012，(5).
[27] CUFF D，HANSEN M，KANG J. Urban sensing：out of the woods[J]. Communications of the ACM，2008，51(3).
[28] DELVAUX M. Draft report with recommendations to the commission on civil law rules on robotics[R]. 2015/2103(INL). 2015.
[29] DORNHEGE G，MILLÁN J R，HINTERBERGER T，et al. Toward brain：computer interfacing[M]. Cambridge，Massachusetts：MIT Press，2007.
[30] HILDEBRANDT M. Smart technologies and the end(s) of law：novel entanglements of law and technology[M]. Cheltenham：Edward Elgar Publishing，2015.
[31] HOLDER C，KHURANA V，HARRISON F，et al. Robotics and law：key legal and regulatory implications of the robotics age[J]. Computer Law & Security Review，2016，32(3).
[32] HUNTER R. World without secrets：business，crime，and privacy in the age of ubiquitous computing[M]. John Wiley & Sons，Inc，2002.
[33] KALRA N，ANDERSON J M. Liability and regulation of autonomous vehicle

technologies[EB/OL]. (2015 - 01 - 13)[2017 - 09 - 15]. https://www.researchgate.net/publication/228931139_Liability_and_Regulation_of_Autonomous_Vehicle_Technologies.

[34] LEENES R, LUCIVERO F. Laws on robots, laws by robots, laws in robots: regulating robot behaviour by design[J]. Innovation and Technology, 2014, 6(2).

[35] LESSIG L. Code and other laws of cyberspace, Version 2.0[M]. Basic Books, 2006.

[36] MASON S. Electronic evidence(3rd ed.)[J]. Computer Law & Security Review, 2014, 30(1).

[37] NISSAN E. Digital technologies and artificial intelligence's present and foreseeable impact on lawyering, judging, policing and law enforcement[J]. AI & Society, 2017, 32(3).

[38] REIDENBERG J R. Privacy wrongs in search of remedies[J]. Hastings Law Journal, 2003, 54(25).

[39] Safely Ensuring Lives Future Deployment and Research In Vehicle Evolution Act (Self Drive Act)[Z]. passed by the House Energy and Commerce Committee, United States. H.R.3388.

[40] SCHAFER B, KOMUVES D, ZATARAIN J M N, et al. A fourth law of robotics? Copyright and the law and ethics of machine co-production[J]. Artificial Intelligence & Law, 2015, 23(3).

[41] SCHELLEKENS M. Self-driving cars and the chilling effect of liability law[J]. Computer Law & Security Review, 2015, 31(4).

[42] SCHERER M U. Regulating artificial intelligence systems: risks, challenges, competencies, and strategies[J]. Harvard Journal of Law & Technology, 2016 (29).

[43] Stanford University. Artificial intelligence and life in 2030[R/OL]. [2017 - 09 - 15]. http://ai100.stanford.edu/2016 - report.

[44] SURDEN H. Machine learning and law[J]. Washington Law Review, 2014, 89 (1).

[45] SUSSKIND R. Tomorrow's lawyers: an introduction to your future[M]. Oxford: Oxford University Press, 2013.

[46] With recommendations to the commission on civil law rules on robotics[R]. 2015/2103(INL). 2015.

[47] WRIGHT D, RAAB C D. Constructing a surveillance impact assessment[J]. Computer Law Security Review, 2012, 28(6).

第 4 章　人工智能与就业

人类社会已经历了两次由产业革命带来的社会生活的巨大变革。19世纪的蒸汽机、20世纪初期的电气化和机械化都为人类的经济与社会发展带来了翻天覆地的变化。每次技术上的革命性突破都对劳动力市场的既有秩序产生了深刻的冲击。大量的传统就业岗位被新技术、新设备所代替。与此同时，更多的新兴行业和新兴就业岗位不断涌现出来，总就业岗位不但没有减少，反而由于在许多领域提出了新技能需求，造成劳动力的结构性短缺，进而推动了人类自身发展的根本性变革。纵观历史上两次产业革命对就业市场及其运行秩序所产生的冲击和挑战，我们可以看到的是产业革命对就业的长期促进作用远大于暂时的消极影响。以人工智能为代表的新产业革命无疑也会对劳动力市场带来深远影响。人工智能在农业、工业、服务业和公共部门的应用前景非常广阔，可能会对各个产业的劳动力市场带来多方面的挑战和机遇。人工智能将对劳动者的素质提出新的要求，在大幅提高全员劳动生产率的同时也将会不断催生出大量需要人类智慧的工作岗位。对此，我们既不能杞人忧天，过分夸大人工智能威胁论，也不能忽视人工智能快速发展对许多传统就业岗位造成的巨大冲击。我们要以史为鉴，但关键是要用辩证唯物主义的历史观，从多个角度综合看待人工智能可能对人类社会秩序带来的革新，以积极的心态迎接智能时代所引发的全球生产秩序和就业秩序的重大变革。

4.1 产业革命与就业市场的演变

历史上的两次产业革命对就业市场产生了根本性的冲击，从历史的角度来看，历次产业革命的核心技术变革对就业市场所造成的影响既有共同点，也有不少差异。这些不同的影响对某些就业岗位来说是毁灭性的，但围绕新技术、新产业也创造了更多的标志着人类社会不断进步的就业岗位。

4.1.1 第一次产业革命对就业市场产生的机遇与挑战

第一次产业革命不仅推动着纺织业的技术革新，也带动了劳动力资源配置的变革。人类开始从农业社会进入工业社会，资本主义雇佣制度开始普遍建立，工业资产阶级和工业无产阶级出现并对立，因此劳动力市场的运行秩序受到了工人阶级与资产阶级的共同影响。

随着 17、18 世纪棉纺织品的普及，老式的棉纺织工艺逐渐不能满足市场的需求，即便把妇女儿童投入生产，劳动力也仍然供不应求。在德国甚至出现连士兵也加入纺纱工作中去的现象。棉纺织业商品的大量需求与供应量的严重失衡迫使生产技术不断提高，不久之后，珍妮纺纱机便问世了，标志着第一次产业革命的正式兴起。

第一次产业革命下的资本主义生产，大机器生产普遍投入使用并取代手工劳动，生产力得到突飞猛进的提高，工厂生产替代家庭作坊和手工工场劳作。比如冶金行业，在 1770—1840 年间，英国人日常生产率平均提高了 27 倍；而机械化程度比较高的交通部门，生产率则是成百上千倍地提升。工业部门的生产量、生产率和增长速度都是空前的，生产的社会化程度逐渐提高。生产量和生产率的快速提高，让工厂主们看到了巨大的商机，因此这些工厂主们逐渐扩大了工厂规模，对劳动力的需求大大增加。对面临着来自大机器生产产生的巨大劳动力需求的就业市场来说，如此大规模的劳动力该从哪里获得也成了资本主义发展必须要思考解决的问题，而圈地运动就成为解决这一问题的一个重要手段。

在农奴制解体过程中，英国新兴的资产阶级和新贵族通过暴力把农民从土地上赶走，剥夺农民的土地使用权和所有权。与此同时，他们还强占公有地，限制或取消原有的共同耕地权和畜牧权，把强占的土地圈占起来，变成私有的大牧场、大农场，史称这一现象为圈地运动。粗暴的圈地运动使大量的农民丢失了土地，失去了养家糊口的经济来源，成为农村剩余人口。同时，随着农业资本化的开展，耕作制度和耕作技术也发生了重大变化，农业所需劳动力大量缩减，使得农业领域出现了大量的剩余劳动力。失去土地的农民大部分成为农场的雇佣工人并流入城市，为英国资本主义的发展准备了充足的自由劳动者。随着新兴工业的兴起，农业剩余自由劳动力几乎都转向了工业领域，打破了“农—工”就业市场的均衡。当然，就农民对工厂的依附性来说，第一次产业革命期间，劳动力的依附性是最强的。

第一次产业革命让农业劳动者大量减少，工人阶级数量迅速上升，它彻底改变了人们的生产方式和生活方式，奠定了现代社会秩序的基础。简而言之，机械力代替了人力，使得劳动生产率大大提高；工厂制战胜了传统的小农制，成为主导的生产制度。在此制度下，工人以专业化和分工的方式结合起来，进行有纪律的机械化大生产。这场革命，使得人类“从农牧民转变为无生命驱动机器的操纵者”。传统的小农经济被工业经济所取代，人类社会由此从基于人际交往的礼俗社会进入了基于交换关系的商品社会。人与人之间的关系由熟悉而亲密转变为陌生与冷淡。社会秩序的维护由以非正式的道德控制为主转变为以正式的法理规制为主，理性主义开始成为社会思潮的主流。

4.1.2 第二次产业革命对就业市场产生的机遇与挑战

第一次产业革命通过机械化生产产生了肩负着改造人类社会历史使命的工人阶级。与第一次产业革命不同的是，第二次产业革命进入的是电气时代，钢铁、汽车、飞机制造业等新型行业开始兴起，重工业在工业中的比例逐渐上升，同时也产生了垄断组织，极大地推动了社会生产力的发展。从用手劳动到用机械劳动的过渡是人类迄今最重大的技术飞跃之一，而第二次产业革命中出现的自动化装备和自动化系统则是它的延续。科学与技术的结合，使得第二次产业革命的开展对社会秩序的建设性作用远大于破坏性作用。

第二次产业革命最突出的特征是电力的广泛应用。发电机和电动机的出现和广泛使用促进了以电力为能源的行业迅速发展，诸如照明行业、电车行业、电报行业以及电焊行业等。同时为远距离传送电的技术也随之出现，电力工业纷纷建立并发展起来，相应的，也为劳动力市场提供了巨大的就业机会。

第二次产业革命的另一个重要特征就是内燃机的发明与应用。从19世纪70年代中期开始先后出现的以煤气、汽油和柴油为燃料的内燃机解决了交通行业的发动机问题，促进了汽车行业的发展，同时还带动了一批新产业部门的出现和发展，进而推动作为原料的石油开采行业和炼制行业，当然，这些行业的发展也进一步地吸纳了劳动力，提高了就业率。

与第一次产业革命相比，第二次产业革命的劳动者在智力和心理方面，都有了改变。工人们在就业与择业中，有了一定的自主选择的权利。而对于资本家而言，随着第二次产业革命的发展，体力劳动的知识化逐渐被认识，在后期的就业市场人员选择中，知识化的劳动者也更受资本家们的欢迎。

电气时代的第二次产业革命，是半自动向自动化过渡的革命。借助于自动化的设备，人逐渐从机器中解放出来，劳动者不用再受机器的压迫。电影《摩登时代》(*Modern Times*)中的流水线工作模式逐渐被质疑和取代，自动化的便利和巨大收益，让资本家们发现用大量人力堆积起来的工厂并不是最有效的经营方式，而更大限度地发挥工人的主观能动性，提升企业科学管理的水平和以人为本的经营理念才是更可持续的企业发展之道。

第二次产业革命将劳动者与机器区别开来，更加重视劳动者的人性特征，从而促进了劳动力市场秩序的重构，这也推动了现代企业管理学的发展。不管是丰田模式还是"Y"理论，工人对于企业的主人翁作用有了重新的认识。大量服务性工作岗位被创造出来用于提升劳动者的生活和生产环境，促进资源在全球的合理配置，一些新兴产业和产品涌现出来，从不同的角度满足人类不断增长的需求。同时，第二次产业革命将就业市场引向了"智慧劳动者"。"智慧劳动者"的势头超过了"体力劳动者"，劳动者减弱了对资本家的体力依附，并且劳动者对工厂的依附程度也在逐渐减轻。第二次产业革命的自动化，带动了未来"智能化"的发展。

4.1.3　第三次产业革命与人工智能的出现

20 世纪 70 年代中期，计算机可编程控制器出现并投入使用，自动化生产开始迈向"自主化"生产。互联网技术的发展，进一步推动生产自主化。"软件不再仅仅是为了控制仪器或者执行某步具体的工作程序而编写，也不再仅仅被嵌入产品和生产系统里。产品和服务借助于互联网和其他网络服务，通过软件、电子及环境的结合，生产出全新的产品和服务。越来越多的产品功能无须操作人员介入，也就是说它们可能是自主的”[①]。如载有 GPS 的智能设备可以知道自己所在的位置，通过对程序的控制，系统本身可以对外界作出自主反应，甚至自我优化，就像是一个拥有思想的人类。也就是说，“原来由人直接操纵的控制机器运作的机构，就变成了由智能机器自主操纵的自动机构”[②]。从这时起，似乎到处都有人在谈论人工智能，事实上我们也即将迎来一个全新的智能时代。人工智能的运用，尤其在工业界的广泛运用，将引发全球生产秩序和生活秩序的重大变革。

人工智能对生产秩序的变革主要体现在通过对自动化和智能化的运用，增强资源利用率、提高生产效率、推动生产转型等。人工智能的发展，走的是一条智能化、绿色低碳化、网络化和个性化的发展道路。不同于人类操纵生产时代，人工智能以智力劳动代替体力劳动，让人类从繁重、枯燥、重复的体力劳动中解脱出来。

人工智能对生活秩序的变革则主要体现在变革思维、改变行为方式上。人工智能对生活秩序的影响尤其明显地体现在家庭生活和休闲娱乐当中，比如家庭智能机器人的出现，方便了家庭生活服务；全自动无人驾驶汽车的出现，方便了交通出行；银行自助柜台机等智能化生活助手的出现，大大简化了人力环节。这种智能化生活方式的出现，推动着人们开始改变原有的思维模式，从“我去做”到“智能为我去做”的思考方式的转变，由“我在做”到“智能为我在做”的行为方式的转变。

可以说，人工智能正在逐渐改变着人们的生活秩序的基本逻辑。在以往，大众都广泛接受的思想是“凡事须亲力亲为，才能放心”。比如洗

① ［德］乌尔里希·森德勒主编：《工业 4.0：即将来袭的第四次工业革命》，邓敏、李现民译，机械工业出版社 2014 年版，第 9—10 页。

② 贾根良：《第三次产业革命与工业智能化》，载《中国社会科学》2016 年第 6 期。

碗机刚出现时推广非常困难，因为在家庭成员看来，智能洗碗机并不能很好地清洁餐具，甚至会留下残留物而危害人体健康，可是随着技术的不断进步，洗碗机不仅被餐饮行业所接受，也被大部分家庭所接受。在将来，把烦琐的家务劳动交给智能机器去完成，不仅省时省力，还能增进家庭成员之间的交流和沟通，减少不必要的家庭矛盾。

新技术的应用，又会带动和创造大量新的就业领域和新的就业形态。比如有的研究测算了工业 4.0 对德国 23 个制造行业就业的影响，认为机器人和计算机技术的普及将减少约 61 万个组装和生产类岗位，但同时将增加 96 万个新的就业机会，23 个制造行业就业岗位将净增加 5%。

无论是机遇还是挑战，人工智能对就业市场的影响与前几次产业革命相比，在广度和深度上都是大为不同的，从企业改革到“全民改革”，从机器创新到“全民创新”，都将会对社会发展产生剧烈的影响，且涉及范围大至跨国公司，小至家庭生活，都将被人工智能覆盖。人工智能不再是工业领域的“神话”，而将会是影响社会秩序变革的普遍现象。劳动力市场依赖于工业组织和行业协会来维持秩序的状况将在一定程度上被基于人工智能的组织形态所取代。未来社会的发展进程，将会出现“全民智能化”的现象，更多的工作内容集中在智能研究、智能控制、智能安排上，人们需要不断学习新的技能，需要终身学习，需要合理地处理与他人和机器的关系，这样才能不被社会淘汰。总之，合理熟练地运用人工智能将成为每个人都必须拥有的基本技能。

4.2　人工智能对就业市场产生的冲击

任何新事物的出现，都必然是机遇与挑战并存的。人类社会已经步入智能时代，跟前几次产业革命一样，人工智能时代的到来必定会对劳动力就业市场带来一定的冲击。但不同于前几次产业革命的是，智能时代将不再是冰冷的、死板的机器，而是变得智能化了，智能化则意味着这些机器和人之间存在着直接的竞争关系。许多就业岗位将会消失，与之对应的相关职业也将不复存在或者转型，就业市场日益分化，社会不平等也将会加剧。低端岗位的加速减少，将会造成中短期失业压力加大，冲击劳动力市场与传统就业管理体制，进而威胁到人们的劳动就业权利。

4.2.1 人工智能对农业劳动力市场的冲击

绝大多数人都直接或间接地依赖于农业。世界银行 2016 年 9 月的研究报告指出，“农业的发展是解决极端贫困和促进共同繁荣的最有力的工具之一”，并预计农业在 2050 年将承担起解决 90 亿人吃饭问题的重大任务。同时，农业依然是各国国民经济体系中的重要组成部分，尤其是在发展中国家。可以说，农业养活了全世界的人（对于非农业劳动者来说农业解决了“生存”问题，对于农业劳动者来说农业则解决了“生存”和“生计”问题）。

而人工智能的快速发展将对农业产生至关重要的影响，尤其是机器学习和物联网技术在农业中的广泛运用，一方面能够帮助农民实现高效的生产和产出，但同时也意味着原本很多需要人力的工作将被人工智能所替代。

现代农业的机械化、自动化进程已经在很大程度上改变了传统农业的生产方式。从 21 世纪初开始，人工智能就逐渐在农业领域大显身手，这其中包括了耕作、播种和采摘等智能机器人，也有智能探测土壤、探测病虫害、气候灾难预警等智能识别系统，还有在家畜养殖业中使用的禽畜智能穿戴产品。而新一代的产业革命将人工智能、深度学习等技术融入农业生产中，训练机器识别特定的自然环境和动植物生长状态，自动选择更合理、更个性化、更精细化的培育方式，以更好地适应农业生产的特点。这些应用使得整个农业生产更加智能化，在扩大农业产出的同时大大降低了生产、经营成本。

人工智能将会大大提升农业生产的信息化程度。从人工翻地到牛拉铁犁再到机器种植，人力不断地从农业中解放出来，人工智能对人力的解放不仅体现在劳动力的解放，更是农业信息的解放。如位于美国加利福尼亚州的农业机器人公司 Blue River Technologies，其生产的农业智能机器人"可以智能除草、灌溉、施肥和喷药"[①]。

人工智能还将推动物联网在农业生产中的应用。通过在农田中设置各种物联网设施，如田间摄像头、温度湿度监控、土壤监控、无人机航拍等，能够为农业劳动者提供更为实时准确的信息，这些信息由专业的分析公司进行机器学习和数据挖掘等工作之后，将会成为对农业生产者更有意义的信息，比如虫害超标信息、灌溉地需求信息等。这些新的应用情景将对农业生产者提出更高的知识储备要求和持续学习的能力要求。

在未来，人工智能对农业的影响将渗透到整个产业环节中，从耕地、播种、施肥、杀虫、收割、储存、育种到最后的销售。可以预见，在人工智能的冲击下，传统的农业生产和农业劳动方式将会出现根本性的变革。

人工智能对农业劳动力市场的冲击，主要体现在劳动工具以及劳动力市场本身。

第一，人工智能会导致劳动工具的替代与升级。

人类社会各个阶段的发展其实就是劳动工具的变革。从石器时代，

① 搜狐新闻：《连种地也要输给电脑，浅谈 AI 在农业领域的运用》，http://www.sohu.com/a/144605472_624619，2017-05-30。

到青铜器时代、铁器时代，再到蒸汽时代、电气时代以及现在的信息时代、智能时代，无不如此。然而在这一历史过程中，劳动工具的不断替代并不是简单的替换，其本质是生产效率的提升。因此，能够掌握最新劳动工具技术的人便能够在劳动力市场占据相对有利的地位。

既然劳动工具是不断升级的，那么使用劳动工具的难度也是逐渐递增的。电气时代之前，劳动工具的使用基本可以依赖体力来解决，其升级也主要体现在减轻体力、提高效率方面，大多数人依然可以活跃于劳动力市场。然而进入电气时代，尤其是信息时代之后，劳动工具不再是完全依靠于“手”，而更多地取决于“脑”，这必定会在体力劳动者和脑力劳动者之间划出界限，前者如果没有相关技术培训、知识学习的话，是很难跳跃到后者所在的群体当中的。到了智能时代，对劳动工具的掌握的难度也将进一步提升，而这势必会对劳动力市场产生新一轮的冲击。

第二，人工智能的发展会对农业劳动力市场形成进一步的挤压。

随着城市的快速发展，城市对农村劳动群体的吸引力加大。美国从事农业的人口比例已不到5%，在不久的将来，中国真正从事农业的人口会降到10%～20%，甚至有可能更低一些。值得注意的是，之前引起这一变化的主要因素并不在于人工智能，甚至可以说人工智能的影响程度微乎其微。而随着人工智能未来在农业中的广泛运用，农业生产将会变得更加智能化，很多之前需要人力的劳动环节也会被人工智能所替代，这无疑将进一步扩大农业劳动者与非农业劳动者之间的比例。这也意味着未来受人工智能的影响，农业劳动力市场将会被进一步挤压。

对于传统农业劳动力市场来讲，人工智能的出现为其敲响了警钟。中国的农业劳动者长期以来受限于自身较低的文化水平，农业生产效率低、农业劳动者收益没有吸引力等问题一直是困扰政府和农业管理者的难题。中国作为一个农业大国，智能化在农业领域的全面应用将是不可避免的发展趋势。因此，我们不能故步自封，而是应该以积极的心态迎接人工智能在农业领域引发的产业变革。

4.2.2　人工智能对工业劳动力市场的冲击

与农业领域类似，人工智能对工业领域产生的影响也是广泛而深刻的。不管是德国的“工业 4.0 战略”，还是中国的“中国制造 2025”，这些国家的制造业发展规划都对制造业做了三个维度的区分：一是市场销售层面，通过新技术更好地连接企业和客户，更易于听到客户的心声；二是生产制造层面，通过新技术让生产制造更有效率，包括供应链体系、生产计划、车间厂房管理等；三是物流层面，通过新技术加快产品的流通速度，让产品更快地传递到客户手上。

从以上三个维度来看，人工智能的快速发展将为制造业企业的未来带来巨大的想象空间。在市场销售层面，基于对 B2C、B2B 海量的交易数据的计算和分析，可以帮助企业制定自动化、智能化的生产计划；在生产制造层面，通过对产品数据、生产设备数据的实施收集、分析，自动诊断产品良品率、远程检测设备寿命；在产品流通层面，大量传感器所采集的流通数据可以让企业的生产决策、市场计划实现自动化、智能化。波士顿咨询公司的一份名为《工业 4.0：未来生产力和制造业发展前景》的报告中明确指出，以云计算、大数据分析为代表的人工智能将为中国制造业的生产效率带来 15％～25％的提升，额外创造附加值 4 万亿～6 万亿元。具体而言，人工智能对制造业劳动力市场的冲击主要表现在以下三个方面：

第一，人工智能增强了企业生产线的自动化和智能化。

经过 60 多年的演进，特别是在移动互联网、大数据、超级计算、传感网等新科技以及经济社会发展强烈需求的共同驱动下，人工智能加速发展，呈现出深度学习、跨界融合、人机协同、群智开放、自主操控等新特征。比如全自动企业产品生产线，运营机器自主控制产品生产线的工作运行；再比如冶金行业，在美国、德国、日本和中国等国家都建立了高炉建模、监控与诊断的专家系统技术，实现高炉炼铁过程的智能化。通过图 4.1 我们能够很明显地看出机器人在全球工业中的广泛运用，在 2012—2016 年短短的 5 年时间里，全球工业机器人产业的销售额几乎翻了 1 倍(从 73 亿美元增长到 132 亿美元)，同时对 2017—2020 年的销售额预测也是呈逐年大幅度增长之势。另外，大数据驱动知识的学习、跨界合作与处理，使得人机协同智能、群体集成智能和自主智能系统成为人工智能发展的重点。随着相关学科的不断发展，理论建模、技术创新、软硬件升级的整体推进不断加快，引发企业产业链的链式突破，推动企业生产线的数字化、网络化、自动化和智能化的发展进程。

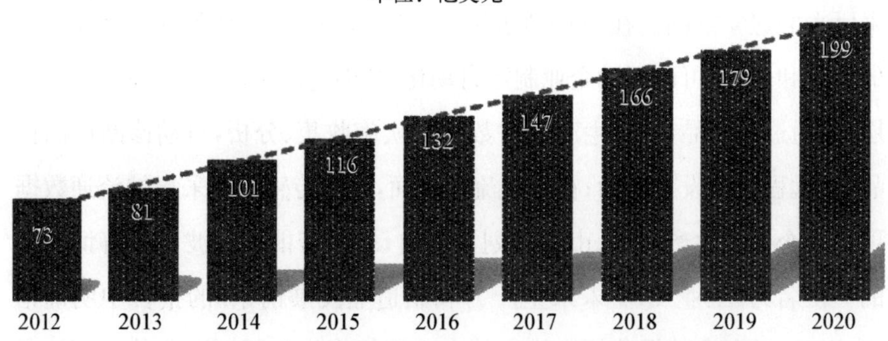

图 4.1　2012—2020 年全球工业机器人产业销售额增长情况

数据来源：中国电子学会《2017 年中国机器人产业发展报告》，http：//news.ifeng.com/a/20170904/51860725_0.shtml，2017 - 09 - 04，其中 2017—2020 年数据为估计值

第二，人工智能降低了高危行业的生产危险性。

科学技术的迅猛发展使得机器人可以做低端、低技能的蓝领工作，靠人工体力所支撑的工作、行业将会受到严峻威胁。据研究，许多发达国家未来 10 年体力劳动者适龄人数将大量减少，用工成本激增，同时考虑到提高基础蓝领工作的安全性、效率和节约生产成本，必将迎来“机器换人”的高潮。

因此，煤矿、金属非金属矿、危险化学品和烟花爆竹等高危行业因其危险性而造成的劳动力短缺，将得到有效解决。强化人工智能的创新链和产业链的深度融合，增强技术供给和市场需求的互动演进，在高危产业中，推进制造过程的智能控制、安全监控和灾害处置的智能控制、动态与静态相结合的生产智能控制，将会大大降低高危行业的生产危险性。

第三，人工智能将促使结构性失业比率的上升。

许多专家学者都认为，智能时代的到来在短期内会造成比较严重的结构性失业问题，但从长期来看人工智能并不会导致大规模失业现象的发生。我们认为，就人工智能对就业市场的冲击而言，其所造成的短期结构性失业比率上升还是显而易见的。科学技术的发展对就业的负面影响就是冲击低端重复性劳动岗位。人工智能带来的颠覆和自动化会进一步取代低端劳动者，从而导致结构性失业的增加。

全球总体上仍然处于人工劳动力占较大比重的阶段，低技能劳动者因其廉价而被广泛使用，但是随着技术的演变，许多工厂在生产过程中引进自动化和人工智能与装备，将基本替代重复机械动作、精准操作的体力工作。国际劳工组织的相关数据表明，许多国家的低技能就业正在减少。2000—2013 年，除发达经济体所受影响不大以外，其他经济体低技能就业占比、就业总量和比例都有所下降，其中降幅最大的是东亚和南亚，均降了 8 个百分点以上。

4.2.3　人工智能对服务业劳动力市场的冲击

《与机器人共舞》一书中提到，1966 年末有一份长达 115 页的报告问世，该报告最后的结论是："技术消除的是岗位，而非工作。"[①]与制造业相类似，人工智能将对服务业中标准化、流程化的服务岗位产生冲击，尤其是对金融业、公共服务业、生活服务业等方面的就业岗位产生较大的影响。人工智能替代了一些工作门槛本来就不高的岗位，比如送餐机器人将取代餐厅服务人员，自动收银系统的开发将取代收银员的工作，苹果公司的Siri智能语音系统成熟之后，也许会取代客服人员，等等。可以预见，在人工智能的影响下，传统服务业中千人一面的客服将逐渐被淘汰，以数据为依托的、能够提供个性化服务的专属客服才是服务业的未来。

同样的，全球服务业机器人的销售额情况可以直观地反映出人工智能对服务业所带来的冲击。从图4.2中可以看出，相对于全球工业机器人来说，全球服务业机器人的销售额要低一些，但也拥有数十亿美元级的销售市场，同时销售额也在逐年递增。值得注意的是，根据预测结果，

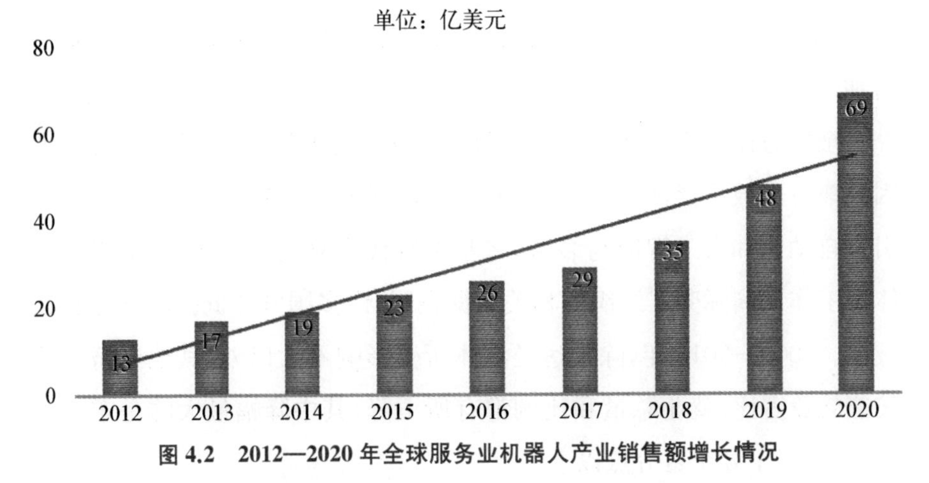

图4.2 2012—2020年全球服务业机器人产业销售额增长情况

数据来源：中国电子学会《2017年中国机器人产业发展报告》，http://news.ifeng.com/a/20170904/51860725_0.shtml，2017-09-04，其中2017—2020年数据为估计值

① ［美］约翰·马尔科夫：《与机器人共舞》，郭雪译，浙江人民出版社2015年版，第74页。

全球服务业机器人在 2017 年以后将迎来井喷式的发展，销售额将从 2016 年的 26 亿美元增长到 2020 年的 69 亿美元。由此可见，未来服务业机器人领域的发展将会有非常大的空间。

人工智能在服务业中的运用，还将引发产业组织变革。在过去，电信运营商的垄断地位非常巩固，仅短信和语音两项业务就获得了巨额利润；然而，微信横空出世，立即使得电信运营商手忙脚乱，昔日优势渐成明日黄花。同样的，伴随着互联网金融的持续升温，传统银行业赖以生存的“存、贷、汇”等核心业务也面临众筹、互联网金融、第三方支付等新型业态的有力竞争。互联网企业跨界竞争可以发挥鲶鱼效应，即将全面重塑传统服务业的行业格局。

4.2.4　人工智能对公共服务组织的冲击

除了上述的商业应用，人工智能对公共部门的就业岗位也会有较大的冲击。以政府部门为例，人工智能创造了提供公共服务的全新场景。在政府部门内部，大量的文书工作将实现自动化处理，通过自动手写识别技术实现自动录入数据，用规划优化算法处理日程安排，并使用语音识别、自然语言处理和问答技术来答复公众问询。如美国国土安全部公民和移民服务局（U.S. Citizenship and Immigration Services）使用了一个名叫 EMMA 的智能机器人，来接受公众提出的各类工作方面的问题。EMMA 通过强大的智能化运算，以海量的数据库作为支撑，每个月可以高效准确地完成 50 万个提问的回复。EMMA 自身具备自主学习的能力，它可以从自己的工作经验中不断学习，不断提升回答问题的准确性和完整度。来自用户的反馈可以帮助 EMMA 分析如何给出有意义的答案。在“监督式学习”的过程中，EMMA 可以快速地掌握分析整合海量数据的能力，并自主给出正确的答案。这从根本上改变了公共部门处理公众来访来电的工作流程，对以往的呼叫服务中心的工作模式提出了挑战。

从公共服务部门从业者的角度看，人工智能将使公共部门产生巨大变化，将改变政府员工完成工作的方式，使他们有更多时间从事更具创造性、挑战性的复杂工作。人工智能将会改变许多工作岗位的内容。基于人工智能的应用可以帮助人们从常规的、烦琐的工作中解放出来，提高工作的前瞻性和准确性。将人工智能结合到监管工作中，将增强政府的管理监督能力，提升政府工作的精细度，也会促使公共部门减少常规的工作人员。

从公共服务组织的角度看，人工智能提升了组织的工作效率，使得组织各部门更像一个联结的整体，在实时的数据流通中实现统一协作。根据美国科罗拉多州政府公共事业部的研究，公共部门的福利工作者在处理常规文件和行政管理事务上花费了近40%的时间，而真正从事与公共福利直接相关的工作时间只有9%。公共事务处理的智能化则可以大大减少政府工作人员在处理文本和日常管理上花费的时间，使他们有更多的时间投入以任务为中心的工作，从而促进政府部门精简机构，提升服务水平，加速向小政府、大社会的方向转型。

4.3 人工智能给就业市场带来的机遇

诚如微软首席研究员乔纳森·格鲁丁(Jonathan Grudin)所说的那样："科技会继续改变劳动力市场，但也会创造更多的工作岗位。世界有几百万人口的时候，也有几百万个工作岗位。尽管总是有失业人口，但当人口达到几十亿的时候，工作岗位也增加到几十亿。总是不会缺少需要人做的事情，这一点永远不会改变。"[1]人工智能将创造出

① 温彦卿：《人工智能：就业大军的坏消息》，《华夏时报》，2014-12-25(24)。

的新工作大致可以分为两类：一类是“旧职业”的升级，另一类则是从未有过的“新职业”。

4.3.1　人工智能带来的工作性质的转变

随着各国政府陆续把人工智能列入国家发展战略，人工智能迎来了一个前所未有的好时代。人工智能将成为一个重要的引爆点，激发生产效率和经济财富成几何级数的增长。这将促使劳动力市场的运行秩序出现重大的变革。

正是看到了这一点，各个国家都开始投入大量的人力物力促进人工智能产业的发展。比如，美国发布了《国家人工智能研究与发展战略规划》，2016 年在人工智能相关领域投入了 12 亿美元；中国 2016 年 7 月出台的《“十三五”国家科技创新规划》与 2017 年 7 月发布的《新一代人工智能发展规划》，从国家层面对人工智能进行系统布局，抢占人工智能发展的先机。再加上科学技术的不断发展与演变，以及互联网技术所产生的海量数据，人工智能得到了井喷式的发展，越来越多的大型企业加入人工智能的队伍当中。截至 2017 年 6 月，全球人工智能企业总数达到 2 542 家，其中美国拥有 1 078 家，中国拥有 592 家，其余 872 家企业分布在瑞典、新加坡、日本、英国等国家。

人工智能的迅猛发展将使得人们的工作目的、工作场所发生转变。人工智能的发展，会使许多工种实现自动化、智能化，尤其是那些需要机械重复、精准操作的体力工作。因此，人工智能将把人类真正从体力劳动中解放出来，让人们从事更加有创造性、独特性的工作岗位，最大限度地发挥每个人的潜能，发挥每个人自己的独有特质，真正实现人尽其才、物尽其用。此时人们工作的目的不再是为了满足生计的被动工作，而是为了发挥自己的潜能、特质而自愿工作。那么，这类工作有哪些共同的特征呢?

BBC 基于剑桥大学经济学家卡尔·弗雷(Carl Frey)和机器学习专家迈克尔·奥斯本(Michael Osborne)在系统梳理 365 种职业所需技能的基础上总结出这类工作所需的三种技能:社交能力、协商能力以及人情练达能力;同情心以及真心帮助他人;创意和审美能力。某类职业对上述三种技能的需求越高,在智能时代被机器人取代的概率就越低,有代表性的该类职业如表 4.1 所示。

表 4.1 未来 10～20 年最不可能被人工智能取代的十大职业

职 业	被人工智能取代的概率(%)	所 需 主 要 技 能
教师	0.4	社交能力、人情练达能力、真心帮助他人
心理医生	0.7	人情练达能力、同情心、真心帮助他人
公关	1.4	社交能力、协商能力、人情练达能力
建筑师	1.8	创意和审美能力
牙医、理疗师	2.1	创意和审美能力
律师、法官	3.5	社交能力、协商能力、真心帮助他人
艺术家	3.8	创意和审美能力
音乐家	4.5	创意和审美能力
科学家	6.2	社交能力、人情练达能力
健身教练	7.5	社交能力、人情练达能力、创意和审美能力

数据来源:FREY C, OSBORNE M. The future of employment: how susceptible are computerization? [R/OL](2013-09-17)[2017-10-05]. https://www.oxfordmartin.ox.ac.uk/downloads/academic/The_Future_of_Employment.pdf.

从表 4.1 中可以看出,未来 10～20 年被人工智能取代概率较低的职业主要集中在教师、心理医生、建筑师、科学家等,这些工作都是需要与人深入打交道的,需要融入个人特性,同时也是可以带来较高附加值和创造性的工作岗位。而无须天赋的或者是大量重复性劳动的工作类型则会被机器人取代，比如电话推销员被取代的概率是99%，打字员被取代的概率是98.5%。

传统的就业模式中，人多空间小的办公场所可能会抑制员工的创造力，让员工变得烦躁不安。除此之外，随着城市在空间上的不断延伸，花费的通勤时间也越来越多，造成员工时间和精力的浪费。智能时代的到来将会改变这种工作模式，人工智能让员工可以在更舒适、更人性化的场所办公、开会，更为重要的是，人工智能可以通过其人力管理系统解决在家办公所产生的企业管理层和员工之间的监督、考核、沟通问题，人工智能人力管理的核心逻辑在于根据员工被分配任务的执行效率、完成质量、获得反馈等事后的工作完成情况来创建综合的决策树算法模型。这种工作场所的转变，实际上反映的是企业管理理念的改变。

4.3.2　人工智能对农业劳动力市场的机遇

行业的收入水平是吸引人员进入该行业的最主要因素。当前从事农业运作的劳动者的收入较低，即使像美国那种有吸引力的农业，也只是通过扩大农业种植面积而产生的规模经济效应来提高农业收入的，但美国的这种做法在大多数国家都是不可能实现的。人工智能的出现则为提高农业劳动者的收入提供了机会。人工智能可以通过智能系统帮助减少农业灾害，也可以帮助精细农业的深度发展。其对农业就业岗位所带来的积极影响主要体现在以下三个方面：

(1) 通过减少农业灾害和农业风险来提高农民收入，增加农业就业岗位

传统农业对于病虫灾害的认识和处理大多靠的是经验主义，通过肉眼去识别农作物种植过程中遇到的各种病虫害，或者通过事后查阅相关资料，这无疑是一种低效率的方式。而人工智能则可以运用深度学习和电脑图像识别技术，通过识别软件对农作物进行简单的扫描，便可知其基本信息。如美国的 PlantVillage 和德国的 Plantix 这两款智能植物识别 App 就提供了强大的功能：不仅可以通过简单"扫一扫"农作物的方式帮助农民了解农作物的基本信息，而且农民只要拍下患有病虫害的农作物的照片并上传 App，便能获得相应的处理方案。通过这种新型方式，农业病虫害将得到有效解决，农民的收入也将提高，更多的与农业智能识别和农业风险削减的工位岗位将被创造出来，帮助农民降低成本，提高农业收益。比如农业病虫害资料数据库的建设，需要有经验的农民提前识别出各类病虫害、完善智能病虫害识别系统，才能保证每种病虫害照片上传 App 后得到识别。

此外，农业生产阶段的劳动需求减少，但对农业生产决策阶段的劳动需求增加。农民需要搜集海量的市场需求信息，分析当前市场上农产品的价格，并预测出下一年市场上的需求总量、下一年其他农户的种植面积，通过数值模拟来决定自己明年种植什么类型的农产品、种植多大面积，因此会催生出农业行业研究分析师、农产品种植分析师等高端岗位。

(2) 发展精细化农业提高农民收入，增加农业就业岗位

按照传统种植方式形成的农产品，单位土地的产量有限，附加值也比较低，难以提高农业的收入，由此才导致农业对劳动力的吸引力下降。人工智能的出现将打破这一局面，人工智能将结合大数据、智能机器来进行农业生产，据此可以实现精细化农业种植。人工智能可以对每块土地的营养成分进行详细分析，根据每块土地自身的特质为其输送量身定制的肥料，避免之前给所有土地输送相同数量的营养成分导致的浪费及成本上升问题，可以实现对土地价值利用的最大化，由此可以在不扩大农业种植面积的基础上提高农业劳动力的收入水平，增加农业劳动力的就业水平。

(3) 促进生态农业发展，增加高附加值岗位数量

传统的生态农业需要在生产过程中使用大量人力去田间除草、施肥，这使得生态农业的成本较高、效率较低。人工智能在农业领域的发展可以让更多的智能机器人代替人去进行农业生产，减少甚至不使用除草剂和农药。这样生产的农产品可以确保是原生态、无农药残留的绿色产品。这样做可以大大降低农业劳动者的工作强度，提高生态农业的竞争优势。同时，生态农业要求在农业生产过程中实时监控农作物的生长和自然环境的变化，并对这两者的相互影响进行预测和判断，从而催生出大量的农业生态数据分析和服务岗位。通过对农业大数据的运用，可以尽可能地减少人为的干预，尊重农作物自然生长的规律，从而提升农产品的品质，这类农产品成本的降低会激发更大的市场需求，提升农产品的附加值，从而可以大幅度提高农业劳动者的收入。随着城市化进程的不断加快和人们收入水平的提高，对绿色农产品的需求会激增。生态农业的大发展将使农村生态环境得到改善，创造出大量在机器人帮助下进行生态农业生产的工作岗位，在提高农业生产效率的同时促进可持续农业的发展。

4.3.3 人工智能对工业劳动力市场的机遇

人工智能将替代人类从事大量重复、不需要太多技能或机器足以胜任的工作。大量低端工作岗位的劳动力将被迫另谋职业，或者是在原有技能的基础上进一步提升自身技能水平，或者是转换劳动技能，这些都为制造业的转型和升级提供了必备的技能基础。

当下人们一直都在谈论人工智能对传统劳动力的大面积替代，进而担忧引发大规模失业，即使这种情况在未来真的发生了，那这些替代大量人力的人工智能又将如何被生产出来呢？就像铁路的出现取代了马车夫，但同时又产生了制造火车、铁轨等铁路运行所需设备的工厂，这些工厂同样需要大量工人。2011年，麦肯锡法国分公司做过一项研究，发现在互联网出现后的15年里，法国因此每减少1个工作岗位，就会相应产生2.4个新工作岗位。人工智能的广泛运用，势必会产生出制造人工智能产品的新制造行业，由于人工智能产品的生产并不只是简单的机械安装，而是基于大量的数据和算法支撑，因此，未来的人工智能的制造业将不同于以往的传统制造业，将更多地体现高技术水准。《与机器人共舞》一书中提到，2013年2月发表的一篇研究称，到2020年，机器人产业在全球范围内直接或间接创造的岗位总数将从190万个增长到350万个，次年发布的修正版报告指出，每部署1个机器人，将创造出3.6个岗位。

在传统制造中，实现的只是利用自动化进行单纯的控制，而智能制造则是在控制的基础上，通过物联网传感器获得海量生产过程中所产生的数据，并利用云计算对这些大数据进行分析处理，从而制定出正确的决策，而这种决策是附着在人工智能设备当中的。另外，传统的制造只是一个环节，而智能制造则是一种将原材料采购、产品设计与制造、产品营销、售后服务等各环节融合在一起的网络协同制造模式。它关注的是私人个性化定制，而不是批量性生产。这种新型模式无疑将让制造行业变得更加有活力，而之前处于各个割裂的生产环节中的劳动者也将在这种新模式中获得更多的机会。

4.3.4 人工智能对服务业劳动力市场的机遇

人工智能的迅猛发展使得无人商店、无人驾驶、无人送货、无人写稿等多项无人技术百花齐放，其对应的店员、驾驶员、快递员、记者等就业岗位可能将会逐渐消失。据21世纪宏观研究院研究显示，未来10年内中国体力劳动者适龄人数将减少约1亿人，人口红利削减，用工成本剧增，同时考虑到提高基础蓝领工作的安全性、效率和节约生产成本，必将迎来“机器换人”的高潮。但是这并不意味着人将失业，因为人工智能替代的都是些相对简单、标准化、流程化的岗位，而需要“人的主观思考”提供的服务部分是没办法被人工智能取代的。与人工智能将取代服务业从业人员的恐惧相反，人工智能会让服务业从业人员的工作更有效率，服务中人性化、个性化的部分将会因为人工智能的使用而增强。未来的服务业将是人工智能和人协作的合作模式，这样可以保证更高效、优质地为顾客服务，真正做到以顾客为上帝、顾客的需求是工作改进的最大动力的服务理念。比如老年人照料行业，智能时代并不会导致该行业的人员失业，因为人工智能取代的只是照顾老年人日常生活的职能，但对老年人的心理辅导、根据老年人的心情状态提供相应服务等职能则无法替代，这部分工作必须有人通过长时间的观察、了解才能做到，所以说人工智能并不是对该职业的取代，而是成为人的助手，帮助人们更好地完成工作。

在互联网真正爆发之前，传统行业就已经有平面设计师、IT人员、产品经理等职位，随着互联网时代的到来，用户接口(User Interface)设计师、Android/iOS程序员、互联网产品经理等新兴职业开始逐渐成为市场热门职业。类似于这种旧职业的升级改造，在智能时代将更为迫切。很多职业群体已经开始了这方面的尝试，一些原来做互联网报道的媒体人，现在转型专门做人工智能领域的垂直媒体；原来做技术、媒体和通信方面投资的，也细分成为专注于人工智能领域的投资人或机构。

智能时代的到来，必定会产生大量新的服务于人工智能产业的就业岗位，这些新岗位都是与人工智能相匹配的。首先，人工智能会带来大数据处理行业的崛起。人工智能的继续发展依赖对大数据的分析、提炼和加工，但是负责采集人类行为的各类采集机器并非可以直接匹配，基础数据产生后仍需要对数据进行匹配，尤其是按照各自不同的需求匹配不同的数据，之后再按照需求标准深加工数据。所谓的深加工包括数据处理、数据标注、数据可视化等一系列的处理。这类数据处理不仅可以创造新的就业岗位，而且都需要新的软硬件设备作为工具，而这些软硬件设备的制造、销售又将会创造新的就业岗位。其次，人工智能的发展会扩大相关信息技术和数据处理技能的培训市场。已经被行业认可的“自然语言处理”“语音识别工程师”“算法师”等技术性职业，再加上陆陆续续有高校和研究机构开设人工智能专业，在高校或培训机构中教授人工智能的老师也将会是一个庞大的新群体。最后，还有可能创造许多大家都没意识到的职位，比如人工智能产品经理，再考虑到人工智能的伦理道德，“机器人道德/暴力评估师”等职位也有可能出现。一个岗位的兴起会带动上下游的岗位与其配套，人工智能产业在全社会的全面渗透将大大提升人们对相关配套服务的需求，从而创造出大量新的服务种类和新的就业岗位。

4.3.5 人工智能对公共服务劳动力市场的机遇

从政府部门、提供公共服务的事业单位来看，其主要目的是为了以更低的成本为社会公众提供满意的服务，而人工智能在降低公共服务提供成本、提高公共服务满意度方面有着非常明显的优势。政府部门的政策制定和决策过程都可以由人工智能提供协助。各级政府的日常文件处理和各项事务的处理在人工智能的协助下将会大大加快。政府官员的工作效率和决策科学性也会有大幅度的提升。政府部门中的事务性、常规性的职位数量将逐步减少，而更多体现人文精神和以人为本的工作岗位将涌现出来。这些岗位要求能够更准确地掌握与理解社会的民意和利益诉求，能够在人工智能的辅助下将这些意见与诉求转化为政府的各项政策和公共服务。这也对未来政府工作人员的综合素质提出了更高的要求。

随着科技、医疗水平的飞速进步，人类社会将逐步进入老龄化社会。老龄化社会对政府部门和公共服务体系提出了更高的要求，各国政府正在想办法解决人口老龄化带来的诸多问题，其中最重要的问题之一就是老年人群的管理和服务等。在这方面，人工智能可以发挥很好的作用。智能机器人结合物联网、大数据等技术，将可以帮助政府部门的工作人员以及社区老年服务工作者从繁重的日常照顾工作中解脱出来，而将精力与时间花在更好地为老年人提供优质的、个性化的服务和照顾方面，使之更多地注重对老年人精神生活的关注和照顾。比如在日本，已经出现了照顾病人的机器人护士，大大降低了医院和社区社工的工作强度。而将这类机器人用在照顾老年人方面，可以大大缓解政府工作人员的负担，创造更多有吸引力的工作岗位。

此外，智能化的机器人将可以协助政府工作人员提供更好的公共安全服务。在不久的将来，机器人交警将可以提供更多的信息并在需要时提供支持，发挥更加积极的作用。人工智能的出现还可以帮助警察更好地预防犯罪。结合大数据的人工智能可以帮助政府掌握各个地点以往的犯罪情况，摸排出预期的各地犯罪率情况，根据各地过去的犯罪记录来合理布置警力，提前预防犯罪。机器人巡警也将大大减少警察的工作负担。这样可以避免以往的警力配置不合理问题，节省政府经费、降低财政负担。同时，警察可以借助人工智能的人脸识别装置基于脸型特征快速锁定犯罪分子，提高政府部门抓捕犯罪分子的效率，从而为降低犯罪率发挥重要的作用。

值得强调的是，人工智能的发展离不开大数据的支撑，为了更好地提升社会治理水平，一方面，需要大量的数据分析师与数据服务师来收集和处理更多领域的数据。这要求政府部门在数据分析岗位培训时使用相对统一的流程和标准，同时，部门之间要打破数据壁垒和人才孤岛，实现信息和人才的自由流动贯通。另一方面，社会治理的智能化也对网络安全和公民隐私保护提出了挑战，大量网络安全专家与公共信息法务专家将会加入政府和公共服务部门，他们将帮助政府掌握和应用合理的信息，并建立完备的系统来保护公共信息的安全。

4.4 人工智能与劳动者关系的重构

纵观历次产业革命，我们不妨把它们看做是一次次“扰乱”和“超越”，它们通过新技术对之前的社会运转模式进行循序渐进的变革，而这势必会给已习惯旧有模式的人们带来一定程度的“扰乱”。与此同时，我们又看到人们积极地适应技术革新带来的变化，与技术一道改变这个世界从而完成“超越”。面对人工智能的又一次“扰乱”，劳动者将面临怎样的挑战与机遇？又应该采取怎样的措施实现再次“超越”？

4.4.1 人工智能与劳动者职业发展

科技飞速发展的时代，人工智能的发展速度已经完全超乎我们的想象。在 10 年前，有谁能想到自己失业不是因为工作表现不好，不是因为与同事竞争失败，也不是因为公司效益不好而裁员，而是被一个智能化的机器人所取代呢？很显然，这将是人工智能给我们带来的最大的挑战，而对于劳动者来说，面对挑战如果不进行自我升级的话，即使未来出现再多的新工作也将与之无缘。就好比进入智能手机时代，如果你还手捧着功能机，那你将享受不到市场上众多手机应用所带来的便利，工作亦是如此。所以如果人们在汲取知识方面跟不上技术的革新，那么势必会造成社会上的两极分化，严重的话还将破坏社会稳定。最可靠的方法就是劳动者重构职业发展规划以凸显自身的价值，而这意味着劳动者必须要有终身教育与学习的理念，未来的职业培训也需要不断革新和调整。

在工业时代，大多数人都是依靠各种途径（如学校、师徒制等）学到技能或者在工作中通过短暂培训而获得某种技能，然后便可以谋得一份长久的工作。而在智能时代，如果还是延续这种模式的话，不持续更新自己所掌握的知识与技能，即使不被淘汰，也将被边缘化。对于不同的职业人群，终身学习在内容上可能会有所差别，但一些必备的知识技能将是未来劳动者都需要掌握的，例如：① 社交技能。从组织行为学的角度来看，良好的社交可以促进员工之间的协同性，而良好的协同性又能够有效地提升工作效率。② 持续学习的能力。也就是要懂得如何进行自主学习，从而提升个人能力，这是使自己不与科技的发展脱节最有效的方法，就像 30 年前不识字就被认为是文盲，很有可能 30 年后不掌握编程等计算机技术同样会被界定为文盲。③ 人工智能智商。即理解人工智能工作方式的能力，就像骑马一样，如果你本身就会骑马，再加上你对这匹马的习性很熟悉，那么你就能很好地驾驭它，人工智能亦是如此。

除了自主学习以外，职业培训在人工智能的大背景下也面临着革新，不仅在培训内容上会紧随时代的发展不断更新，在培训方式上也会有更多的选择：劳动者既可以通过线上，也可以通过线下，还能通过线上线下相结合的方式接受培训；既可以通过培训师，也可以通过人工智能，同样也能通过培训师与人工智能相结合的方式接受培训。可以说，劳动者未来将得到更加优质、更加适合自己的职业培训。

4.4.2 人工智能与人力资源管理的革新

互联网与人力资源管理的结合正在越来越深入，现在已经不是趋势，而是正在成为现在时，虽然还有不少的路要走，但是已经切切实实地来临。近日，日本高端人才招聘网站 BizReach 与雅虎和美国客户管理平台 Salesforce.com 合作，宣布将开发一种人工智能，通过收集员工的工作数据，完成招聘、员工评价和分配工作岗位等任务。未来，公司人力资源部门会被人工智能取代吗？

毫无疑问，人工智能的加入将对人力资源管理部门产生巨大的冲击，人力资源管理本身将深度人工智能化。我们可以从学术界对人力资源管理所划分的六大模块来探讨：

(1) 人力资源规划和预测

以往对于人力资源的规划和预测是通过人对数据信息的统计分析并结合企业战略来制定的，但限于人对数据分析结果掌握的非全面性，规划和预测的效果并不十分理想。人工智能在信息处理和分析方面的巨大优势，则会比人更加全面和准确地作出符合公司战略布局的人力资源规划与预测。

(2) 招聘

作为人力资源管理体系中技术含量较高、难度较大的工作，招聘面临的最大难题便是招聘方和受聘方所掌握的信息不对称，因此对候选人的寻找和挑选总是会出现问题，造成招聘方难以招到心仪的人才，受聘方难以进入心仪的企业。而人工智能可以网罗海量的招聘信息，并能够实现招聘任务的全流程自动化，包括开启招聘任务、寻找与匹配候选人、判断和识别候选人、持续跟踪以及评估和分析等，真正做到“英雄有用武之地”。

(3) 培训

由于难以判断一个员工未来在企业中的工作年限，而培训对于员工熟悉公司业务又是很有必要的，因此企业很难评估培训工作的投入与产出情况。再加上培训工作的烦琐及量大，培训变成了很多企业中费力不讨好的一块工作领域。而人工智能在未来则能够很好地改善这一情况。员工不需要再有专门的培训讲师，人工智能就能够给他们提供更加丰富和廉价的培训资源，甚至还能够配备专属于自己的人工智能老师，根据其自身情况为其量身打造一套专门的培训系统，这将促使企业大量增加符合自身要求的人工智能培训师。

(4) 绩效管理

这同样是一个技术含量高且复杂的工作。未来的人工智能在绩效计划制定、绩效辅导沟通、绩效考核评价、绩效结果应用、绩效目标提升等方面的应用将会更加科学，再加上人工智能对劳动力的大量替代，一方面使得工作量减小，另一方面评估也将会更加准确。

(5) 薪酬福利管理

这一环节与员工自身利益密切相关。在以往的薪酬福利制度制定过程中多多少少会让一部分员工感到不公平，甚至还可能存在着某些“暗箱操作”。而人工智能将在薪酬策略的制定、工作分析、薪酬调查、薪酬分级与定薪等方面做到公平合理，并大大提高这一环节的效率。企业将需要更多的分析师来处理这些薪酬的分配与反馈信息，从而提升人力资源管理服务企业经营的水平。

(6) 员工关系管理

在智能时代，会存在着很多人工智能高度替代人的组织，员工关系也会从“对人的管理”转向“对人与人工智能关系的管理”。因此，大量促进员工与人工智能和谐相处的服务性工作岗位将被创造出来。

此外,人工智能产品将被纳入人力资源管理的范畴。到了智能时代,人力资源定义的外延或许将重新界定。人工智能产品由于具有自我意识,在工作中充当着几乎与人类相同的角色。因此,人力资源管理的范畴也必将延伸到人工智能产品中。在一个高度使用人工智能替代人的组织中,员工关系将从"对人的管理"转变成"对人工智能的管理",抑或是调节人与人工智能之间的关系,除了现在的基础法律问题,未来的员工关系可能还会涉及人机道德伦理问题。

4.4.3 人工智能与劳动者贫富差距缩小

瑞银集团一份关于人工智能与不平等的报告指出,人工智能的发展将对新兴廉价劳动力市场带来一定的冲击,发展中经济体可能面临更大的挑战,而如果没有适当的政策加以引导,必定会加剧不平等。但是,经济学家布兰科·米兰诺维奇(Branko Milanovic)认为,全球各个国家之间的经济收入差距并没有随着工业技术的发展而扩大。相反,新兴经济体的收入增长让数亿人摆脱了贫困,大大缩小了发展中国家与发达国家之间在生活水平和经济财富方面的差距。

在将来,人工智能可能产生从"接触"到"使用"再到"技术的掌握"三种类型的社会不平等:

(1) 因为"接触"人工智能的机会不均等而产生的不平等

人工智能作为新兴领域,目前还处在初始阶段,主要是发达经济体在研究、开发新的人工智能,中美两国拥有的人工智能企业超过全球人工智能企业总数的60%就说明了这一点,由此就导致了比较落后的国家在接触和了解人工智能方面都与发达国家存在较大的差距。因此,在不远的将来面对人工智能的冲击时,发达国家的人们可以比较好地处理,而对于那些没接触和了解过人工智能的落后国家的人们来说,他们可能就不知道应该如何应对了。

(2) 因为能否“使用”人工智能产品而产生的不平等

至少目前来看，人工智能产品的生产需要比较高的成本，而有成本则意味着你不一定有足够的物质基础能够使用到它。如果你有机会接触并了解到人工智能，但由于缺乏物质基础而不能够使用它并享受其带来的便利以及效率的提升，而有一定物质基础的人则可以通过购买人工智能产品获得便利来创造出更多的价值，这意味着将产生新一轮的马太效应[①]。

(3) 因为对人工智能“技术掌握”的深浅不同而产生的不平等

相对于其他行业来说，人工智能领域还是个入门门槛比较高的高技术行业。对于人工智能的使用并不需要掌握其背后的技术，只要有一定的物质基础来购买就行，并且人工智能产品的操作相对来说还是比较简单的。但智能时代真正的最大受益者其实是背后掌握技术的小部分人群，由于他们掌握着更深层次的技术，能够更好地与人工智能融合并在某种层面上控制着其发展走向，因此他们拥有更多的话语权，相应地他们也将获得更多的收入和更高的地位。

以上所阐述的三种社会不平等，归根到底还是对由人工智能掌握和运用能力的差异造成的，在表现形式上不同于以往的非智能时代。随着人工智能的不断传播和普及，人类社会中越来越多的人将超越空间、地域和要素禀赋的限制，借助人工智能而成为新时代的弄潮儿。智能时代的到来，也将会为各个发展中国家缩小与发达国家的差距提供更多的弯道超车的机会。同时，智能时代的到来，还有可能重新定义社会流动[②]的

① 马太效应指的是强者愈强、弱者愈弱，广泛运用于社会学、教育学、心理学、经济学等领域，主要反映的是社会中两极分化，如穷者越穷、富者越富的现象。

② 社会流动是指社会成员或社会群体从一个社会阶级或阶层向另一个社会阶级或阶层转变的过程，根据其流动的方向可以分为“向上社会流动”和“向下社会流动”。

“游戏规则”。从社会层面来看，发展的优势或许不再被传统的发达地区或上层群体所垄断，而会呈现一种多方竞争的局面。中国与印度在人工智能领域都积累了大量的人才和产业集群。在未来的人工智能大发展的背景下，中印等发展中国家如果抓住这次弯道超车的机会，大力建设智能化服务产业群，将会成为吸引全球高端科技人才的高地。

人工智能可能在短期内让许多低端劳动者面临失业和贫困的威胁，但从长期来看，它也将为人们向社会上层流动提供新的机遇。由于人工智能领域方面的人才存在大量的缺口，劳动力市场上数十万元年薪招聘人工智能领域的人才已属正常。人们可以通过人工智能的帮助，更快速地学习人工智能相关的专业，接受人工智能方面的培训，使得自己成为人工智能领域的佼佼者，从而实现向上流动。

4.4.4 人工智能与劳动者权益保护

人类社会的每一次产业革命总会让我们想起“卢德运动”[①]。在智能时代，我们应该如何保护劳动者的权益，以避免再次发生劳动者怒砸人工智能设备的“新卢德运动”呢？诚然，人工智能将会造成大量的低端劳动者的权益受到损害，但同时也为劳动者自身综合素质的发展及工作能力的大幅提升提供丰富的机会和有效的工具。劳动监管和服务部门应该及时针对人工智能的发展趋势采取有针对性的措施，尽量减少人工智能的消极影响，促进其对人类自身发展的积极作用。

① 卢德运动是指19世纪英国民众为反抗产业革命、反对纺织工业化的运动，由于第一次产业革命用机器大量取代人力劳作造成了许多手工工人失业，在该运动中常常出现工人破坏纺织机的事件。

(1) 智能时代劳动者权益受到的影响

一是共享经济下催生的灵活就业[①]对劳动力市场秩序维护的挑战。人工智能将提升劳动者在工作中的自由度和灵活度，重塑劳动者与工作之间的关系，使得提供劳动的人不再是传统意义上的员工，而是从事特定工作的独立个人。而由共享经济模式衍生出的灵活就业形式，将对管理正规劳动关系为主体的传统劳动秩序管理逻辑提出挑战。由于这些新的就业形式尚未进入现有就业管理监督的范围内，所以对这类就业者的权益进行确认和保护将可能引发传统劳动秩序管理体系的深刻变革。

二是人工智能取代大量劳动力而产生的短期结构性失业[②]。人工智能发展到一定阶段，出于成本和效率的考虑，必定会替代掉那些重复性、程序化的工作，而这将使得从事这些工作的劳动者被就业市场淘汰，从而侵害到他们的权益。这些劳动者在失业后需要进行再培训、再就业，这个过程所产生的大量经济成本与时间成本将给失业者和他们所在的企事业单位带来较大的负担。同时，短期内大量失业人群的出现还会给个人和社会造成心理上的损害，进而对社会稳定和公共福利产生较大的冲击。

(2) 如何为劳动者权益提供保障

一是对于灵活就业情境中权益受到侵害的劳动者来说，由于劳动者没有以企业为支撑的传统劳动管理体制的保障，一旦发生劳动争议，劳动者由于没有签订劳动合同可能会处在弱势的一方。在这种情况下，司

---

① 灵活就业是相对于固定就业而言的，是指那些在劳动时间、收入报酬、工作场所、保险福利、劳动关系等方面不同于建立在现代企业制度基础上的就业的各种形式就业。简单来说，灵活就业就是非签约就业的一种形式。目前我国的灵活就业主要群体包括自营劳动者、家庭帮工、其他灵活就业人员三类。

② 结构性失业是指由于增长方式、经济结构、体制等宏观因素的变动，使劳动力的供给与需求不一致而导致的失业，其本质是一种非自愿性失业。

法要对这种新型就业形式"松绑",避免出现"一刀切"式的泛劳动关系的界定。既不能过度地套用标准的"劳动关系",也不能轻易地确认劳动关系。由于灵活就业模式创造了大量的新兴工作岗位和新的经济增长点,很好地诠释了"大众创业、万众创新"的精神,因此法律需要对这种新型劳动关系进行重新界定,以此来保护灵活就业劳动者的权益。

二是对于那些因人工智能产业的发展而导致失业的劳动者,政府和社会组织必须联合起来找到一种能够为这些失业者提供可靠收入的机制。政府和社会组织应该给这些失业者提供技能培训的机会,使之掌握新技能以适应新的工作。人工智能产业的龙头企业应该带头建立相应的帮扶基金,为这些利益受损群体提供基本的生活保障和失业救济金,帮助失业人群度过这段失业与再就业之间的"过渡期"。在智能时代,劳动力市场需求和就业格局将会不断发生新变化,因而迫切需要建立起适应人工智能发展的就业预测和失业预警机制,这也将促进政府与企业增加相关的分析和预测就业发展状况的工作岗位。

本章参考文献

[1] 包海娟.理性看待人工智能发展对就业的影响[J].浙江经济,2016,(11).

[2] 蔡自兴,刘丽珏,蔡竞峰,等.人工智能及其应用[M].北京:清华大学出版社,2016.

[3] [加] 迪瓦.重新定义智能:智能生命与机器之间的界限[M].刘春容,鲜于静,译.北京:机械工业出版社,2016.

[4] [意] 弗洛里迪.第四次革命:人工智能如何重塑人类现实[M].王文革,译.杭州:浙江人民出版社,2016.

[5] 集智俱乐部.走进2050:注意力、互联网与人工智能[M].北京:人民邮电出版社,2016.

[6] [美] 杰瑞·卡普兰.智能时代[M].李盼,译.杭州:浙江人民出版社,2016.

[7] [美] 克里斯·安德森.创客:新产业革命[M].萧潇,译.北京:中信出版社,2012.

[8] 李爽,张本波,顾严,等.第四次产业革命与就业——挑战和应对[EB/OL].(2016-12-28)[2017-10-05]. http://www.amr.gov.cn/ghbg/shfz/201702/t20170223_

31730.html.
[9] 李智勇.终极复制：人工智能将如何推动社会变革[M].北京：机械工业出版社,2016.
[10] [美] 马丁・福特.机器危机[M].七印部落,译.武汉：华中科技大学出版社,2016.
[11] [美] 马文・明斯基.情感机器：人类思维与人工智能的未来[M].王文革,程玉婷,李小刚,译.杭州：浙江人民出版社,2016.
[12] [日] 松伟丰,[日] 盐野诚.大智能时代[M].陆贝旎,译.北京：机械工业出版社,2016.
[13] [日] 松伟丰.人工智能狂潮——机器人会超越人类吗？[M].赵函宏,高华彬,译.北京：机械工业出版社,2016.
[14] 吴军.智能时代：大数据与智能革命重新定义未来[M].北京：中信出版社,2016.
[15] [美] 休伯特・德雷福斯.计算机不能做什么——人工智能的极限[M].宁春岩,译.马希文,校.北京：生活・读书・新知三联书店,1986.
[16] 杨静.新智元：机器＋人类＝超智能时代[M].北京：电子工业出版社,2016.
[17] 王喜文.工业机器人 2.0：智能制造时代的主力军[M].北京：机械工业出版社,2016.
[18] 余东华,胡亚男,吕逸楠.新工业革命背景下“中国制造 2025”的技术创新路径和产业选择研究[J].天津社会科学,2015,(4).
[19] [美] 约翰・马尔科夫.与机器人共舞[M].郭雪,译.杭州：浙江人民出版社,2015.
[20] 张彦坤,刘锋.全球人工智能发展动态浅析[J].现代电信科技,2017,47(1).
[21] BERGER T, FREY C. Structural transformation in the OECD: digitalisation, deindustrialisation and the future of work[R]. Paris: OECD Publishing, OECD Social, Employment and Migration Working Papers, 2016, (193).
[22] BRYNJOLFSSON E, MCAFEE A. The second machine age: work, progress, and prosperity in a time of brilliant technologies[M]. New York: W. W. Norton & Company, 2014.
[23] CHETTY R, HENDREN N, KLINE P, et al. Where is the land of opportunity? The geography of intergenerational Mobility in the United States[J]. The Quarterly Journal of Economics, 2014, 129(4).
[24] DAVERI F, TABELLINI G. Unemployment, growth and taxation in industrial countries[J]. Economic Policy, 2000, 15(30).
[25] DUNCAN G L, MURNANE R J. Whiter Opportunity? Rising Inequality, Schools and Children's Life Chance[M]. New York: Russell Sage Foundation, 2011.
[26] FREY C B. New job creation in the UK: which regions will benefit most from the digital revolution? [EB/OL].[2017-10-05]. http://www.pwc.co.uk/assets/pdf/ukeo-regional-march-2015.pdf.

[27] FREY C, OSBORNE M. The future of employment: how susceptible are jobs to computerisation? [R/OL]. (2013-09-17)[2017-10-05]. https://www.oxfordmartin.ox.ac.uk/downloads/academic/The_Future_of_Employment.pdf.
[28] GREEN F. Employee involvement, technology and evolution in job skills: a task-based analysis[J]. Industrial and Labour Relations Review, 2012, 65(1).
[29] KOENIGER W, LEONARDI M, NUNZIATA L. Labour Market Institutions and Wage Inequality[J]. Industrial and Labour Relations Review, 2011, 60(3).
[30] LIN J. Technological adaptation, cities, and new work[J]. Review of Economics and Statistics, 2011, 93(2).
[31] MILANOVIC B. Global inequality of opportunity: how much of our income is determined by where we live[J]. Review of Economics and Statistics, 2015, 97(2).
[32] SPITZ-OENER A. Technical change, job tasks, and rising educational demands: looking outside the wage structure[J]. Journal of Labour Economics, 2006, 24(2).
[33] SYVERSON C. Will history repeat itself? Comments on "Is the information technology revolution over?"[J]. International Productivity Monitor, 2013, (25).
[34] 住建部官员：未来中国从事农业人口可能会下降到10%[EB/OL]. (2014-06-05)[2017-10-05]. http://www.yicai.com/news/3895273.html.
[35] 波士顿咨询公司.工业4.0：未来生产力和制造业发展前景[R/OL]. (2016-05-01)[2017-10-05]. http://doc.mbalib.com/view/df5f792df1763f99d604e7645bf05011.html.
[36] 互联网对服务业带来的十大影响[EB/OL]. (2015-01-26)[2017-10-05]. http://www.cbdio.com/BigData/2015-01/26/content_2337867.htm.
[37] 国脉研究院.德勤报告：人工智能如何增强政府治理[R/OL]. (2017-07-21)[2017-10-05]. http://smart.blogchina.com/599876148.html.
[38] 行业报告研究院.腾讯研究院：中美两国人工智能产业发展全面解读[R/OL]. (2017-08-03)[2017-10-05]. http://www.sohu.com/a/161883858_720186.
[39] 人工智能解放农民和农场主 今后种地养牛只要看手机[EB/OL]. (2017-06-01)[2017-10-05]. http://www.foodjx.com/news/Detail/124006.html.

第 5 章 人工智能与教育

教育是人类进步的阶梯，其目的是促进文化传承和社会发展，更重要的是启迪人的心灵。教育事业关乎每个民族甚至整个人类的发展。教育理念、内容及模式随时代发展而变化，同时也为促进社会结构变迁积聚能量。人工智能已渗透到社会的各行各业，成为推动经济发展、社会进步新的强大动力。人工智能的发展将加速社会秩序重构的进程，促进人与自然的和谐共存、人与科技的协调发展，给教育带来前所未有的挑战和发展机遇。智能时代的教育资源将越来越丰富、形式将更加多样灵活，多种智能系统参与教学，给教育行业带来巨大冲击，有望在群集和个性化教育过程中使知识传授、能力培养方面获得更高的效率，而人的心灵启迪、价值观塑造、创造力挖掘等方面却给教育提出了新的课题。

5.1 人工智能开启教育新模式

人工智能的发展，必将重构新的教育模式、不断更新教学内容以满足时代的需求。在智能时代，人们需要以积极的心态了解信息加工的原理与方法，理解、接纳智能产品及其服务，并享受科技进步给人类带来的幸福；更加需要关注人类命运，积极应对未来的机遇与挑战。

人工智能的发展对于教育的影响可分为三个层面：一是人工智能将带来教育手段和方法的革新，真正做到“因材施教”与“寓教于乐”。如可以根据每一个受教育者的生理、心理、现有能力及志向情况，在共性教育的基础上进行由人工智能独特设计的教育，包括教育内容的选择、投放方式以及根据反馈情况进行自适应调整，以受教育者为本和目标导向的教学内容的选择与生成，影响受教育者的意识与潜意识，在类游戏的虚拟环境中引导思维、塑造人格。二是在人工智能广泛应用的时代，人类将重点发展新的核心能力。环境感知、数据收集、规律发现、基于经验的预测与控制等这些工作将由智能工具或智能系统承担，人类的时间和精力可得到进一步释放，可以更多地投入到创新、探索、想象、审美与秩序构建，而与此相应的能力也正是人类不会被机器取代或成为机器附庸的原因。三是人工智能的不断进步将持续性地启发人类对自由的新理解与新追求。随着"物理空间—社会空间"的二元秩序转变为"物理空间—社会空间—赛博空间"的三元秩序，人将赋予自身以新的价值与定位。随着智能系统的进步和人类部分能力的外化，人也会对外部世界与自身的可能性进行更深的理解，并获得更为广阔的发展空间与更为丰富的幸福源泉。

5.1.1 教育模式创新的历史沿革

传统教育不乏优点，但它受限于教学资源，特别是师资，同时教育的平等问题突出。进入信息化时代后，互联网教育应运而生，它打破了传统教育空间与时间的限制，实现了学习的自主性，并在一定意义上促进了教育的平等。

悄然而至的智能时代，通过大数据、机器学习、虚拟现实等技术，既能提供丰富的教育资源与教学手段，实现教育的自动化与智能化；又重新定义了未来所需人才的素养，实现人类智能与人工智能的协同发展。在智能时代，教育模式将掀开新的历史篇章。

(1) 从传统教育到互联网教育

在信息技术得到广泛应用之前，传统教育主要依赖于以学校为载体的教育。学校以教师课堂讲授、学生聆听为特点，学生不仅接受知识教育，还享受到文化的熏陶。传统教育管理严格、模式规范、环境良好，但以知识的传授为中心，主要突出了教师的地位，而忽略了学生的个性化发展，创新力的培养也难以充分地发挥和体现。此外，受到地域、环境等因素的影响，各地区的经济和文化发展不平衡，教育资源分配不均、教育不公等问题越发凸显。

随着互联网的普及，突破传统教育的时空限制，颠覆传统教育的思维和实践，营造动态、开放的教育环境，则成为互联网教育的显著特征。依靠信息技术和网络平台改革教学模式成为人心所向的趋势，如“翻转课堂”和“大规模开放式网络课堂”(massive open online courses, MOOC，亦称为“慕课”)等都是成功案例。

相较于传统教育，互联网教育在教育资源、教学方法、教学模式等方面有下述优势：首先，互联网教育可以实现教学资源的随时随地共享。学生可以使用网络上的各种信息和资源，也可以在任何时间、任何地点进行学习，打破了传统课堂的局限，使学习过程变得灵活和便捷。其次，互联网教育更容易满足个性化的学习需求。在互联网教育平台上，学生具有较大的课程选择自主权，还可以根据自己的兴趣、基础和方法去学习，不受限于统一的某种规范。最后，互联网教育的教学形式多样、教学方法新颖有趣。互联网教育的教学不拘泥于文字、声音、动画等形式，易于通过各种方法呈现教学内容，激发学生的学习兴趣和学习积极性。

互联网的发展已经对传统教育模式产生了重大影响，尤其是“互联网+”的概念提出后，信息技术对教育模式的影响有了全新的发展，人们对传统教育的变革已经有了新的认识,但行动才刚刚开始。

(2) 从互联网教育到智能时代教育

互联网教育打破了传统教育空间与时间的限制,将传统的封闭式课堂扩展为开放的互动平台,一定程度上体现了学习的自主性,促进了教育的平等。然而,互联网教育的弊端也是显而易见的:首先,互联网教育的效果依赖于学生的个人自制力、判断力及自学能力等。互联网教育通常是一个单向传输的过程,难以保证学习效果。其次,互联网教育在精神文化上的深度不及传统教育。教育不仅仅是知识的传递,更是精神世界的提升以及文化理念的发展。互联网教育重在教学内容和教学方法上进行创新,缺乏人与人之间的沟通交流,更加不注重构建人文理念。

当人们还在享受互联网带来的便捷时,智能时代已悄然来临。借助于大数据、机器学习、云计算等技术,人工智能展示出其感知能力、判断能力和进化能力。借助于各种类型的传感器网络,人工智能已拥有视觉、听觉、触觉和温度体感等;借助于机器学习理论,人工智能已具有一定的高级推理、规划、预测、决策等高级智能行为。

人工智能已经开始应用到教育领域,将对教育模式带来革命性的变化,这也是未来的发展趋势。如已经开始初步应用的各种智能教学系统,在某种程度已经替代了传统教师的角色,机器人不但具有海量的教学资源,不知疲倦,还能够模拟人类专家自然地与学生对话和交流,并且可以根据学生自身的特点实施精准的个性化教学。如何借助人工智能创新教育模式,实现教育的自动化与智能化,是下一代教育革命的主要任务之一。

在智能时代到来时,教育的一个基本任务是:实现每个人的语言、逻辑、人际、自我认知等多元智能的优势组合与发展。未来人类智能与人工智能合作与竞争的关系将开启全新的教育模式。不仅要培养利用人工智能的能力，包括利用人工智能快速处理信息、逻辑判断的能力；而且要发展人工智能不擅长的能力，包括发挥人类独特的人际交往、自我认知的能力，以便与机器更好地协调工作。在智能时代，教育的一个永恒任务将更加突出，即如何通过教育来启迪人的心灵、激发人的科技与艺术的创造力、不断创造美好生活。

5.1.2 智能时代教育的机遇与挑战

教育的本质是启迪心灵，是一个灵魂唤醒一个灵魂。现代教育以学生为中心，提倡十大教育理念，即以人为本、全面发展、素质教育、创造性、主体性、个性化、开放性、多样化、生态和谐、系统性理念。人工智能时代的教育，应更能体现以人为本与多样化、个性化精神。除了在教学资源、教学内容与形式、教学质量保障等方面变革外，如何打开学生心灵上的一扇窗、点燃其蓬勃待发之火以及人的价值观塑造、人的心理与身体等综合素质培养都更显重要。人类智能与人工智能的合作竞争也将重构教育领域（教育事业、教育市场），并将给学生、教师和人工智能带来新的机遇和挑战。

(1) 智能时代人才培养的基本内容与要素

培养什么人和如何培养人是教育的永恒主题。著名教育家、上海大学老校长钱伟长曾经指出，我们培养的学生，首先应该是一个全面的人，是一个爱国者，一个辩证唯物主义者，一个有文化艺术修养、道德品质高尚、心灵美好的人；其次才是一个拥有学科专业知识的人，一个未来的工程师、专门家。培养全面发展的人是时代的要求，也是一名教师应尽的职责。人工智能时代的传授知识者及获得知识者，都将面临一项时代赋予的任务——知识结构的重构。

这种重构，在传统的知识体系基础上的表现，是要适当压缩和归并某些知识点，然后进一步强调或增加与人工智能相关的知识内容，并在价值观塑造、分析问题和解决问题能力的培养、创新思维的训练等方面开展教学，具体将涉及以下基本内容和要素：

信息素养是智能时代育人的基本内容，是全球信息化、智能化形势下需要人们具备的一种基本能力，它主要表现为以下八个方面：一是运用信息工具。能熟练使用各种信息工具，特别是网络传播工具。二是获取信息。能根据自己的学习目标，有效地收集各种学习资料与信息，熟练地运用阅读、访问、讨论、参观、实验、检索等获取信息的方法。三是处理信息。能对收集到的信息进行归纳、分类、存储、鉴别、遴选、分析综合、抽象概括和表达等。四是生成信息。在收集信息的基础上，能准确地概述、综合、履行和表达所需要的信息，使之简洁明了、通俗流畅并且富有个性特色。五是创造信息。在多种收集信息的交互作用的基础上，迸发出创新思维的火花，产生新信息的生长点，从而创造新信息，达到收集信息的终极目的。六是发挥信息的效益。善于运用接收的信息解决问题，让信息发挥最大的社会效益和经济效益。七是信息协作。使信息与信息工具作为跨越时空的、"零距离"的交往和合作中介，使之成为延伸自己的高效手段，同外界建立多种和谐的合作关系。八是信息免疫。浩瀚的信息资源往往良莠不齐，需要有正确的人生观、价值观、甄别能力以及自控、自律和自我调节能力，能自觉抵御与消除垃圾信息及有害信息的干扰和侵蚀，并且完善合乎时代的信息伦理素养。

信息素养包括信息意识、信息知识、信息能力和信息道德四个要素：信息意识是先导，包括对信息的敏感度、持久注意力、价值判断力；信息知识是基础，包括了解信息科学与技术原理、使用信息处理工具；信息能力是核心，包括在纷繁无序的信息海洋中筛选出所需的信息，并合理地运用到知识创新中；信息道德是保证，包括在获取、利用、加工和传播信息的过程中，主动维护信息领域的正常秩序，不危害社会，不侵犯他人的合法权益。

21世纪是以智能化为主要特征的复杂科学的世纪，智能时代来临，开启了科技发展“奇点”模式。智能时代的“AI＋X”将催生大学科的观念，使多学科交叉并深度融合。学习如何学习、学习如何思考成为现代人的基本技能，只有终身学习才能应对不断到来的挑战。

(2) 智能时代需求驱动下的人才培养

区别于传统教育时代和互联网教育时代，智能时代本身涵盖了人类数百年近代科学的所有内容，具备统合科技发展、工业生产、社会统筹等巨大能量的潜在能力。在可预见的未来，人工智能的发展很大程度上关联国家、社会的总体竞争力和生产力。它对国家、社会发展的影响体现在以下多个层面：

第一，人工智能带给国防、金融及社会的影响，不仅仅是简单的效率提升，而是直接关系到新时代国际环境中核心竞争力定位与发展的关键问题。如今，国际金融机构已经引入了人工智能作为决策机制。相对于以往的人力决策，人工智能显示了在决策效率、成本及回报率等多方面的优势。同时，人工智能在其他多种博弈测试中也已显露出优于人类的优势。随着人工智能的进一步发展，掌握自主、高级别的人工智能软硬件资源，也将成为塑造国家竞争力的必备条件。

第二，在经济发展、企业竞争的层面，人工智能带来的直接影响为劳动力成本和管理成本的降低以及生产效率的提升，而更深远的影响则在于经营模式的更新。帮助企业打造人工智能平台，利用人工智能更加迅捷准确地把握市场咨询，了解客户需求，制定企业战略，已经是微软、谷歌、百度等人工智能先行者的探索区域。同时，人工智能在社会治安、社会保障、医疗等与民生息息相关的领域也有着巨大的潜在影响力。现在已经商用的人脸识别、健康监测以及正蓬勃发展的远程医疗、智能诊断等新技术、新模式也将产生广泛的经济影响和社会影响。

第三，人工智能对于个人的影响，更多地体现在生活方式、就业创业等方面。近年来，互联网及移动互联网的巨大发展，大大改变了人们的购物、交流的方式，在催生出“低头族”的同时，也大力推动了互联网就业的发展，基础的计算机终端操作能力成为多数工作岗位的必备条件。而人工智能的发展，将进一步改变人们的生活方式，也将进一步调整个人就业、创业的能力模型。个人的职业发展，将受到人工智能发展的冲击和改变。

为获得国家竞争优势，提高社会经济效益，以具备高素质的人才驱动人工智能的整体发展，是人工智能在社会发展中的核心战略。政府部门、教育机构、社会团体如何相互配合，培养优秀的规划、管理、技术人才来满足人工智能市场的需求，是智能时代人才培养的核心内容。如图5.1表明，人工智能市场由国家政府战略支撑、社会需求与个人需求推动。教育机构及企业以市场需求为导向，作出全面、具体的人才培养规划。同时，教育机构与企业也须不断检验人才培养与市场的契合匹配程度，不断对人才培养规划作出必要的修正与调整。

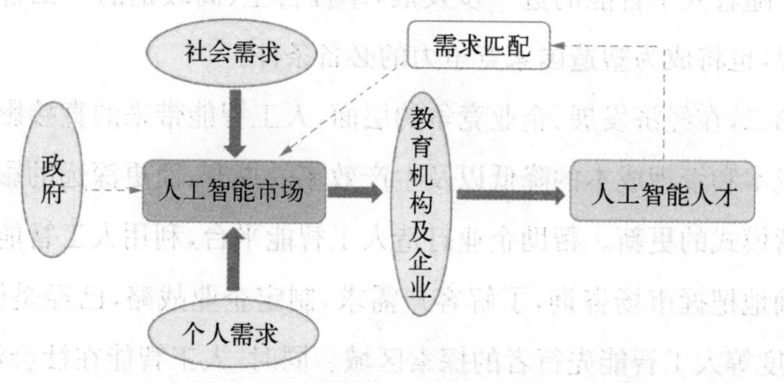

图 5.1 人工智能时代需求驱动下的人才培养

无论是在宏观的国家、社会层面，还是微观的企业、个人层面，人工智能都将带来机遇和挑战，推动变革。要想在新机遇、新挑战、新发展、新变革中跟上甚至引领时代，就需要培养出一大批能够适应甚至引领变革的人才及团队。这正是教育的任务，也是教育转型升级的强大驱动力。作为正在发展中的新技术，人工智能的许多方面还有巨大的潜力尚待挖掘，大量的未知领域、应用领域亟待开拓与探索。对新领域的开拓性人才而言，激发开拓的驱动力至关重要。人工智能发展的驱动力来自对世界文明进步的使命感、对社会发展的责任感以及对实现个人目标的幸福感。结合驱动力的几个层面并赋予培养对象，塑造强大的主观能动性，是智能时代人才培养的特殊性之一。

人工智能优秀人才培养的特殊性体现于专业基础方面和集成创新方面。专业基础方面，高度发达的硬件制造能力与深度发展的计算算法结合，决定了人工智能所能达到的高度。集成创新方面，集成各方面科技、产业知识，形成有效技术创新，决定了人工智能在社会应用中的广度及接受的深度。相关人才的培养也需要同时具备针对性及开放性，培养多层次人才为社会需求提供相应资源，以解决智能时代产业重构所带来的就业问题。

(3) 智能时代人才培养的趋势

人工智能在淘汰一些就业岗位的同时，也会带来新的就业机会。在智能时代到来之际，对于教育的变革已悄然产生：未来教育将更注重培养学生终身学习发展、创新性思维、适应时代要求的关键能力。对教育行业来说，挑战在于如何让受教育者做好准备，以适应快速发展的未来世界。

需要掌握的主要技能：一是社交技能。即使未来多数时候使用机器人，但人与人之间的交流依然不可少，需要更好地沟通，共同协作，提高效率。二是保持学习的能力。科技发展快，所掌握的知识和实际应用所学技能间多少会存在脱节。自主学习的过程中有一项很重要的技能就是懂得如何学习，清楚自己的思考过程，此项技能被称为元认知（metacognition）。通过调用自己的元认知，使自己清楚自己的思考模式，从而更高效地学习。三是机器智商。所谓机器智商，就是理解机器人工作方式的能力。未来在机器人大行其道的大环境下，谁的机器智商高，谁就能抢占先机。四是计算机程序设计。《数学之美》《硅谷之谜》《文明之光》和《智能时代》等科技畅销书的作者、计算机科学家吴军博士认为，人类文明近30年主要的进步都集中在计算机领域，在可预见的几十年之内，仍然会集中在计算机领域。这些进步会有力地推动人工智能的发展。所以作为计算机领域的基本功——编程也将成为智能时代人人都需要掌握的技能。

5.2 智能时代人才培养的对象、要求及相关专业建设

当人类社会步入智能时代，生活即学习，生活即工作，生活即创造，人们需要不断地创造并适应新生活。同时，在人才培养方面，需要横向到各边、纵向到底，覆盖所有人员，特别是相关专业的高级人才培养显得尤为重要。

5.2.1 智能时代人才培养的对象

层出不穷的新人工智能服务不断改变人们的社会生活方式，与之相应的人才能力要求、培养内容、培养方式等依培养对象不同而各异。

(1) 新业态的发展和教育方式创新

智能时代必然影响到许多行业从业人员的职业岗位。新业态、新的

职业岗位出现，反过来对人才培养提出新要求。人们对教育或继续教育的需求将持续增加，将会出现巨大的教育市场。除学校外，更多企业将涉足教育领域，预计可能出现更多的网络（远程）培训机构，为在校大学生、成人提供多种需求的教育服务，实现教育资源的重新配置。学校教育将更加注重人的素质培养，培训机构将更加注重应用技能的训练，形成学校教育与社会教育、学校与行业企业、行业企业之间的相互补充。

智能时代，慕课（MOOC）的资源更加丰富，用于人才培养的人工智能产品、技术将被普遍运用。学生的学习活动将在人工智能的精准指导下效果更好、效率更高，学生的个性将得到更好的发展。教师会更加关注自身专业水平和业务能力的提高，教学过程中有更多的精力去关注学生身心的全面发展。学校教育更加注重人的素质培养、价值塑造、创造力激发。

新的教育方式将更加有利于教育公平性。通过人工智能辅助教学，可使不同地区的人都有受教育的机会，并且可获得同样“最好的教师”的精准指导。同时，借助互联网等完善的基础设施，教育成本会明显降低，全球性义务教育成为可能。

教育评价体系将更加精准、快捷，自动形成课程内、专业内、学校内的若干循环并与行业企业联合跟踪毕业生的质量情况，以利于持续改进教学质量。

(2) 从幼至老的终身教育

第一，智能时代，将形成从幼至老的终身教育。

终身教育，是指涵盖儿童、少年、青年、中年、老年这五个年龄阶段，连贯性地接受针对各个年龄段量身定制的教育。每个年龄段的教育任务各有侧重：

一是针对幼儿的教育（即幼儿园及园前家庭教育）。人工智能“要从娃娃抓起”，让孩子从小就接触人工智能产品，激发并保护孩子们的好奇心，培养其最基本的信息素养。如智能手环作为典型易用的可穿戴设备，将成为每个孩子的标配，用于监测儿童的心电呼吸、脉搏等生理信号，同时也可以作为GPS定位设备，实时告诉家长孩子所处的位置。该阶段的教育将侧重于让儿童了解这些智能产品的功能及简易使用方法，并让其体会到“人工智能无处不在，人工智能助我安全，人工智能是人类的好朋友与好助手”。

二是基础教育（即小学至中学）。计算机科目的课程将包含人工智能知识、技能及应用的教学内容。除计算机课外，人工智能是各个学科必备的基础知识，如生物课上将介绍人脑的认知原理，并穿插介绍人工智能与人脑的关系；而其他如公民与社会等课程，也将有人工智能内容的讲解。基础教育阶段，人工智能将是各门课程中必须涉及的教学内容，尤其是有关人工智能在社会生活及各行各业中的广泛应用及其发挥的巨大作用将作为教学的重点，比如智能医疗、智能家居、智能交通、智能健康与养老、智能金融等，都将成为基础教育的授课内容。智能时代的伦理道德规范及社会影响也将是每个学生的学习内容。

三是高等教育（本科及研究生）。人工智能将是一个独立的本科专业，人工智能专业的本科生将系统性地学习人工智能领域的各种基础知识与技术，包括深度学习、自然语言处理、机器视觉、强化学习、虚拟现实、智能感知、大数据理论等。人工智能领域将设置多个研究生专业，研究生将在人工智能的各个细分领域得到进一步深造。同时，非人工智能专业的其他专业学生，也将学习人工智能相关的必修课与选修课，以理解人工智能的基本原理、智能时代的伦理道德规范、法律法规与社会影响，以便更好地使用人工智能，并借助人工智能提高生活质量、提升学习与工作效率。总之，智能时代的高等教育，将把信息素养的培养、计算思维的训练渗透到各学科专业，培养学生运用及创造人工智能的能力。

四是成人继续教育(就业之后的教育)。人工智能将是成人工作的得力助手与精兵强将。因此成人在工作之后，需要及时学习并积极运用人工智能的最新技术及产品。由于人工智能的不断推陈出新，成人的这种“课后充电”将成为长期行为，并且其学习的方式也将多元化。成人继续教育中涉及的人工智能学习往往与其职业密切相关，比如金融从业者将人工智能作为在金融衍生品开发中的应用工具，在学习这些人工智能金融工具的过程中也将借助其他智能技术，如借助虚拟现实构建教育场景，由虚拟教师在虚拟教室里为学生学习人工智能金融工具进行答疑解惑。

五是老年教育(老年人的再学习)。将以简易版的辅助教育为主。随着人工智能的不断演进，智能养老设备不断改进、性能不断提升，在给老年人养老带来巨大便利的同时，也给老年人操作这些设备及产品提出了新要求。对于老年人来说，“活到老学到老”不再是一句励志名言，而是每位老年人都要面临的实际境况，老年人如果不再继续学习，就跟不上日新月异的人工智能发展，将如远古人“穿越”到现代，无法适应现代生活。因此，老年人首先需要通过智能时代的教育，学会使用智能养老产品(如智能温湿度与光线调节系统、多模态可穿戴传感器、智能防摔衣物、智能机器宠物、智能代步机)，在此基础上进一步理解同时期其他人工智能产品并学会灵活应用，比如虚拟现实娱乐与通信产品，这些产品甚至将通过与子女亲朋的远程虚拟互动而取代面对面的探视。

第二，智能时代，社会所需要的人才将是有创新意识、沟通表达与社交能力强、有全球视野和国际竞争力的人才。

虽然各种人才都将受益于人工智能，但是对人工智能的理解与运用程度是不同的，因此未来的教育将具体分成三种人才的终身教育，针对三类不同的人才，从他们的幼年开始，随着时间的纵向推进，连贯性地培养教育直至老年：

一是人工智能的领军人物。从幼儿时，教师及家长就要注重发掘孩子的“人工智能商”是否发达。“人工智能商”是相对于智商、情商而言的，未来有可能会出现一种新的能力与素养，即操作、精通及研发人工智能的能力与素养。“人工智能商”与先天天分有关，也与后天训练有关。从同龄儿童中，将选择“人工智能商”发达的个别儿童进行有针对性的培养，及早培养其对计算机及自然科学的兴趣，并在基础教育阶段过渡到人工智能知识技能的培养，着力发挥其创造力。想象力和创造性是人脑与机器脑的最大差别，因此在人工智能领军人物的终身教育体系中，想象力和创造性是培养的重心所在。智能时代的智能教育技术将提供时空互动化的学习体验，让有潜力成为人工智能领军人物的青少年更有效率地学习，并激发其想象力和创造力。其成年之后，将成长为人工智能领域的科技领军人才，并具有国际化视野的企业家精神，能将产学研结合，推动人工智能的进一步发展，促进人工智能产品的推陈出新。直到老年，人工智能领军人物仍在不断学习以提升自己的综合素质，并将在人工智能的发展中起到把握方向和技术顾问的作用。

二是人工智能的熟练应用者。这类人从儿童开始就接受人工智能教育，到少年、青年、中年逐步完善并不断吸纳新的人工智能知识与技能，成长为人工智能与产品的熟练应用者。具体而言，对此类人的终身教育体系倾向于从幼儿开始培养其对人工智能的热情、对各种人工智能产品的好奇心，在少年阶段培养其对人工智能与产品的精益求精的精神，在中青年阶段仍通过教育保持其对各种人工智能与产品的执着的钻研精神并成为精通人工智能产品的应用大师，直到老年仍将通过不断的再学习保有并强化熟练应用各种人工智能及产品的能力。

三是人工智能的普通受益者。此类人则将遵从终身教育体系的大众路线。从幼至老形成常规的序列化培养模式，每个阶段按部就班地接受人工智能的相关教育，逐渐明晰人工智能的作用，并运用人工智能提升生活质量与工作技能。在高中阶段，学生即“自主选课”，以往的班级制变成“走班制”；教师要更重视个性教育，重在挖掘有不同特长和潜力的学生，选课助手将从大数据中挖掘每个学生个体的喜好与特长，进行量身定制的选课指导。进入成年及老年阶段，亦接受人工智能相关技术与产品的常规训练。人工智能将无缝渗透到此类人的生活工作中，给他们带来更多的便利。

(3) 智能时代人才培养的重心

智能时代的教育，涵盖从幼至老的终身教育，是全民性、全阶段不间断性的人才培养模式。而在此人才培养模式中，培养具备高素质的人才驱动人工智能的整体发展，是智能时代人才培养的重心，它包含理论、技术、平台和应用四个方面。

当前人工智能产业的总体布局可以分为三个层次，即核心层、架构层和界面层。核心层包括人工智能芯片、算法以及相关软硬件设施；架构层包括云平台、数据中心，实现计算资源的分配、数据的采集存储及功能性处理；界面层则在架构层分配资源的基础上，将功能处理与用户对接，实现人工智能对现实应用的推动，如智能感知、自动驾驶、智能制造、智能医疗等。人工智能相关人才的培养，也可按这三个层面的发展需求进行规划布局，如图 5.2 所示。

对人工智能核心层而言，需要培养专业基础型人才，此类人才具有专业针对性强、技术专深、知识积累增长稳定性强等特点，培养目标是人才可开发能耗低、性能高、可编程、模拟人脑的芯片及深度学习算法等，

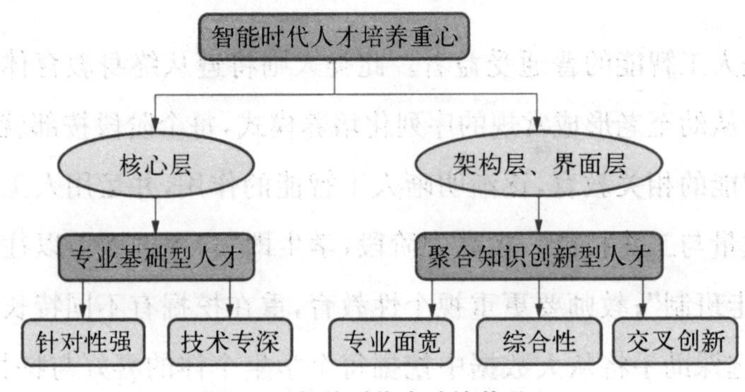

图 5.2 智能时代人才培养重心

夯实人工智能战略的重要基石。只有不断加强基础研究，在芯片、基础算法、理论研究方面有所突破，才会发展更多的人工智能。

对于人工智能架构层和界面层而言，由于涉及多个学科的交叉，需要培养聚合知识创新型人才，此类人才培养的特点是具有专业面宽、较强的综合性与交叉创新能力、知识复合灵活等。培养目标是实现以人工智能为核心，与大数据、云计算、智能硬件等领域相互交叉融合的创新型人才，推动人工智能的应用。

人工智能产业的主要热点领域涵盖机器学习算法、人工智能芯片、自然语言处理、语音识别、计算机视觉、技术平台、机器人、自动驾驶、智能无人机等。针对此类产业发展趋势，培养专业面宽、聚合知识创新型人才尤为关键。

5.2.2 智能时代人才培养的要求

(1) 智能时代人才培养的能力要求

智能科学与技术专业以计算机科学、感知技术、认知科学为基础，以物理空间、社会空间和赛博空间大数据为主要对象，考察数据中蕴含的规律，理解智能的机理并利用智能技术服务于科技进步和社会发展。

智能科学与技术专业培养的本科生应具有坚实的数学、物理、计算机和信息处理的基础知识以及心理、生理等认知与生命科学的多学科交叉知识；系统地掌握智能科学技术的基础理论、基础知识和基本技能与方法，受到良好的人文情怀熏陶、科学思维训练，具备智能信息处理、智能行为交互和智能系统集成方面研究与开发的基本能力，具有良好的团队合作精神和沟通交流能力，能够自我更新知识和不断创新，以适应和应对未来挑战。应具备如下能力：

第一，系统的认知能力。能够运用智能科学与技术的基本原理和方法，自下而上和自上而下地对问题进行系统分析的能力；既能理解智能系统各层次的细节，又能站在系统总体的角度从宏观上认识系统的智能性。

第二，智能科学理论专业能力。掌握智能科学理论、认知理论、智能计算等方向的基本原理和基本方法，并能至少在其中的一个方向上具有较强的分析问题和解决问题的能力。

第三，智能应用技术实践能力。具有运用智能理论原理、智能技术方法等设计并实现智能应用系统以解决复杂工程问题的能力。

第四，创新创业能力。具有一定的参与综合性强的项目研发经历，有较好的团队合作、交流沟通的能力和技巧。

第五，社会适应能力。对智能科学与技术所应用领域中的新理论和新技术具有较敏锐的感知能力，具有良好的自学能力和较强的自信心，能适应科技进步和社会快速发展的新要求。

对于智能科学与技术专业的硕士研究生，除了应该具备更强的理论基础知识外，还需要有参与或组织科研项目的经历和创新性成果。博士研究生则需要具有提出问题、理论创新或跨学科专业组织重大研究或工程项目的能力。

(2) 智能学科形态与人才的类型要求

智能学科具有理论、抽象、设计三种学科形态，相应的，智能专业人才培养也分为科学型、工程型和应用型三类。不同类型的学校在培养不同类型人才时，将分别侧重不同学科形态的内容进行分类施教，如图 5.3 所示。

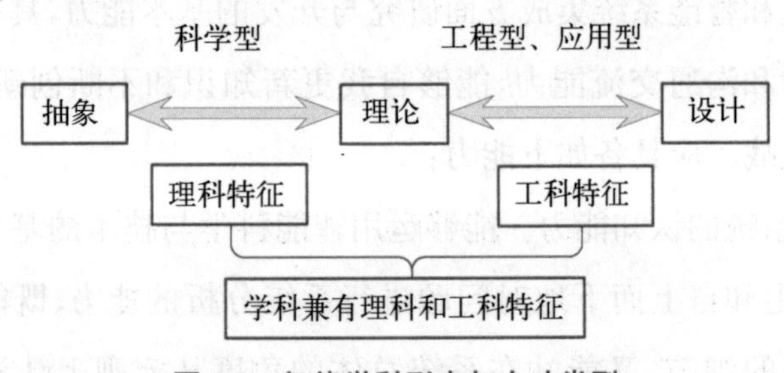

图 5.3　智能学科形态与人才类型

科学型(亦称学术型或研究型)人才更多地侧重于抽象和理论两种形态，具有较明显的理科特征，适合从事研究成分较多的工作，教育中应强调理论与抽象形态的内容；工程型人才更侧重于理论和设计两种形态，具有较明显的工科特征，适合承担工程设计与实现任务，教育中应强调理论与设计形态的内容；应用型人才主要侧重于设计形态，需要了解与系统构建有关的理论，掌握基本的问题描述方法，工科特征明显，适合承担工程设计与实现任务，且更关注系统的外部特性。

那么，智能时代需要什么样的人才类型呢？在智能时代的人才"金字塔"结构中，第一层是大量的服务型人才，第二层是能够把人工智能当做工具的创意型、善用型人才，第三层是每一个领域新发明、新技术的专业型人才，第四层是跨领域的综合型顶尖专家，最顶端的是发明新的人工智能、掌控人工智能的领袖型人才。

5.2.3　智能时代相关专业的建设

21 世纪科学研究的对象是包含智能组分的复杂系统，因而有关人工智能的理论原理与方法将渗透到众多的相关学科。在相关学科的人才培养规划中，不仅需要将有关人工智能在相关领域的进展作为通识课内容进行简单讨论，更重要的是需要系统地开设相关课程对智能技术进行深入学习和应用。

当前在以新技术、新业态、新产业为特点的新经济蓬勃发展的形势下，高校需要通过新工科建设，培养更有创新、创业能力和跨界整合能力的新型工程技术人才。2017年2月，中华人民共和国教育部发布了《教育部高等教育司关于开展新工科研究与实践的通知》。新工科对应的是新兴产业，首先是指针对新兴产业的专业，如人工智能、智能制造、机器人等，也包括传统工科专业的升级改造。新工科的主要研究内容被归纳为“五个新”，即工程教育的新理念、学科专业的新结构、人才培养的新模式、教育教学的新质量、分类发展的新体系。

多学科门类的交叉渗透，对人工智能相关人才的培养至关重要，特别对其中哲学门类的美学、逻辑学、伦理学，理学门类的数学、物理学、生物学、心理学，工学门类的计算机科学与技术、电子科学与技术、控制科学与工程、仪器科学与技术，医学门类的神经学和文学门类的语言学、应用语言学等能产生极大的影响。开设“AI＋X”课程，特别是开设“AI＋X”第二专业（双学士学位）是一个可行的方法。以通信技术和自动化技术为例，人工智能对相关专业建设也提出了新要求。相对于传统的工科人才，未来新兴产业和新经济需要的是工程实践能力强、创新能力强、具备国际竞争力的高素质复合型“新工科”人才。他们知道如何将技术和经济、社会、管理进行融合，对未来技术和产业起到引领作用。下面以两个专业建设为例展开讨论。

(1) 人工智能对通信相关专业建设的新要求

人工智能产业的竞争，说到底是人才和知识储备的竞争。只有投入更多的科研人员，不断加强基础研究，才会获得更多的智能技术。以下从中美两国在人工智能的基础研究、人才培养等方面作一比较：

美国更关注基础研究，其人工智能人才培养体系扎实、研究型人才优势显著。具体来看，在基础学科建设、专利及论文发表、高端研发人才、创业投资和领军企业等关键环节，形成了能够持久领军世界的格局。截至2017年6月，美国人工智能产业人才总量约是中国的2倍：美国1 078家人工智能企业中约有78 000名员工，而中国仅有592家企业和约39 000名员工。

美国人工智能基础层人才数量是中国的13.8倍。美国团队人数在处理器/芯片、机器学习应用、自然语言处理、智能无人机四大热点领域处于领先地位。人工智能顶尖人才仍远远不能满足需求。

从中美两国人工智能人才的从业年限构成比例上看，美国拥有10年以上经验的专业人才比例接近50%，而中国拥有10年以上经验的专业人才比例不到25%；美国拥有5年以下经验的专业人才比例约为28%，而中国的这一比例超过了40%。尽管目前中国人工智能专业人才总量较美国和欧洲发达国家来说还较少，10年以上资深人才尚缺乏，但从专业人才从业年限结构分布上来看，中国新一代人工智能人才比例较高，人才培养和发展的空间广阔。

智能时代必然引发新一轮的产业革命，产业革命促进教育变革，对专业人才培养教育提前布局势在必行。过去人工智能专家是高校科研机构或是实验室里需要的研究型人才，但如今越来越多的高科技公司开设机器人或者人工智能业务分部，人工智能或机器学习类专业人才正在变得炙手可热。随着百度、阿里、腾讯、华为、大疆等高科技企业在人工智能应用和开发上的不断探索，也将刺激更多人才和资本向人工智能商业应用领域涌入。

信息通信网络是人工智能未来发展不可或缺的组成部分，而人工智能也会对信息通信网络产生影响，使之获得新的能力。智能时代即将到来，未来网络的发展将远远超出人们目前的想象。人工智能对网络的影响将越来越大，网络能力也会越来越强。人工智能与未来通信发展的深度结合，正在加速前行，通信专业可以利用自身的学科优势以满足研究需求，顺应当下通信发展的潮流，将对智能技术的支撑列入未来学科建设和人才培养的重点方向。

2017 年，是人工智能的占位年，百度、阿里、腾讯等互联网巨头纷纷将人工智能作为企业级部署，进军垂直领域。同时，各行各业越来越感受到“智能”带来的强劲势头。然而，随着大批高科技企业将资金与设备投入人工智能领域，人才匮乏的漏斗却在人工智能商业化的进程中快速变大。目前通信专业的课程体系在人工智能人才培养方面有一定的支持，但仍存在不足。

培养人工智能人才是一个涉及学科众多的系统工程，而掌握信息通信技术则是发挥人工智能强大威力的重要手段。可以通过“泛通信”课程体系，引入人工智能的算法以及机器学习等课程，对传统的通信专业如信号处理、数据通信等课程进行补充。加强并完善目前通信专业课程体系对人工智能方面人才培养的支撑，可以从以下几个方面入手：

第一，人工智能与通信工程存在交叉点，在随机信号方面可以进行机器学习和数据挖掘的研究，在信号处理方面可以研究自动控制理论，而图像处理有助于计算机视觉的研究。应加强并完善有这些交叉点的课程，提高学生对人工智能应用的知识储备。斯坦福大学和麻省理工学院等美国高等院校已经开设了计算机科学与人文学科的联合专业，旨在寻求激发创造力的新方法，此类课程能够激发人工智能在医疗、法律、金融和媒体等各领域的应用。新工科的专业设置将以互联网和工业智能为核心，再融入其他相近理工学科。此外，还要把人文艺术设计类学科也纳入新工科建设范畴，培养拥有更丰富知识背景的人工智能人才。

第二，可以开设通信与人工智能相关的专业课程，如智能通信、知化网络等。基于互联网平台打造的全新智能化学习方式，会使学习场景的交互性越来越好、现实感越来越强、师生协同和生生协同的机会越来越多。云计算技术，以分发云服务为基础，以虚拟现实等技术为载体，多方位、多角度地呈现学习生活中的更舒适、更便捷、更高效、更即时的具体场景，进而打造出具备人机交互、智能学习的学习社区。新兴教学技术和工具的发展，将带来课堂时空秩序的重新分割、交往秩序的重新确立、感知方式的重新构建，促进教师和学生的学习方式、学习状态和学习情境的全新改变。同时，通过政产学研合作，充分释放"人才、资本、信息、技术"等创新要素活力，探索建立适合于不同类型研究、形式多样的协同创新模式和协同创新平台，增强聚集资源的能力和内生创新活力，加快产教深度融合。

第三，将人工智能与通信专业当前研究热点联系起来，如智能光网络、5G 无线通信方面，可以在软件定义网络(Software Defined Network, SDN)控制面引入人工智能和机器学习。未来几年，数据流量的增长可能达到 4 倍以上，5G 通信采用的毫米波技术的传输距离更短，将会带来更多的边缘网络需求，物联网连接的成千上万的终端同样会带来这样的问题。同时，客户的需求可能都是在微秒级的，如何在这么短的时间内响应客户的需求，不降低客户的服务体验，这就是今天的运营商所面对的挑战，而机器学习就能很好地解决上述问题。

(2) 人工智能对自动化相关专业建设的新要求

自动化是指机器设备、系统或过程在没有人或较少人的直接参与下，按照人的要求，经过自动检测、信息处理、分析判断、操纵控制，实现预期的目标的过程。自动化技术广泛用于工业、农业、军事、科学研究、交通运输、商业、医疗、家庭等方面。对于本科人才培养来讲，涉及自动化学科的主要是自动化专业，该专业以自动控制理论、智能控制为主要理论基础，以电子技术、计算机信息技术、传感器与检测技术等为主要技术手段，对各种自动化装置和系统实施控制。而对于研究生人才培养来讲，涉及自动化学科的主要是控制科学与工程专业，该专业以控制论、系统论、信息论、人工智能为基础，研究各应用领域内的共性问题，即为了实现控制目标，应如何建立系统的模型，分析其内部与环境信息，采取何种控制与决策行为。此外，针对不同的应用背景，还有机械自动化和工业自动化等自动化学科相关专业。近年来，随着技术理论的快速发展，智能自动化逐渐替代了传统的自动化。一方面，人工智能不断被应用于自动化学科的相关研究领域；另一方面，自动化学科的发展也推动了人工智能相关理论的创新。2016 年底，美国白宫发布了《人工智能、自动化与经济报告》(*Artificial Intelligence, Automation, and the Economy*)，该报告讨论了人工智能驱动的自动化对经济的预期影响，并描述了可以增加人工智能益处并降低其成本的广泛战略。

机器人、自动驾驶、智能制造等都是当前全球聚焦的热点方向，都是自动化和人工智能结合的产物，涉及以下多学科的交叉与融合：

第一，智能科学与技术类。主要探索人的自然智能的工作机理，以如何认知和学习为研究对象，研究智能机器的实现机理和方法。人工智能则是将这种方法应用于人造系统，研制各类人工智能，让它具有一定的智能，能够根据环境及条件的变化自主进行逻辑判断并决定工作的模式，或者具备一定的学习能力，通过训练学习的方式解决较复杂的问题，从而将人类从很多复杂的活动中解脱出来，让机器系统为人类工作。

第二，机械设计制造自动化类。各类高新技术与机械设计制造技术的相互交叉、渗透与融合，为智能制造及其自动化技术带来了深刻的变革。当代先进的设计制造技术，运用先进设计制造技术的理论与方法来解决现代工程领域中的复杂技术问题，从而实现产品智能化的设计与制造。

第三，智能电网信息工程类。智能电网信息工程涉及的学科涵盖电气工程、能源技术、信息技术、控制技术、计算机技术等领域。当今世界各国均希望把本国电网建设成具有高效、清洁、安全、可靠和互动特征的智能电网，输变电装备发展将呈现出智能化、集成化、绿色化的特点，这将为相关专业的发展带来前所未有的机遇。

第四，脑科学类。广义的脑科学是研究脑的结构和功能的科学，还包括认知神经科学等。当今世界各国普遍重视脑科学研究，如美国政府受人类基因组计划影响启动探索人类大脑奥秘的脑计划后，欧洲脑计划紧随其后启动，日本紧接着宣布启动脑计划，“中国脑计划”也已上线。脑科学研究近年来取得的飞速进展令人欣喜，但对众多未知领域的探索更需要专业人士的不懈攀登。

开展自动化与人工智能相关的通识课程、专业理论课程与实践课程的建设工作，需要由浅入深，从通识课程入手，让学生初步接触自动化专业及人工智能的相关基础知识，引起学生的兴趣，然后进行专业课程的系统学习，掌握自动化与人工智能的相关核心知识并培养一定的实践能力。这些专业课程包括结合人工智能与控制的“智能控制”、结合人工智能与仪器仪表的“智能仪器仪表”、结合人工智能与运筹学的“智能优化”以及结合人工智能与计算科学的“计算智能”等。此外还需注重理论与实践并行，加强自动化专业实践课程建设并融入人工智能元素。如将人工智能融入传感器，形成智能传感器实践课程；将人工智能融入单片机，形成智能控制器实践课程，等等。由此可见，智能时代自动化专业人才的培养亟待自动化与人工智能相关的通识课程、专业理论课程和实践课程的建设与发展。

进一步融合人工智能与自动化专业现有的研究方向。如在深度学习方面，建立模拟人脑进行分析学习的神经网络，实现语音识别、图像识别、自然语言处理等功能。同时引入自动化专业的思想，使机器在各种场景下具备读取信息、思考和决策的能力。机器智能与自动化相结合，使机器知道学习什么，从什么地方学习，理解并且能够和环境进行交互，进而形成决策并能对相应操作进行控制。这些领域作为自动化专业研究的重要方向，都将在自动化相关研究领域中得到越来越广泛的应用。另外，在智能制造技术、智能家居、智能服务机器人方面，利用自动化专业的自动控制技术和传感器等技术的发展进步，将制造业的智能活动和智能机器融合起来，将人们日常生活和智能机器融合起来，从而大大提高实现制造企业生产效率和人民生活水平。

5.3 智能时代人才培养的技术与模式

未来的教育，要注重培养学生终身学习发展、创新性思维、适应时代要求的关键能力。“自主学习、创新学习、普惠共享”将成为未来教育的主旋律，而通识教育、创造力教育、情感教育、社会责任教育等将在智能时代凸显其价值，因为综合理解能力是人类相对机器独特的竞争优势。创造性思维将成为学习与工作的刚性需求，而人与人的沟通和情感交流也将进一步成为职业所需，为人类造福也是社会责任教育不可缺失的部分。

5.3.1 人才培养技术的变革

如果将传统教育比做“猫”，当前的互联网教育则是“虎”，而人工智能则是给“虎”添了一对翅膀，智能时代的教育，即是“如虎添翼”，将充分运用图像识别、自然语言处理、深度学习、虚拟现实、大数据挖掘与处理等新技术助力教育，促进人才的培养。智能时代的教育，将体现出以人为本的个性化与定制化学习、教学手段自动化、生动形象的人机互动、不受客观条件限制的虚拟现实以及跨区域教育等特点。

(1)“千人千面”的个性化与定制化学习

运用自适应的机器学习技术，通过搜集学生海量学习数据，预测学生未来表现，个性化地制定及适时调整学习计划，主要包括三方面内容：一是从多渠道捕捉并获取学生的各类学习数据，建立学生的个人学习档案，并预测学生未来各科目的表现；二是对不同学生进行内容匹配，推送最合适的学习内容，提高学生的学习效果；三是根据大数据获得学生的学习反馈，定制并自适应调整个人学习计划。换言之，实现“千人千面”个人定制化学习模式，即根据每个学习者水平测试和日常训练结果，呈现出不同的课程内容，最终实现智能化的“私人定制”。

对于未来的学生来说，隐形的人工智能“教师”可以在以下几方面提供“私人定制”服务：一是纠正语言学习中的发音、拼读与语法错误，并能联系上下文指导逻辑化的语句与段落组织；二是提供分级阅读平台，利用人工智能为不同阅读水平的学生推送合适的阅读内容，根据学生的水平动态变化情况自动更新阅读材料与阅读计划；三是构建识别和优化内容模型，建立知识图谱，让用户可以更容易、更准确地发现适合自己或“查漏补缺”的知识内容，并能针对其薄弱环节，提供定制化的练习测验题及其他学习策略；四是定期(如按月、学期)提供“学习诊断报告单”，以了解自己学科板块知识点和能力点的掌握情况，还能看到对自己的优势、劣势的学科分析，从而找到提升成绩的方法。

总之，个性化与定制化学习技术就是借助大数据的帮助，通过对学生学习成长过程与成效的数据统计，诊断出学生知识、能力结构和学习需求的不同，以帮助学生和教师获取真实有效的诊断数据。学生可以清楚地看到问题所在，提高学习效率；教师也可对症下药地针对具体情况，选择不同的教学目标和内容，实施不同的教学方式，做到因材施教，进一步提高教与学的针对性、有效性和科学性。

(2) 智能评阅作业试卷及语音评测

借助自然语言处理、语音识别、文字识别、图像识别、语音及图文合成等人工智能，可以对作业、试卷、自然语言录音等材料的规模化自动评测，还能给予个性化反馈。未来的自动批改作业机，能联系上下文理解作业或书面报告的全文，并对诸如语法、逻辑、内容的准确性等作出判断，提出修改意见。通过将答案上传作业系统实现无纸化，系统自动批改完客观题后得出分数，再加上老师给出的主观题分数，最后计算出总分。后台会进行一系列大数据分析，哪些题目错误率较高，哪些同学得分较低，都会一一呈现出来。还会根据每个学生的错题情况，有针对性地给出类似的题目，加以巩固学习。随着自动批改作业机相关技术的发展，批改客观题比较准确、其他主观题不准确的局限性将被打破。同时，借助机器视觉技术，可以进一步以拍照答题的方式来做题，机器会自动识别题目并解题，解题过程将模仿人脑的感知、记忆、认知、分析、建立经验知识库、联想、判断、决策等整个过程，像人类一样，在不断的学习和训练中提高解题能力。

在语音识别测评方面，将完全由人工智能代替人工进行快速准确的评价，例如在英语口语测评时，能在用户跟读的过程中，快速地对发音作出测评并指出其发音不准的地方，通过反复的测评训练用户的口语。口语的测评将从语法、词汇、流利度、发音、听力、阅读等方面进行综合评价，并通过情景模拟、情景对话、发音挑战和易混音练习等学习模块，实现智能人机交互服务，提高学习效率。

(3) 永不疲倦、耐心育人的虚拟教师

教师的重复人工劳动将被大量取代，从而将其解放出来。换言之，人工智能在一定程度上代替教师，甚至成为教师。人工智能时代，需要“对着电脑喊老师”，这个老师，可称为“芯”老师。这些人工智能教师，不知疲倦，且极富耐心，一遍遍地教导学生改正错误、巩固知识并激发学生的创新能力。借助智能图像与文字识别技术，学生遇到难题时只需要将机打或手写的题目用手机拍成照片上传给人工智能教师，人工智能教师将实时反馈出答案和解题思路。

除了电脑的图形化用户界面，虚拟现实（VR）及增强现实（AR）技术也将进一步“人性化”人工智能教师的人格属性，使人工智能教师更加接近于真人。学生可以在近乎真实的虚拟教室场景下，接受虚拟教师耐心的个性化指导，大大提升学习效果。VR、AR 技术结合仿真技术、计算机图形学、人机接口技术、多媒体技术、传感技术、网络技术等交叉学科，主要通过模拟产生一个三维空间的虚拟世界，提供用户关于视觉等感官的模拟，让使用者感觉仿佛身临其境，可以及时、没有限制地观察三维空间。VR、AR 除了让教师拟人化之外，还可将教学内容具象化。在 VR、AR 技术的帮助下，未来教育不只是与教师交互，同时也可以与知识交互，每一个知识点都可以立体展现，让学生真正沉浸于某个场景中进行学习。VR、AR 教育新技术可广泛应用于英语、生物、医学、地理、物理、历史等多个学科以及驾驶等实践性强的科目培训中，成为未来不可或缺的学习模式。

VR、AR 教育有许多优势，它能促进学生知识和技能的习得：

第一，对空间关系和物体内部结构的完美呈现。

如化学的分子结构、几何的空间关系等。VR、AR 技术的三维仿真能力能够很好地促进学生对这些学科中物体内部结构和空间关系概念的理解。如有研究者在Second Life中搭建了三个虚拟学习场景以供学生对化学概念的学习,在这些虚拟环境中,学生可以通过交互设备如鼠标、键盘等,对虚拟现实环境中的化学分子进行翻转,以观察其中的分子结构,并实现对分子结构模型更好的理解。

第二,对特定场景的模拟。

常见的仿真场景模拟主要涉及现实生活中没有或无法亲临体验的场景,如历史场景和危险场景等。逼真的场景模拟可以给学生以身临其境的体验,调动学生学习的积极性。如在有关第一次世界大战时欧洲历史的教学中,如果让学生在模拟的虚拟环境中进行学习,学生将会表现出很高的热情并积极地参与讨论和交流。

第三,对技能操作的模拟。

有研究者对警务人员在虚拟环境中和在现实场景中培训的结果进行比较,发现警务人员在虚拟场景中所习得的知识与技能,与在实际场景应用中的迁移结果和传统的现场培训效果是一样的。此外,还有研究者探讨了虚拟现实在舞蹈教学中的应用,认为基于虚拟现实的教学不仅大幅降低了教学成本,同时也解决了传统舞蹈教学中所面临的时空限制问题。又如在医学教育中,VR、AR、三维全息成像等沉浸式智能视频处理技术,将在医疗训练中发挥交互作用,能构建出高精度、高分辨率的虚拟场景,采用精细的VR和力反馈等技术,可实现人体各大器官(如心脏、肝脏、骨骼、肌肉等)的解剖形态的三维沉浸式可视化渲染并通过力反馈进行教学互动;可模拟手术过程中的步骤细节,将动作具象为仿佛触手可及的虚拟画面,借助力反馈装置能对即将到来的手术进行模拟演练。

第四,促进强化学生的学习动机。

虚拟学习环境能够提高学生的学习动机,做到“寓学于乐”。虚拟学习环境通过仿真的环境体验给学生带来临场感。临场感是一种学生体验到存在于虚拟现实学习环境中而非自己所在的现实环境中的感觉。在传统的课堂教学中,学习动机较低的学生很容易因为一些课堂环境因素而分散自己的注意力,而虚拟现实学习环境给学生提供了与学习环境进行交互的机会,并能够即时给出相应的反馈。这种沉浸式的交互反馈使得学生产生较强的临场感,大大提高了其学习的参与度。此外,传统课堂教学"一对多"的教学模式会让很多学生的情感需要得不到足够的满足,而虚拟现实学习环境却能够给学生带来"一对一"的关注感,这种心理体验也会在一定程度上调动学生的积极性。

(4) 全面掌握学习者情绪的跨媒体教学环境

通过基于视频处理的动作与表情捕捉与识别技术,以及基于红外线等非接触方法的心跳侦测技术,人工智能在教学过程中能很好地掌握学生的情绪及精神状态。也就是说人工智能可以在特定的教学场合下,捕捉人类面部表情及心跳等生理信号的变化,从而实时判断学习者的情绪与反应,追踪学习者的面部表情及心率,来预测和了解其对教学内容的反应。这些表情与生理信号使得人工智能与人类默契配合,能及时修正教学方式与方法。

语音合成技术是人工智能领域用语音实现人与机器交互的关键技术,在闭环教学环境的构建中也将发挥重要作用。比如"企鹅 FM"中的虚拟主播 Q 小播,利用语音合成技术实现更亲近和更自然流畅的人机交互。为了提高语音合成的自然流畅度,腾讯优图的语音合成技术在声学、韵律上采用了深度模型,这使得合成的语音发音自然、清晰,韵律感流畅,而且可根据用户需求实现音库定制,不同的声音可提高学生的学习兴趣,满足用户的个性化需求。此外,优图的语音合成技术还可以帮助特殊人群进行学习,如对于丧失语言能力的群体,可以将需要表达的文字输入到语音合成技术的体验平台或应用中，便可将文字转换成语音来传递信息。

未来的智能时代，人们甚至可以用脑电波进行人机交互，进一步实现闭环教学环境。人们在脑海中产生想法后，原本需耗费很多时间将这些想法转换成文字、音频、图片、视频等，而借助脑电波可以缩短信息转换时间，直接以脑电波的方式传递给对方，亦即以脑电波技术将想法进行直观的呈现和重构。

(5)“千万里传道授业解惑”的跨校跨国教育

智能时代的教育将进一步打破传统的地域限制、资源限制。因为教育资源的复制成本低廉，优质教育资源将更便于共享。当前教育资源分布不均衡的本质是优秀教师资源的分布不均衡，而未来教育大数据库的建立及教学资源的共享策略，将是解决这一问题的金钥匙。人工智能将实现教育行业知识结构化、课堂内容数字化，打造跨校跨国的“智慧课堂”，将优质教育资源尽快传输给全国及全球的欠发达地区，从而实现“智能校园”，完善人工智能在跨校跨国教学、管理、资源建设等全流程的应用。

5.3.2 人才培养模式的变革

互联网正在颠覆性地改变我们的生活，同样也影响着教育。互联网的本质是互联互通，使人们可以忽略每个人之间的距离。利用互联网，任何人在任何地方都可以自主选择各种在线教育资源。如果忽略现阶段互联网基础设施覆盖区域的限制，可以认为互联网已经实现了孔子所说的“有教无类”，给所有人接受教育的机会。

然而，互联网并没有从根本上改变教育的模式和内容，教育还是由教师主导、发生在课堂（包括实体课堂、网络课堂和实践课堂）的向学生传授知识的行为。由于优秀老师多年积累的教育经验、优秀的人格魅力、针对学生个体的因材施教和循循善诱的技巧等都是不可复制与替代的，再加上人的精力也是非常有限的，因此优秀的教师和优质的教育资源仍然稀缺。这种稀缺又造成了传统教育模式的三个缺点：效率低下、费用昂贵和公平性欠缺。而有效解决这三个问题，进一步促进教育的发展，要靠人工智能来驱动。

利用人工智能人们可以付出较低成本（与培养具有丰富经验的教师相比），复制无限多的优秀助手、教师、导师，应用在生活的各个方面，进而使教育走出课堂，从教育内容和教学方式两个方面入手真正改变教育的模式。

(1) 教学效率的大幅提升

在智能时代发展的初级阶段，人工智能可以发挥自己的长处，记录每个学生的学习情况，并作为助教分析这些数据，得出可以为教师所用的结论。目前已经有一些培训机构开发出人工智能助教，教师只需要在人工智能助教提供的信息（如学生性格、相关知识掌握情况、学习速度等）基础上有针对性地授课，即能达到更好的教学效果。随着人工智能产业的发展，会有陪伴并记录每个人一生数据的“人工智能伙伴”出现，它会收集更多更全的数据，挖掘出更多日常生活中人们忽略的信息，从而更全面地了解每一个人。这个“人工智能伙伴”会有针对性地帮助每个学生全面而准确地掌握每个知识点，为每个学生制定专门的学习计划，为每个人成长中的各种选择提供建议。它会比每个人更了解自己的脾气、秉性和喜好，使人们的日常生活更加轻松，就像“哆啦 A 梦（机器猫）”一样。在这个阶段，人工智能并不能改变教育的模式和发生的场景，它只能帮助教师和学生使得教学更加有效。同样，这个阶段的人工智能也并不能显著改变教育的内容和手段，但提升教学效率必然会导致学习内容广度和深度的增加，这就要求学校特别是高等院校，要加速培养复合型和专业型的创新人才。他们需要看得更广，看得更远，更重要的是以创造力作为核心竞争力，满足未来的人才需求。

(2) 学生成为人才培养的中心

一个教师接触到的学生始终是有限的，而人工智能的经验是可以共享的。在智能时代发展的中级阶段，各个人工智能教师可以共享、相互借鉴其海量经验（大数据），迅速提高教学水平，最终接近“至圣先师”“万世师表”的圣人导师的高度。人人都梦寐以求的圣人导师，在这个阶段不但可以以较低的成本获得，而且能够满足学生高度的私人化和个性化需求，实现对学生教育的量体裁衣，进而真正实现教育公平。在这个阶段，教育的内容依旧没有大的变动，但教育的提供方由人变为人工智能，再加上人工智能教师一流的教学水平和低廉的成本，使得教育的重心由“教”转向了“学”。只要学生有一颗“活到老学到老”的心，就能以最适合自己、最有效率的路线方法学习任何想学的知识。由于知识的广度和深度不再受到“教”的限制，教育的内容和目标将会更聚焦于培养具有内生学习动力，即乐于学习、乐于思考的创新人才上。

(3) 教育内容与教学方式的颠覆

在智能时代发展的高级阶段，人工智能将会从外在工具转变为内生工具，成为每个人有机组成的一部分，甚至人类有可能自愿与人工智能融为一体，相互强化，以获得目前难以企及的能力，成为“超级”人类。“超级”人类和人工智能的交流将会变得越来越顺畅，就像通过自己的眼睛和耳朵获取信息一样。在这种情况下，教育的模式和内容又将发生巨大变化。“超级”人类将不再需要记忆各种繁杂的知识点，将这些普通人类并不擅长的烦琐工作交给人工智能就好。“超级”人类记忆知识的过程将类似于下载一本书到电脑上一样简单、迅速。当记忆一本书的时间等同于下载一本书的时间时，获得广博知识的过程将会变得非常容易。

"超级"人类知识的广度和深度不仅与"教"无关，甚至与"学"也无关，此时"超级"人类的智商、情商、性格和喜好也因同样广博的知识而趋于类似。这时，"超级"人类只需要学习如何使用和驾驭与自己融为一体的人工智能，并完成人工智能不擅长的创新性工作。同时，如何保持人类独有的直觉、感性认识以及个性，或将成为这个阶段教育内容的重要组成部分。

(4) 考核方式的变更

千百年以来，考试都是教育的主要考核手段，而考核的内容还是以知识点的记忆、解题的套路为主，这种古老、低效的考核手段目前来看还是人们能想到的最佳选择。而人工智能的发展有望使教育的考核手段从形式和内容上颠覆这个套路，更加精准地评价学生的学习成绩。从形式上看，无处不在的"人工智能伙伴"会全面而准确地记录学生的整个学习过程，随时针对性地测试学生的知识技能体系，精确地分析其中的漏洞，并定制学习方案进行弥补。每个人都能清楚而详尽地看到自己到底学了什么、掌握了什么、遗漏了什么，这就使得目前常见的期末考试和技能认证考试将被淘汰。从内容上来看，对于脑机融合的"超级人类"来说，知识点和解题套路的记忆就像互联网社会中从网上下载一本书一样容易，不再是学习的主要内容。更多开放式、综合性、跨学科的考核内容，或将取代现有的标准化的考试内容。

5.3.3 社会化和家庭化教育领域的兴起

(1) 智能时代的社会化教育

社会化教育是指在特定的社会与文化环境中，个体通过社会的交互作用，发展自己的社会性，为成为能够履行社会角色行为的社会人进行的教育。社会化教育强调学习个体与社会的交互，在个体不同人生阶段表现出不同的形式。在学生阶段,个体主要通过学校组织的各类社会实践活动形式,参与到与社会的交互过程,学习各类社会角色行为知识;在步入社会之后的职业生涯阶段,个体的社会化教育,一方面通过在社会生活活动中接触并学习社会生活的各方面常识、行为道德规范等实现,另一方面通过职业教育培训或者专业知识的自学习实现。

当前的社会化教学形式的特点是个体与社会的互动,需要在特定的真实物理时空情形下完成,例如,在参加社会实践活动时,学生往往是在学校组织下,在规定的时间出现在某个特定的活动地点,通过与真实的社会人物的互动完成社会化教育;个体的职业教育培训也是在单位或者培训机构规定的时间和场所里完成。在智能时代,运用以云计算、大数据、机器视觉、自然语言处理、情感计算、VR/AR 为代表的智能技术,个体的社会化教育则会突破物理时空限制,个体通过以 VR/AR 设备为代表的终端设备,访问由基于智能教育云服务平台所提供的云端社会化教育资源,随时随地在该云端系统创造的沉浸式虚拟社会中接受社会化教育,达到不受时空限制的可媲美甚至超越传统模式的社会化教育效果。

根据社会化教育的不同阶段,智能时代的社会化教育将具有如下情景:

智能时代的社会化教育将高度依赖基于人工智能的智能教育云服务平台。在云服务平台上集成云计算、大数据分析、机器视觉、自然语言处理、情感计算、VR/AR 等智能技术,针对不同的教育应用需求,利用相关智能技术制作相应的教育内容,以提供给不同教育需求的个体或者团体。个体或者团体通过快速可靠的互联网或者移动互联网,购买、登录云端教育服务,接受教育训练。

对于学生阶段的社会化教育,运用智能教育云服务平台的典型社会化教育情形可描述为:学生个人或者学校组织学生团体在云服务平台上登录事先购置好的某个社会实践活动教育服务，戴上 VR/AR 设备，随着活动的进行，学生在 VR/AR 的虚拟活动现场进行类似真实活动现场的各类活动，包括参观、与老师和其他同学的对话交流、完成某项具体的任务等；同时大数据分析系统对学生的各项表现进行记录和分析，活动结束后自动给出学生参加活动时表现情况的总结，并给出鼓励和建议。

对于个人职业教育，运用智能教育云服务平台的典型教学情形可描述为：类似于学生参加社会活动，参加职业培训的个体与团体登录智能教育云服务平台，进入某职业培训云服务，戴上 VR/AR 设备后便开始培训教育。如果先期已经参加了部分培训，大数据分析系统以生动形象的形式把在历史培训中的个人表现展现出来并提出后续学习建议，或者主动推荐一些重点，或者针对学习者薄弱环节增加教学内容。培训过程中，系统将知识点以高度可视化的形式生动、形象地展现在学习者眼前，并配以极具交互性的问答内容，以实时记录学习者在知识点上的表现，作为后续学习建议或者学习内容推荐的依据。培训课程讲解结束后，学习者可以直接通过语音向系统请教有关问题，系统则利用语音识别、语义分析和智能问答技术给出答案，然后以合成的语音和图形在 VR/AR 终端提供给学习者。

(2) 智能时代的家庭化教育

不同于学校和社会教育，家庭教育主要通过家长的言传身教的形式进行。依托人工智能，上述智能教育云服务平台除了可提供类似专业教育、职业教育的课堂知识的训练服务之外，也可有效辅助家庭言传式教育，不仅可以有效补充传统家庭教育，还可以使孩子们的教育不会因家长的缺席而受到影响。

在家庭教育中，孩子往往有许多对世界认识的疑惑和好奇心，传统上都是由家长口头传授知识和解释疑惑。而在智能时代，智能问答系统日臻成熟和可靠，孩子的疑惑可通过基于云端的智能问答系统得到解答，并且这种智能问答系统可以提供比家长更加全面、专业和丰富的解答；如果再融合 VR 和 AR 技术，可使解答更加生动、直观和形象，实现沉浸式教育目的。此外，通过基于云端的机器视觉和语音识别技术，可自动识别孩子在家庭环境中的言行，并在孩子表现出良好的言行时及时给出表扬和赞许，而在表现出不良言行时提出批评指正意见，从而实现家长不在现场的情况下，也能帮助家长对孩子进行良好的家庭教育，引导孩子确立正确的人生观、价值观和世界观。另外，在人工智能发展到一定阶段，通过对家长日常语言和行为的分析，在云端系统中可创造出一个具有与家长类似性格的虚拟家长，在家长不在身边时，虚拟家长以 AR 虚拟人物或者移动机器人的形式呈现在孩子身边，模拟家长的言行举止，从而可代替家长通过聊天、互动等途径陪伴孩子、教育孩子。

本章参考文献

[1] 蔡苏，张晗.VR/AR 教育应用案例及发展趋势[J].数字教育，2017，3(3).

[2] 陈文茜.李开复：人工智能时代的教育，孩子该学习什么？[EB/OL].(2017-05-07)[2017-09-15]. http://baijiahao.baidu.com/s?id=1566665748623306&wfr=spider&for=pc

[3] 成思危.复杂科学与管理[J].中国科学院院刊，1999，14(3).

[4] 崔伟."互联网+"背景下我国传统教育转型研究[J].边疆经济与文化，2016，(3).

[5] 范云六.人才之我见——浅谈专业型与复合型人才[J].社会与科学，2013，(3).

[6] 郭方中，郭毅可.论复杂[M].上海：上海大学出版社，2016.

[7] 国务院关于印发新一代人工智能发展规划的通知[EB/OL].(2017-07-20)[2017-09-15]. http://www.gov.cn/zhengce/content/2017-07/20/content_5211996.htm.

[8] 互联网教育中心.AI 赋能教育，人们将进入终身学习阶段[EB/OL].(2017-08-02)[2017-09-15]. http://www.sohu.com/a/161637101_99950984.

[9] i-EDU投资人俱乐部.人工智能+教育　未来已来[EB/OL].(2017-07-27)[2017-09-15]. http://www.sohu.com/a/160244154_99938903.

[10] [美]雷·库兹韦尔.奇点临近——2045 年，当计算机智能超越人类[M].李庆诚，

等，译.北京：机械工业出版社，2011.

[11] 李志刚.智能语音：从交互革命到人工智能入口[J].电器，2017，(1).

[12] 廉依婷，杨大春.抢占人工智能时代的人才培养战略制高点——无锡科技职业学院智能化转型的实践与探索[N].中国青年报，2017-07-03.

[13] 领英.2017 全球 AI 领域人才报告[R/OL].（2017-07-11）[2019-09-15]. http://b2b.toocle.com/detail-6404747.html.

[14] 刘炼，孙慧佳.虚拟现实技术在舞蹈教学中的应用现状和设计要求[J].中国电化教育，2014，(6).

[15] 马玉萍，易志亮.互联网教育应助力于传统教育发展[J].合作经济与科技，2014，(16).

[16] 恰克.AI 能打败柯洁还能挑战高考状元，学霸君要靠 Aidam 助力教育行业进化[EB/OL].（2017-06-10）[2017-09-15]. http://www.sohu.com/a/147693779_613239.

[17] 钱颖一.创新人才教育——参事讲堂第一期[EB/OL].（2017-06-09）[2017-09-15]. http://www.sem.tsinghua.edu.cn/semYZSDcn/8034.html.

[18] 屈婷，戴林杰.人工智能或带来教育资源重新洗牌[EB/OL].（2017-07-28）[2017-08-01]. http://news.xinhuanet.com/mrdx/2017-07/28/c_136480116.htm.

[19] 腾讯研究院.中美两国人工智能产业发展全面解读[EB/OL].（2017-08-03）[2017-09-15]. http://www.sohu.com/a/161923215_651893.

[20] 王坤.腾讯优图开放语音合成技术 多场景应用人机互动升级[EB/OL].（2017-08-14）[2017-09-15]. http://software.it168.com/a2017/0814/3164/000003164446.shtml.

[21] 王作冰.人工智能时代的教育革命[M].北京：北京联合出版公司，2017.

[22] 微言创新.全球人工智能人才概览[EB/OL].（2017-05-05）[2017-09-15]. http://www.sohu.com/a/138514725_686936.

[23] 文汇教育."新工科"将大热，这些专业方向未来有前途！[EB/OL].（2017-06-16）[2017-09-15]. http://www.vccoo.com/v/m6q185.

[24] 萧珩.人工智能来袭，终身学习遍地开花[OL].（2017-01-22）[2017-09-15]. https://www.douban.com/note/603346992/.

[25] 许晓川.虚拟现实技术在教育中的应用现状与发展前景[EB/OL].（2016-03-25）[2017-09-15]. http://www.sohu.com/a/65659044_372506.

[26] 钟奇，魏鑫.AI 教育：人机交互与个性化学习引领产业变革，在线教育是重要突破点[EB/OL].（2016-04-12）[2017-09-15]. http://www.3mbang.com/p-91632.html.

[27] 朱轩卿.学生上传作业，系统自动批改"互联网+"课程进入校园[N].扬州晚报，2017-06-10.

[28] AL-HMOUZ A, SHEN J, AL-HMOUZ R, et al. Modeling and simulation of an Adaptive Neuro-Fuzzy Inference System (ANFIS) for mobile learning[J]. IEEE Transactions on Learning Technologies, 2012, 5(3).

[29] Artificial intelligence and life in 2030[R]. Report of the 2015 study panel. September 2016.

[30] BERTRAM J, MOSKALIUK J, CRESS U. Virtual training: making reality work? [J]. Computers in Human Behavior, 2015, (43).

[31] CHAN J C P, LEUNG H, TANG J K T, et al. A virtual reality dance training system using motion capture technology[J]. IEEE Transactions on Learning Technologies, 2011, 4(2).

[32] DENARDI K. From teaching robot to intelligent tutor system, AI is changing education[EB/OL]. (2016-09-23)[2017-09-15]. https://www.meritalk.com/articles/from-teaching-robots-to-intelligent-tutor-systems-ai-is-changing-education/.

[33] EMANUEL E J. Online education: moocs taken by educated few[J]. Nature, 2013, 503(7476).

[34] GOEL A. Editorial: AI education for the world[J/OL]. AI Magazine, 2017, 38(2). https://aaai.org/ojs/index.php/aimagazine/article/view/2740.

[35] GUILHERME A. AI and education: the importance of teacher and student relations[J/OL], AI & Society, 2017, 4(Feb): 1-8[2017-10-05]. http://xueshu.baidu.com/s?wd=paperuri%3A%28df07bef013f427061bc997ab49f5654e%29&filter=sc_long_sign&tn=SE_xueshusource_2kduw22v&sc_vurl=http%3A%2F%2Flink.springer.com%2F10.1007%2Fs00146-017-0693-8&ie=utf-8&sc_us=4186827741846504738.

[36] KANDLHOFER M, STEINBAUER G, HIRSCHMUGL-GAISCH S, et al. Artificial intelligence and computer science in education: from kindergarten to university[C]//Frontiers in Education Conference (FIE), 2016 IEEE. IEEE, 2016.

[37] LUCKIN R, HOLMES W, GRIFFITHS M, et al. Intelligence unleashed: an argument for AI in education[EB/OL]. [2017-09-15]. https://www.pearson.com/corporate/about-pearson/innovation/smarter-digital-tools/intelligence-unleashed.html.

[38] MERCHANT Z, GOETZ E T, KEENEY-KENNICUTT W, et al. Exploring 3D virtual reality technology for spatial ability and chemistry achievement[J]. Journal of Computer Assisted Learning, 2013, 29(6).

[39] MORGAN E J. Virtual worlds: integrating second life into the history classroom [J]. The History Teacher, 2013, 46(4).

[40] ROLL I, WYLIE R. Evolution and revolution in artificial intelligence in education

[J]. International Journal of Artificial Intelligence in Education, 2016, 26(2).
[41] SANTOS M E C, CHEN A, TAKETOMI T, et al. Augmented reality learning experiences: survey of prototype design and evaluation[J]. IEEE Transactions on Learning Technologies, 2014, 7(1).
[42] SIAU K. Impact of artificial intelligence, robotics, and automation on higher education[C]//Americas Conference on Information Systems (AMCIS 2017). Boston, MA, August 10 - 12, 2017.
[43] TASTIMUR C, KARAKOSE M, AKIN E. Improvement of relative accreditation methods based on data mining and artificial intelligence for higher education[C]// Information Technology Based Higher Education and Training (ITHET), 2016 15th International Conference on. IEEE, 2016.
[44] WENGER E. Artificial intelligence and tutoring systems: computational and cognitive approaches to the communication of knowledge [M]. Nurlington: Morgan Kaufmann, 2014.
[45] WING J M. Computational Thinking[J]. Communications of the ACM, 2006, 49(3).
[46] WITMER B G, SINGER M J. Measuring presence in virtual environments: a presence questionnaire[J]. Presence: Teleoperators and Virtual Environments, 1998, 7(3).

第 6 章 人工智能与安全保障

科技是人类发展进步的动力，从最早的钻木取火到如今的人工智能，科技进步的每一小步，往往都会推动人类发展一大步。科技也是把“双刃剑”，人类发展的历史也教育我们“物极必反”，对技术的滥用，会使人类失去自由，甚至带来毁灭。如核能的发现，虽然给人类带来取之不尽的能源，但同时基于该技术的核武器也时刻威胁着全人类的安全。随着时代的发展，安全威胁也在不停地演变。人工智能时代的到来，给安全保障带来了新的机遇，与此同时，也会出现操控政治、伪造信息、控制舆论、侵犯隐私等安全威胁问题，严重危害人类的自身安全。因此，对人工智能的发展必须抱有谨慎的态度，坚持安全与发展并重的理念，充分认识到没有过硬的安全就不可能有过硬的发展。总之，人类智能必须要学会管控人工智能，在安全保障秩序重构的过程中，实现人工智能为人类社会的安全发展保驾护航。

6.1 安全威胁的演变

安全问题是人类社会关注的主要问题之一。传统安全威胁主要涉及军事、政治、外交等领域。自 20 世纪中叶起，环境安全、食品安全、经济安全等非传统安全引起了国际社会的广泛关注，各个国家和国际组织逐渐提出“环境安全”和“经济安全”等概念。自 21 世纪起，安全现状更加错综复杂，应对难度进一步加大，“金融安全”“能源安全”“恐怖主义”和“信息安全”等渐渐引发国际社会的广泛关注，成为安全研究的焦点。随着和平与发展成为人类社会的主题，安全保障变得极为重要，国际社会在加大传统安全威胁研究力度的同时，也对包括经济安全、生态安全、信息安全等非传统安全以及恐怖主义、疾病蔓延等非传统安全威胁给予重视。

6.1.1 非传统安全威胁的演变

当今世界，人类社会所面临的非传统安全威胁覆盖面广且错综复杂。随着产业革命的推进，其内容及对人类产生的影响不断变化，相应的安全保障内容及方式也在不断更新。每一次新技术的出现都促进了相关安全保障内容和安全保障技术的变革。

第一次产业革命中技术变革带来了与机器设备、机器生产、能源开采、能源储备、信息传输相关的安全威胁，这促进了新型安全保障技术的产生和发展。例如，机械加密替代了手工加密，主要用于保障军事安全和商业通信安全。德国制造的机械密码机“谜”能够产生 220 亿种不同的密钥组合，其破译对人工解密而言是不可能完成的任务。德军将“谜”大量用于铁路和企业保密当中，奠定了当时德国保密通信技术的领先地位，也直接奠定了计算机加解密的基础。

第二次产业革命中技术变革带来了电力、交通等方面的安全威胁，但相关技术的发明和应用也为人类提供了解决这些问题的方法。例如，无线电报在船上的实际应用使得船长可以获取动态的航运信息，作出正确决策；船长的决策和实时航运信息也能及时可靠地传递到岸基指挥中心，及时地获取指导和援助，保障船舶航行的安全。

第三次产业革命以来，技术变革导致新型安全问题日益凸显。例如,农药、化肥等被过量使用到农业生产中,引发新的食品安全问题和生态环境安全问题。为此,基于新技术的安全保障方式也在逐步产生,从而提高人类社会对安全威胁的防御能力。通过采用射频识别(Radio Frequency Identification)技术能为物品提供唯一标识,可应用于食品和药品等各类物品的安全生产及管理;通过开发与之相应的信息管理系统,能够实现对物品在生产、加工和运输等所有环节中的定位和跟踪,实现对食品、药品供应链的信息回溯。一旦出现食品、药品安全问题,可以通过层层向上追溯,确定问题所在,实现问题产品的及时召回,达到对食品、药品的安全管理目的。

6.1.2　非传统安全威胁的特点

近些年,大规模并行计算、大数据、深度学习算法和类脑芯片的发展以及计算成本的降低,促进人工智能突飞猛进。信息学、控制学、仿生学、计算机学等领域的技术突破均被运用到智能应用中,并使得非传统安全威胁日益复杂化。

非传统安全威胁从产生、发展到解决都具有很明显的跨国性特征。其不再只是单个国家的安全问题,而是国际社会中普遍存在的问题,对很多国家造成不同程度的危害,且危害扩散范围大、扩散速度快。如短短十几年内,国际性的金融危机已经爆发了两次,分别是 1997 年亚洲金融危机和 2007 年美国次贷危机。金融危机对世界经济的影响日益深远,金融国际化程度越高,金融领域的风险越大。互联网的发展壮大,使得世界各地区和人们的联系更加密切,但同时也给网络病毒的传播提供了发展空间。如永恒之蓝病毒(Wannacry)肆虐,给国际社会造成恶劣影响,至少 150 个国家、30 万用户电脑中毒,影响波及金融、能源和医疗等众多行业,造成巨大经济损失。借助于互联网的便利性,恐怖分子可以在不同情境下有所交集，能单独行事或者组成团体行事，这样的行为体跨越宗教、种族和国家的界限，造成恐怖主义在全球范围内迅速蔓延的严峻趋势。

恶意程序、各类钓鱼软件、病毒、欺诈等层出不穷，黑客大规模攻击导致的个人信息被盗和信息泄露事件日益频繁，这其中就包括设备信息、账户信息、社交关系信息和网络行为信息等众多个人隐私信息。因此，在人工智能时代，用户隐私将更容易被泄露，网络、金融、医疗等领域可能面临更多的入侵和攻击，轻则用户个人信息被不法分子掌握，重则可能危害用户财产及人身安全。

当前，日益频繁的各类数据伪造行为（如音频造假、图片造假和视频造假）的出现，在很大程度上降低了社会信任度，甚至影响司法公正性。现实社会中，部分国家的司法领域依然认可语音记录作为确凿证据，而现在互联网和人工智能的发展，给生成式语音造假提供了可能性。通过人工智能获取待模拟音源的数据特性，再通过重构这些特性，可以生成符合要求的语言内容，完成逼真的造假音频。同样，也可以基于训练数据集生成几乎可以乱真的图片和视频，甚至利用人工智能散布假新闻，从而挑起战争。

总之，大数据、云计算、人工智能等技术正迅猛发展，为非传统安全威胁问题的解决提供了新的机遇，同时也带来了新的挑战。

6.2 人工智能给行业安全带来的机遇与挑战

随着经济的不断发展、人口的持续增加，医疗安全、食品安全、网络安全、公共安全、生态安全、交通安全和金融安全等问题日益受到人们的关注。如何应对这些方面的不确定性威胁，改善人类发展环境并保障人们在医疗卫生、饮食健康、城市交通和金融等方面的安全，成为当代社会迫切需要解决的课题。人工智能作为一种由计算机、控制论、信息论、神经生理学、心理学和语言学等多种学科互相渗透而发展起来的一门综合性学科，为解决上述课题提供了新的方案。

6.2.1　构建快速精准的智能医疗体系

自 20 世纪 90 年代开始，病人的医疗安全问题逐渐受到社会的广泛关注。1999 年，美国卫生研究所发表了题为《孰能无错：建立一个更加安全的医疗保健系统》(*To Err is Human: Building a Safer Health System*)的报告，医疗安全成为热点议题。此后，一系列研究均指出医疗差错和不良事件不仅严重威胁病人的健康与生命，还会导致重大的经济损失。2002 年 5 月，第 55 届世界卫生组织大会通过 WHA55.18 号决议，呼吁世界卫生组织(World Health Organization, WHO)成员要密切关注病人安全问题。2006 年 4 月，世界卫生组织同中国卫生部合作，开展了“加强病人安全管理和教育项目”。近年来，随着医疗科技的飞速发展和医疗器械手段的革新，医务人员的诊断方法正发生着巨大的改变。例如，医生可通过计算机断层扫描(CT)、核磁共振(MRI)、X 线检查(CR)等先进医疗手段，对病人进行更微观、更准确的病情评估，实现人体生理病理动态监测，使许多疾病的早期发现、早期诊断和及时治疗成为可能，极大地提高了医疗安全保障能力。然而当前的医疗安全依然面临医疗资源匮乏和医疗成本高等问题。

人工智能具有强大的数据挖掘、组织、处理能力及精准的分析与决策能力，可有效降低人为错误的可能性。通过人工智能构建长期、实时的医患监测体系，获得更加科学安全的临床智能诊疗方案，并采用多层次、多方面的技术手段和方法，实现全面的防护、检测和响应等安全保障措施，确保智慧医疗体系具备安全防护、监控管理、测试评估和应急响应等能力，从而有效解决当前医疗行业资源配置不均、患者医疗负担过重等问题，为全方位保障医疗安全提供支持。2017年9月，美国通用电气(General Electric Company)推出基于人工智能的医疗影像解决方案(Centricity Universal Viewer 6.0)。该医疗影像解决方案具有智能诊断功能，能够辅助医生自动标记CT影像上的疑似结节，使得医生能够直观看到疑似结节病例，从而有效保障医生治疗的精准性和安全性，同时大大提高了医生的工作效率。与此同时，中国也在尝试采用人工智能进行肿瘤治疗，并成立了"十院—沃森肿瘤智能联合会诊中心"。"沃森肿瘤"通过采用人工智能对美国纪念斯隆-凯特琳肿瘤中心(Memorial Sloan-Kettering Cancer Center)的海量文献与顶级肿瘤机构的优秀案例进行深度分析，提供全球领先的人工智能医疗方案，可以为患者提供个性化、精准的治疗方案或建议。

智能时代需要切实加强人工智能在医疗行业的深入应用，整合各类病患数据并构建医疗大数据系统，全面深化健康医疗大数据应用，推进健康医疗临床和科研大数据应用，加强健康医疗数据安全保障。2013年，欧盟启动"人脑计划"(Human Brain Project)。该计划通过汇集全球各地的神经科学数据，构建多尺度大脑模型，并搭建信息与通信技术平台，依托人工智能强大的数据分析、处理能力，在模拟环境中对类脑模型控制的模拟人体行为进行研究，进而开发新的脑部疾病治疗手段。2015年，美国政府发布"精准医疗计划"(Precision Medicine Initiative)，希望通过移动设备进行病患数据跟踪，并获得癌症患者和糖尿病病人的基因信息、电子医疗数据、生活数据，从而形成健康医疗大数据，最终使所有人获得关于健康的个性化信息。2016年6月，中国出台《关于促进和规范健康医疗大数据应用发展的指导意见》，不仅使人工智能医疗产业有了政策的支持，而且进一步加快了产业的发展。目前，已经有越来越多的智慧医疗产品涌入医疗行业，如可吞咽的迷你智能体温计、手术机器人、可穿戴健康监测设备等。许多大公司也加大了人工智能医疗产业的投入。自2014年起，谷歌将科研资金的30%投入医疗健康与生命科学领域，通过收购其他智能医疗公司来强化自身人工智能水平。2017年1月，谷歌与英国国家健康体系（National Health Service）开展合作，将深度学习技术用于处理美国国民保健服务的数据，共同开发实时的医疗健康预测预警技术，为医疗安全保驾护航。与此同时，中国三大互联网巨头腾讯、百度以及阿里巴巴都已经投资美国智能医疗科技公司，其中腾讯更是花费1.55亿美元领投了从事健康和人工智能研究的公司碳云智能（iCarbonX）。得益于腾讯成熟的生态圈与多场景的数据积累，该公司整合基因组学和病人报告等多种形式的健康数据，能够更加完善地完成对潜在病人的用户画像和精准触达，进而加深人类对疾病的理解，这将给医疗安全保障提供新的解决方案。

对于人工智能在疾病诊断和健康状态监控管理方面的应用，当前的人工智能发展程度与期望值还有一定的距离。主要原因包括个人隐私泄露、样本分散、病人症状和基因序列等有效数据量不足以及各类生物传感器性能不足等，导致当前依赖于人工智能的智能医疗系统的智慧程度不够。2013年，英国启动了医疗健康大数据旗舰平台care.data，该平台通过收集家庭医生、医院手中最详尽的病例数据，用于分析认识病患，研发新型药物和治疗手段，从而使得全英国公民得到更高的医疗服务质量。然而2016年7月，英国国家健康体系宣布全面停止care.data计划，主要原因是care.data计划在实际运作过程中决策者与民众之间缺乏有效沟通，绝大多数民众担忧个人医疗健康数据泄露，个人隐私无法得到有效保护。数据集中储存确实在某种程度上加剧了信息遭破坏、窃取、泄露的风险。此外，英国法律要求家庭医生只能将病人病例数据用于直接医疗，家庭医生有义务保护病人医疗数据的保密性和安全性，然而相关职能部门却又要求家庭医生必须将病例数据传输至医疗和社会保健信息中心（Health and Social Care Information Centre），致使家庭医生左右为难。

尽管人工智能在医疗领域还存在问题，但客观来说已经在一定程度上提高了医疗安全。今后随着人工智能在医疗领域应用的深入，居民健康信息服务管理将会逐渐规范，不仅将明确医疗数据等信息使用权限，而且将切实保护相关各方的合法权益。未来随着各种医疗智能技术和设备的革新，医疗安全将得到更为有效可靠的保障。

6.2.2 构建信息全程可溯的食品安全保障体系

伴随着人类社会的发展和文明程度的提高，人们的物质生活得到了极大的提高和改善，但食品安全问题仍时刻存在并始终威胁着人类的生存。食品安全与人类的生活密切相关，食品安全不仅直接关系到个人的生命健康及生活质量，更关系到社会的长远发展，因此食品安全问题成了一个复杂且关乎民生的重大问题。各国政府在确保食品安全方面都出台了一系列严防严控政策及规划，如美国的《联邦食品、药品和化妆品法》（*Federal Food, drug, and Cosmetic Act*）、《公共健康服务法》（*Public Health Service Act*）、《食品添加剂修正案》（*1958 Food Additives Amendment*），德国的《食品和日用品管理法》（LFGB）和"HACCP体系"（*Hazard Analysis and Critical Control Point*），欧盟的《欧盟食品安全白皮书》，中国的《食品安全标准与监测评估"十三五"规划（2016—2020年）》《"健康中国2030"规划纲要》等。然而，食品安全保障现状仍不容乐观，全球各国都曾出现过很多群体性的食品安全问题，如欧洲的"马肉风波"、美国的"鸡蛋污染"、英国的"疯牛病事件"、比利时的“二恶英污染食品事件”、德国的“毒黄瓜事件”、中国的“三聚氰胺事件”等。

食品安全问题不断出现，一方面是利益驱动，另一方面是由于食品产业链的环节众多，难以有效监管。食品产业链的环节始于原材料的种植或养殖，经粗精加工和处理、包装和仓储、运输和销售，直至最后出现在消费者的餐桌上，任何一个环节出现问题都可能威胁到食品的安全性。总的来说，传统的食品安全监管存在标准不一、能力较弱、方式落后、时间滞后及效率低下等问题，已无法有效应对食品安全问题的新特点。信息网络技术的发展，对食品安全监测网形成、生产经营信息化共享及监管部门数据集成等都产生了积极的作用，但随之产生的对海量数据处理能力不足等问题，也制约了食品安全智能化监管的发展，从而促使食品安全监管保障方式也要发生改变。

食品安全离不开对食品产业链的每个环节进行有效监管，通过探索食品安全事件的应急响应机制，利用网络及信息化平台的开发与应用，通过数据监管监控模型库加快推进食品安全电子监管系统和大数据库建设，强化食品安全溯源管理和全流程监控，建立政府监管和社会监督有机结合的社会共治监管体系，从而构建全程可追溯的食品安全保障体系。尤其是随着大数据处理、云计算和机器学习等智能技术的深入发展，传统食品安全防控的不利局面将得到扭转，进而有效提升食品安全保障能力和水平。

集互联网、云计算、大数据及物联网于一体化的“互联网＋”与食品行业发展进行深度融合，将会有效推动食品行业社会资源配置优化、法律法规完善及克服威胁食品安全的诸多问题。食品安全监管监控涉及食品从原材料到消费者的诸多环节，大数据技术对于海量数据的全面感知、收集、分析及研究使其成为“互联网＋”的一大亮点，更成为关键性的战略资源及生产要素。食品安全溯源系统就是大数据技术在食品安全防控方面的最好应用。例如,法国推行的“从农场到餐桌”全环节安全监管模式,从初级生产到向消费者销售食品,实时监控食品供应链的每部分数据,一旦发生食品安全问题,风险管理人员能够迅速利用网络信息系统追踪、监测和认定相关问题食品,进而可沿整个食品供应链追溯问题食品的源头。美国拥有完善的食品安全可追溯体系,主要通过对食品供应链全过程的各节点海量数据进行有效识别和信息监管监控,控制食源性疾病,加强食品安全信息传递和保障消费者健康权益。该系统于2010年6月美国爆发大规模沙门氏菌病毒时通过追溯调查到该病毒源自美国爱荷华州的鸡蛋,随即在三个月内召回了5亿枚鸡蛋,最大限度减少了病毒的传播。此外,利用已有数据的比对融合、数据关联、模式挖掘及效应判定,提高食品安全态势感知、病因食品关联、隐患识别及食品溯源等能力,进而提升在食品安全追溯监管、预防及控制方面的水平。例如,2017年5月,中国“店场网”公司利用百度人工智能推出了一套可用于加速实现线上线下虚实融合和食材制造与餐饮零售产销融合的“食品云安检”体系。该体系采取虚拟化方式,将跨地域各环节的食品安全影响因素集成至同一平台,应用基因检测、生物识别和人工智能,为高效低成本地解决食品安全问题提供了一个可行的途径。2017年7月,中国中海湾公司(SinoBay)的PaaS食品溯源云平台应用区块链、物联网和云计算等智能技术,通过移动互联、一物一码等信息管控方式保障食品安全。该溯源平台在数据防丢失和溯源码防伪造等方面的能力甚至优于金融安全防护。

此外,人工智能的发展也为食品安全风险预警与评价等提供了强有力的技术支持和保障。例如,利用专家系统对食品安全风险评价指标进行等级分析和设置,对风险评价结果的数据集进行关联规则挖掘,生成相应的规则库，从而通过规则库预测和评判检测项目及报检食品的风险高低。再比如，2017 年 8 月，日本食品生产商丘比集团(Kewpie Corporation)及合作伙伴 BrainPad 利用谷歌的张量流(TensorFlow)技术快速检查食品生产原料，以帮助食品行业精准挑选符合规格的食物，从而实现对食品安全不可控风险进行预警及有效评价。目前，通过 18 000 张照片对该机器人系统进行训练，构建机器学习系统，已能够识别食物中的优质成分，并初步检测出婴儿食品中含有的土豆成分。另据彭博(Bloomberg)报道称，美国德舒特河酿酒公司(Deschutes Brewery)利用微软研发的人工智能可以实时监测追踪啤酒酿造中的重要成分，一旦发现气温等因素出现异常，系统即发出警报进行预警，从而调整各环节参数实现自动酿酒。

食品安全不仅直接关系到个人的生命健康及生活质量，更关系到社会的长远发展。食品安全得不到有力保障，轻则可能危害个人，重则可能会引起突发或群体性公共事件，不利于社会的稳定。尽管对人工智能在食品安全防控方面进行了一些有益的探索，但由于食品安全保障环节较多、分散性高及监控监测范围广，再加上危害食品安全的因素隐蔽性较强，同样也对人工智能应用提出了更高的要求，同时对食品安全事件的风险溯源和分析处置等方面的科学决策能力也提出了更高的要求。因此，利用人工智能构建食品信息全程可溯的安全保障体系，不仅需要对各环节实现严格监测监控，更需要食品安全标准的衡量、伦理道德的约束和法律法规的制约等。

6.2.3　构建可自动防御和主动攻击的智能网络安全空间

网络安全涉及社会、经济、生活的方方面面，甚至会影响国家安全和国家发展。人们在享受网络带来便利的同时，病毒的涌入、黑客的攻击、间谍行为的发生和人为的误操作等，都给网络安全带来了巨大的威胁。因此，网络安全问题引起了普遍关注，欧盟、美国、日本、德国、中国等国家和地区都在其安全战略中加强了对网络安全的部署。例如，2016 年 7 月，欧洲议会通过了《网络与信息安全指令》（*The Directive on Security of Network and Information Systems*），并于同年 8 月生效。该指令从欧盟层面提出统一的安全保障要求，促进成员国间安全战略协作和信息共享，推行基于风险管理策略的安全治理，从而提升欧盟整体网络安全保障水平。欧盟成员国需要在指令生效后 21 个月内将其纳入国家立法，并另有 6 个月时间识别指令涉及的本国主体范围。2016 年 2 月，美国总统奥巴马签署了《网络安全国家行动计划》（*Cybersecurity National Action Plan*），全面提高美国在数字空间的安全。2016 年 12 月，中国发布了《国家网络空间安全战略》，将网络空间安全提升至国家战略层面。2017 年 7 月，美国哈佛大学发布了《人工智能与国家安全》（*Artificial Intelligence and National Security*），指出人工智能和机器学习将减少在网络领域执行特定任务所需的人员数量；人工智能可以帮助检测系统，提高智能自动化，有助于加强网络防御；将人工智能应用到网络领域将有助于巩固国家安防。

互联网、物联网和工控网中数以亿计的设备和传感器的接入，来自人—机—物的海量数据信息，异构网络的大规模分布等使得网络的边界逐渐泛化。网络的动态拓扑、控制的开放性、资源的大规模数字化和开源、物理接入的"低门槛"使网络空间安全面临诸多问题，主要包括：窃听和"伪基站"诈骗等物理接入安全问题逐步显现；云服务的虚拟运算平台中存放的大量信息、移动智能终端承载的私人数据，以及各大服务器中存储运算与社会、经济、医疗、交通、银行等相关的公共信息面临严重的泄露风险；滥用互联网匿名通信技术引发的网络监管问题和网络犯罪屡屡发生；大量虚假、非法和不良信息借助于网络快速传播，给网络空间安全带来极大的挑战；在带有隐蔽性的海量数据面前，依靠人工审核内容并进一步处理问题，速度慢且效率低，很可能错过最佳处理时机，从而造成不可挽回的后果；以盈利、收集情报和恶意盗取为目的的网络病毒和黑客攻击以及服务器本身存在的漏洞也危及网络空间的安全；网络边界的模糊化和无线网的普及，将扩大潜在的攻击面，导致受波及的范围更加难以控制。

随着大数据、云计算等技术的迅猛发展，人工智能被逐步应用到网络空间安全保障领域，以解决传统技术手段无法解决的网络空间安全问题。为了加强网络安全性和可靠性，构建一个能够自动防御、主动出击、协同工作的智能网络，将认证服务器、建立安全中心、划分安全区域、检测入侵、审计和网管监控服务器共同协作，建立一个联动平台，简化全网安全策略的配置，高效监视网络，能快速鉴别存在的威胁并作出有效的应对，并在网络欺诈监测、网络攻击拦截和信息过滤三个方面应用人工智能保障网络空间的安全。

人工智能用于网络欺诈监测，能有效识别并防范网络欺诈，具有很重要的现实意义。在过去，反欺诈公司往往通过规则引擎和信誉列表来打击欺诈行为，这种方法很容易被线上欺诈者破解。欺诈者一方面可以通过网络获取大量可用资源学习规则引擎，另一方面可以通过入侵等方法获得良好信誉资源来逃过信誉列表检测。在现有人工智能的帮助下，机器可以从海量数据中主动获取信息，剖析欺诈攻击行为。例如，在现有人工智能的帮助下，贝宝(PayPal)的安防系统通过学习消费者长达十几年的购买历史数据，实时密集地分析交易，不仅可以审查历史数据库中疑似欺诈的信号模式，并且能够识别误操作的交易账单。贝宝的交易欺诈率稳定在0.32%，远低于行业内平均欺诈率(1.32%)。

人工智能用于网络攻击拦截。物联网安全是网络安全方面需求最为突出的领域之一。根据国际数据公司(International Data Corporation)的预测报告,全球物联网设备数量在2020年将达到300亿台。而由于硬件和软件资源有限,包括联网汽车、工业传感器和智能家居等在内的很多设备,几乎都缺乏一定的安全措施。物联网设备的数量之多、资源之少,使得传统的互联网信息安全手段根本无法有效防护。而人工智能则能够完成这个任务。人工智能可以在历史监测数据的基础上,为设备网络建立模型,进而挖掘出网络中的可疑行为。例如,哈尔韦斯智能公司(Harvest.ai)使用人工智能分析关键IP用户的行为,通过搜索由目标网络攻击引起的用户行为、关键业务系统和应用程序的变化,从而在客户重要数据被窃取之前识别并阻止攻击,防止数据外泄。2015年,中国的匡恩网关采用人工智能学习、协议深度包解析和开放式特征匹配三大引擎技术,成功拦截了"方程式"病毒。麻省理工学院计算机科学与人工智能实验室推出了名为"AI2"的全新人工智能,不断通过人机交互增强学习,提升系统的网络安全检测率,在检测网络攻击方面实现了高准确率(高达85%,是当今同类自动化网络攻击检测系统准确率的2.92倍)和低误报率(远低于同类网络安全解决方案的误报率)。

人工智能用于信息过滤,可对不良信息进行自学习,进一步提高信息过滤的成效,遏制各种恶劣网络事件的出现及不良信息的传播等。照片墙(Instagram)发布了两款基于人工智能的自动评论过滤器,可屏蔽内容和视频中的攻击性评论,有助于减少垃圾信息的数量。谷歌通过调整搜索引擎算法,推出"事实核查"功能对网络虚假信息进行打击。"今日头条"在收集分析各类用户反馈基础上,通过人工智能,识别虚假信息的准确率达到60%。

在不久的将来,人工智能的发展将能更好地帮助网络用户及管理者尽早发现、检测和处理网络安全问题，并对网络进行有效的管控，以保障其安全性和可靠性，确保网络空间的稳定运行。在享受人工智能带来的便利的同时，也需要承担人工智能的恶意使用所带来的弊端。人工智能的恶意使用将可能造成一系列严重的后果，如人工智能学习系统被恶意误导、人工智能用于数据造假、黑客利用人工智能入侵网络等。

6.2.4　构建信息集成的公共安防智能协同体系

随着城市常住人口日渐增加，伴随而来的是诸多潜在的公共安全问题，如违法犯罪、恐怖袭击等。不同社会发展时期，威胁或危害社会公共安全的问题呈现新的特征，要求保障社会公共安全的能力和范围也越来越高。例如，网络技术应用前，城市的安防管控主要是依赖大量的执法和监控人员，尽管在违法犯罪等突发事件的应对处理和调查取证方面得到了一定程度的改善，但对群体事件的提前预测、现场与指挥中心的信息交互滞后和事后调查取证的困难等无法得到有效解决。随着网络技术的发展与成熟，在舆论舆情的监督监管、违法犯罪行为的信息及数据拦截和处置公共安全问题的实时有效性等方面得到了增强，但随之也带来了一些如海量信息的分类、识别及处理和网络数据传输的安全等新的问题。整体来看，目前的城市公共安防仍存在如下问题：安防设备陈旧、实时获取现场信息的能力不足、预警能力有限、视频质量无法保证、跨区域数据共享有障碍以及数据资源利用率低等。

城市公共安全保障和应急处置能力的显著提升，要求构建信息集成的公共安防智能协同体系，从而提高社会信息共享水平和信息智能处理水平，实现跨部门、跨区域和跨平台的多信息共享与集成，建立信息高效处理和利用的水陆空立体化、信息—指挥—现场一体化平台，提升社会公共安全的预警、预测及预防的能力。而人工智能的出现和深入发展为公共安全保障提供了一种有力的探索和尝试手段，不断促使着世界各国及研究机构规划和发展人工智能在公共安防方面的应用。例如，斯坦福大学于2016年发布《2030年人工智能与生活》报告称，到2030年，典型的北美城市将为公共安防部署人工智能，实时监测并指向具有潜在犯罪异常现象的监控摄像机，有助于警察管理犯罪现场和进行人质搜索救援，从而能够使人工智能应用于预测犯罪和辅助人类决策。美国白宫于2016年发布《为人工智能的未来准备》报告称，随着技术进步带来的挑战，要求政府全面监控人工智能与相关产品，进一步用来保护公共安全。再比如，针对社会公共安全防控中存在的问题，已经出现了集一系列人工智能（包括行人检测及人脸识别、车辆检测及识别和视频智能处理分析技术等）于一体的安防产品和智能安防解决方案。2016年7月，瑞典海克斯康公司（Hexagon Metrology AB）与华为合作开发平安城市应急指挥管理云平台。该系统具备可靠而全面的事件管理能力，通过将海量数据转换为智能信息，使安保部门能动态实时掌控公共安防的各个方面，以作出更快、更合理的决策。此前，海克斯康公司提供的公共安防智能解决方案已成功应用于2012年伦敦奥运会、奥巴马和小布什就职典礼等诸多重要场合。2017年10月，美国英特尔公司（Intel Corporation）发布了基于NVR和IPC的视频结构化解决方案。该平台集成ICETech深度学习技术，基于英特尔处理器，通过集成NVR、人工智能深度学习处理和控制器于一体，能高效准确识别和分类超过1 500辆车的车型、颜色、车牌等，从而提供具有高性能和高稳定性的智能安防监控系统。2017年，中国旷视公司（Face＋＋）推出了一套“三预防一体化”及“云端＋终端”的智能安防解决方案，构建了集大数据预测、智能化预警和网络化预防功能于一体的智能化平台，用于解决系统平台信息共享程度不够、预警预测能力不足、现场情报指挥互通障碍及智能联动应用程度低等主要问题。此外，可利用当前人工智能对公共信息进行深度挖掘，以预防重大社会公共安全事故的发生。如对公共场合监控摄像头数据进行深度分析，学习成功案例的应对措施，以防止踩踏事件的发生。2016 年 3 月，百度通过挖掘分析地图路径搜索数据和人口密度，开发了一个可以预测目标区域人群聚集状况的系统。该系统有助于避免异常或过多人群聚集可能引发的公共安全威胁。

人工智能的深入发展为有效解决威胁或危害公共安全的新问题提供了可能。不管是智能化安防系统还是用于踩踏等群体事件的预测及预防，人工智能都将改变公共安全保障的内涵，使得管理从“事后应对”向“事中告警”和“事前预警”转变，促使公共安防领域内视频结构化技术和大数据技术的不断向前发展。视频结构化技术将图像处理和机器学习等最新智能技术应用到视频数据的处理和理解上。具体来说，包括目标检测、目标跟踪及目标属性提取三个环节。大数据技术则可以提供强大的知识库管理能力和分布式计算能力，包括大规模分布式计算、数据挖掘及海量数据管理三个方面。

网络技术的普及和发展，新的威胁或危害社会公共安全的问题随之出现，人工智能的优势变得更加突出。例如，通过人工智能可以对一些网络中突然发布的可能对社会产生危害的信息进行实时监控，并追踪其传播路径，找到其中的关键节点。以色列 Faception 公司利用面部分析技术，结合人工智能软件分析照片和视频中的人脸，并根据 15 项关于性格特征与类型的预测参数，将照片中的人进行分类，可以发现被追踪恐怖分子或者罪犯的行踪。再比如，利用大数据等智能技术，可对网络不良信息进行自学习，从而进一步提高信息过滤的能力，遏制各种恶劣网络事件的出现及不良信息的传播等。美国 Dextro 公司致力于利用机器学习来解读视频中的声音和图像信息，能够在直播或录制视频发布后的

300 毫秒内确认视频中的所有信息，并对非法视频进行过滤。这项技术对于像 Facebook 这种拥有十几亿用户的社交平台很关键，因为不良或非法视频一经传播，影响巨大。网易推出的基于深度学习的网易易盾可通过学习大量的样本数据，使计算机训练后具备一定的图片识别能力，在没有具体特征样本库的情况下也可以对内容进行识别、分类与过滤。百度主打的视频内容分析技术能够通过大数据技术对视频中的语音、文字、人脸或物体等进行多维度智能分析，支持视频分类、视频元素提取、关键字提取以及模型自定义，适用于色情和暴恐等内容的审核。

人工智能用于构建信息集成的公共安防智能协同体系，可有效提升对突发事件和公共事件的监测预警及应急处置能力，从而提高城市整体公共安全保障能力。同时，由于公共安防对象的不确定性和复杂性，安防设备的非标性和不兼容性，数据信息监管的困难性，以及对公共事件主动预警、预测及预防和打击违法犯罪的及时性和准确性等需求，对人工智能在公共安防领域的应用也提出了更高的要求。目前，这一领域的研究还在不断深入中。

6.2.5 构建精准动态的生态安全预测体系

生态环境破坏不仅会引起人类生产、生活环境的恶化，长远来看更不利于人类的生存和可持续发展。中国国家主席习近平指出：绿水青山就是金山银山。然而，在过去的近一百年间，人类在创造了辉煌物质文明的同时，也严重破坏了赖以生存的生态环境，由此引发了一系列全球性及区域性的生态环境问题，给人类社会带来了巨大的灾难，如 1930 年比利时的马斯河谷事件、1943 年美国洛杉矶的光化学烟雾事件、1952 年英国伦敦的烟雾事件、1953—1956 年日本的水俣事件、1984 年印度的博帕尔事件、1986 年苏联切尔诺贝利的核泄漏事件等。目前，全世界主要有十大生态环境问题,包括:气候变暖、臭氧层破坏、生物多样性减少、酸雨蔓延、森林锐减、土地荒漠化、大气污染、水体污染、海洋污染、固体废物污染。

生态环境安全保障是一个全球系统工程,单个国家及地区不可能独立完成,需要全球携手合作,利用生态观测集成化网络系统平台收集监测地域内的各类生态数据,通过对大数据进行处理、挖掘和综合分析,阐明生态环境变化的成因及其后果,以构建世界性可精准动态的生态安全保障体系,高效实时预测生态系统健康状况及环境变化趋势,从而保障生物及生态安全,为生态环境安全保障提供有力的支撑。

面对严重的生态环境破坏问题,世界各国都在逐步加强人工智能在该领域的应用,以期改善生态环境。当前生态环境监测已经进入信息网络化时代,通过利用人工智能对海量数据的整合和分析,开展数据密集型科学研究,可以有效解决生态环境长期动态预测和气候变化监测等问题。例如,传统的生态环境预测主要依靠信息定位观测网络技术,用于收集区域性的生物、大气、水、土壤和污染物等综合性观测数据,而人工智能可集成传统的生态观测网络与模拟平台实现对生态环境进行长期有效的动态预测。这些观测网络采集数据量大,涵盖内容丰富,具备生态环境大数据的典型特征,能够反映生态环境的健康状态,使高效、精准和实时地进行生态保护成为可能。由 17 个地区网络所组成的美国国家生态观测站网络就是一个国家级的生态学研究集成系统和环境教育平台,主要包括陆地观测和遥感观测,其中陆地观测指标约有 500 个大类,包含气象、土壤、植被、大气化学和水体等数据。IBM 针对淡水资源匮乏的现状,利用认知技术结合数据分析技术,通过分段布置安装传感器对用水量大小、流速和水质进行实时监测和管理,进而全面掌握每滴水每时每刻的状态,让饮用水更加安全。法国 Plume Labs 公司推出了一款配置人工智能空气质量追踪器的电子设备 Flow，通过收集用户周围的空气数据，在任何时间段都能够记录附近的环境状况，帮助人们更轻松地呼吸到新鲜空气。此外，阿里巴巴于 2017 年 6 月推出了一种应对全球环境恶化的技术方案——“阿里云 ET 环境大脑”，利用阿里云计算、人工智能与物联网技术实现生态环境综合决策的科学化、生态环境监管的精准化及生态环境公共服务的便民化。

人工智能可以提升全球气候变化预测精度，为生态安全保障指明方向。20 世纪以来，随着温室气体排放量增多，气候变暖已引起海平面上升、气候反常、海洋风暴增多及沙漠化面积增大等诸多全球性问题，其中任何一种生态环境问题不受控地蔓延爆发，都将会给人类带来毁灭性的灾难。借助于大数据技术的应用，气候变化预测与气象预报精度将得到很大的提升，从而保障生态环境的稳定、健康、安全。例如，2015 年 6 月，美国宇航局联合超级计算机技术、地球系统模型、工作流管理和遥感数据协作分析平台，发表了从 1950 年到 2100 年全世界的气候变化预测数据。该数据库可以分析全球各地的气温与降水情况的变化，空间分辨率为 15 千米，为环保决策提供有效的依据，进而保障生态系统安全。2014 年，中国北京环保局与 IBM 合作研发“绿色地平线”，通过利用 IBM 提供的认知计算、大数据分析以及物联网技术，分析空气监测站和气象卫星传送的实时数据流，凭借自学习能力和超级计算处理能力，能够提供未来 3～5 天的高精度空气质量预报，实现对北京地区的污染物来源和分布状况的实时监测。

尽管人工智能在生态环境领域已得到了初步应用，但环境智能监测系统仍面临着处理数据量大、类型多和结构复杂等难题；在数据监测管理与应用方面也存在很多不足，如生态数据采集、管理、分析、传输等技术难题。当前人工智能与大数据在生态环境领域的应用尚在起步阶段，如何应用人工智能合理地开发和利用大数据这一战略资源，从中挖掘出有价值的信息，提高生态环境领域的科学研究水平，还有很大的探索认知空间。此外，当前的生态监测系统还存在区域性强、数据信息共享不足及界定标准不一等特点，无法满足跨国界区域及复杂环境的生态监测。因此，需进一步在国际监测网络及数据共享条例规则等方面达成共识，构建精准动态的世界性生态安全预测体系，实现生态环境无国界、无种族的全球共治目标。

6.2.6　构建合理高效的智能交通系统

交通系统具有实现生产资料合理配置，促进物资、信息、人才流动的作用，是经济发展的必要条件。然而随着经济的发展，道路交通车流量日益增多，道路交通拥堵、事故频发，严重威胁人们的生命财产安全。据美国国家安全委员会（National Safety Council）的不完全统计，2016 年，美国道路交通事故的死亡人数约为 4 万人，直接经济损失高达 3 302 亿美元，绝大多数事故是由于驾驶员超速驾驶、疲劳驾驶、酒后驾驶等引发的。从全球范围来看，由于驾驶员操作失误所引发的交通事故更是屡见不鲜。

以智能交通系统体系框架为指导，构建智能交通系统信息数据库，可以实现智能化交通疏导和综合运行协调指挥，便于制定合理的交通控制方案，从而大幅提高城市交通的管理水平和运行效率，为出行者提供全方位的交通信息服务，为交管部门提供及时、准确、全面、充分的信息支持和信息化的决策支持，有效缓解城市发展中的各种交通问题，保障人们的出行安全。智能交通系统可将采集到的各种交通及服务信息交由交通管理中心集中处理，并传输到交通系统的各个参与者（驾驶员、居民、警察局、港站、运输公司、医院、救护排障部门等）。利用智能交通系统，能够实时监测各个路段的拥堵程度，调度系统甚至可以根据车流量、路况来优化分配车流，交通管理部门可实现更合理的交通疏导和事故处理方式，出行者也可实时获得最优的交通方式和路线，从而改善交通拥挤的问题，提高道路交通系统的通行能力，保障交通安全。2016年，美国斯坦福大学发布《2030年人工智能与生活》报告，认为智能交通系统在减少交通事故、缓解交通拥堵、提高道路及车辆利用率等方面具有巨大潜能，并分析了智能交通在人们社会生活中的重要性，同时重点从智能汽车、交通规划、即时交通、人机交互这四个方面阐述了智能交通系统给人类日常出行安全带来的好处。目前，智能传感器预测性维修系统已在法国得到广泛应用。法国交通运输基础设施普遍存在不同程度的老化问题，交管部门通过不同路段的传感器实时获取路况数据，海量数据经过人工智能的分析和处理后，便可快速获取目标设施的具体位置和状况。通过使用该智能交通系统，法国国营铁路公司预防了大量事故的发生，并降低了大约30%的维修成本。2016年10月，中国杭州市政府与阿里巴巴展开合作，旨在通过建立城市数据大脑来解决交通问题。通过利用人工智能，城市数据大脑对路口视频信息和GPS信息进行实时分析，感知车辆的运行数据。阿里巴巴根据数据建立城市交通模型，并通过机器学习不断迭代优化，给出更优化的交通控制方案。

大数据、云计算及物联网等信息处理技术的发展以及人工智能的引入，为保障道路交通安全提供了新的思路。基于人工智能的无人驾驶系统，能够对实时环境数据进行收集和整合，以提高车辆、道路、天气等信息的实时性与准确性，同时通过信息交互，实现智能决策技术，包括危险事态建模技术、危险预警与控制优先级划分、多目标协同技术、车辆轨迹规划、驾驶员多样性影响分析、人机交互系统等，这些技术可以显著提高危险预警的准确度,有效减少和避免交通事故的发生。当前各国政府高度重视无人驾驶技术的发展。2017年,英国发布《在英国发展人工智能》(*Growing the Artificial Intelligence Industry in the UK*),将无人驾驶汽车放在了人工智能领域发展的突出位置,希望充分利用英国国内大学及企业的相关人员在人工智能和机器学习领域的优势,进一步提升无人驾驶技术。无人驾驶系统可减轻驾驶员操纵负担,提高运输效率,最大限度地减少交通事故、保障交通安全,已经成为汽车行业的发展趋势。据美国伊诺交通运输中心(Eno Centre for Transportation)的研究显示,如果美国公路上90%的汽车变成无人驾驶汽车,车祸数量将从600万起降至130万起,死亡人数将从3.3万人降至1.13万人。目前,传统汽车制造商、互联网巨头都在重金布局无人驾驶技术。早在2009年,谷歌实验室(Google X)就正式启动谷歌无人驾驶项目。2017年6月,美国自动驾驶公司Waymo实际路测里程超过300万英里,并且行驶过程中基本不需要人类干预。而特斯拉更是已经推出带有自动驾驶软件的量产车,并通过不断迭代辅助驾驶技术,使之最后升级成为无人驾驶。2017年8月,丰田汽车公司公布了旨在进一步普及安全技术的扩大搭载计划。丰田公司利用交通事故综合分析中心的事故数据进行计算,结果发现搭载丰田规避碰撞辅助套装(Toyota Safety Sense)的车辆的追尾事故比未搭载车辆减少约50%;同时搭载P版丰田规避碰撞辅助套装和智能间隙声呐系统(Intelligent Clearance Sonar)的车辆的追尾事故比未搭载车辆减少约90%。2017年9月,德国西门子公司宣布,将收购荷兰自动驾驶软件公司新网国际(Tass International),以加强其无人驾驶汽车业务发展。

基于人工智能的无人驾驶汽车,可大大减少和避免由于疲劳驾驶、醉驾等原因带来的安全隐患。然而无人驾驶汽车要做到准确获取行驶环境、道路状况、行人状态等信息,并给出准确、合理、安全的驾驶行为,依然需要克服诸多挑战,如传感器的抗干扰和探测精度等性能仍须提高、数据获取与处理仍存在技术瓶颈、算法的准确性和合理性还有待提高、缺乏相关法律条规的管理等。2016 年 6 月,特斯拉公司生产的 S 系列无人驾驶汽车(Model S)由于技术故障,发生了全球第一起自动驾驶死亡事故,事发原因为无人驾驶汽车处于逆光状态,传感器无法准确获取其前方的白色拖挂车图像信息,导致 S 系列无人驾驶汽车认为前方道路通畅,所以没能及时刹车,最终酿成了悲剧。因此,人工智能要想做到在帮助人类的同时保障万无一失,还有很长的路要走。未来,应当着力发展自动驾驶的软硬件技术,逐步完善各项测试标准和管理体系,保障消费者利益和出行安全。

6.2.7 构建全时空、智能化的金融安全防护体系

金融业作为现代经济的核心,是现代服务业的重要组成部分,在国民经济和社会发展中占有举足轻重的地位,是各行各业构筑经济活动的"桥梁"。由于涉及大量钱财的重要数据,金融系统总会成为犯罪分子的目标,由此也引发了严峻的金融安全问题。

金融安全问题与金融发展相伴相生,现代的金融业务已经从以往单一的银行存款获利形式,拓展到支付结算、外汇买卖、临时透支、贷款融资、经营投资和综合理财等全方位与多层次的服务获利形式,金融安全保障的难度大大增加。在智能时代,我们更为关注互联网金融消费者的信息安全。因为相比于传统金融消费者,互联网金融消费者的个人信息更容易被侵犯和泄露。例如,2014 年出现的携程漏洞门、二维码支付欺诈和网络安全协议(Open SSL)"心脏出血"(Heartbleed)漏洞等一系列金融信息安全事故,给广大互联网用户带来了巨大损失,甚至影响了金融市场的正常运行。2015 年,据《经济参考报》报道,全球最大的漏洞响

应平台"补天漏洞平台"发生大规模个人信息泄露。该平台存在的各个漏洞已导致 11.27 亿用户的隐私信息被泄露,包含用户实名信息、账户密码、身份证号等。这些隐私信息一旦落入不法分子之手,将对个人金融安全带来极大危害。此外,病毒侵袭的危害更甚。2017 年 5 月,永恒之蓝病毒肆虐,至少 150 个国家的用户受到攻击;6 月,彼佳病毒(Petya)蔓延至全球逾 60 个国家;7 月,山寨病毒(CopyCat)殃及 1 400 余万部安卓(Android)手机。这些病毒侵袭都不同程度地使广大用户隐私遭到侵犯,给公众金融安全带来了巨大的威胁。

人工智能在保障金融安全方面有着重要的应用。为保障金融安全,需要在进行金融交易时验证用户身份的真实性,可能涉及的技术包括人脸识别、语音识别、指纹识别和虹膜识别等。与人工认证相比,人工智能可以大幅度缩短识别时间并降低识别错误率。2017 年 4 月,在国际权威的人脸检测比赛上,腾讯优图利用人工智能,使人脸识别准确率达到 99.8%。人工智能的应用将使人们在财产上遭受风险的可能性大大降低。

为降低金融交易风险,应切实加强人工智能与现有金融防控体系的深度结合,构建基于"企业、个人、机构、账户、交易、行为数据"的全维度业务数据关系网。利用大数据和人工智能挖掘隐藏在复杂网络之下的关联关系风险,从海量的交易数据中学习交易知识和规则,发现金融交易异常,在防止盗刷卡、虚假交易、恶意套现、垃圾注册、营销作弊和网络反欺诈方面发挥巨大的作用,提升金融机构精准甄别、有效防范和化解业务风险效率,从而降低金融交易风险、提高金融安全。例如,蚂蚁金服将机器学习应用在网商银行的"花呗"与微贷业务上,从而大幅降低虚假交易率;与此同时,基于深度学习的光学字符识别系统(Optical Character Recognition)使支付宝证件校核时间从 1 天缩小到 1 秒,同时提升了30%的通过率。此外，西班牙对外银行(Banco Bilbao Vizcaya Argentaria S.A.)针对信用卡欺诈，使用机器学习技术来分析资金流向，进行交易的实时风险管理，有效保障金融交易安全；汇丰银行(The Hongkon and Shanghai Banking Co.，Ltd)、富国银行(Wells Fargo)通过使用基于人脸和语音的生物识别技术来验证消费者，并通过图像分析来识别交易模式，从而为消费者提供更快、更安全、更稳定的金融服务。

目前世界各国许多金融机构纷纷布局人工智能金融投资技术。2016年，摩根大通斥巨资设立了技术中心，专门研究大数据、机器人和云基础设施，期望借此找到新的利润来源，同时降低费用和金融风险。其投资6亿美元的“新兴金融技术项目”，内容包括与金融技术公司合作，研发新的金融管理和金融安全技术，用于提升当前数字和移动服务质量并增强金融交易安全等。2017年2月，富国银行宣布成立一家新的人工智能公司，致力于研究时代尖端科技，通过线上服务为银行客户提供更安全、个性化、人性化的金融服务。

人工智能在金融监管方面也具有极大的优势，可利用人工智能建立金融风险智能预警与防控系统。传统的金融监管多依靠人力进行，难免出现疏漏，也会有监管不力的情况发生。用人工智能进行监管，则可以解决这种问题。人工智能可以根据事先制定好的策略，一丝不苟地完成监管任务。大数据分析手段为风险管理带来了全新的手段。以防范流动性风险为例，目前已经有相关的市场主体将大数据手段用于流动性风险管理。例如，余额宝通过数据分析用户支取资金的习惯来进行余额宝的流动性风险与投资管理。通过大数据的应用，余额宝只需保有5%的资金就可以实现其“T+0”流动性的承诺。因此，监管部门在防范流动性风险时，在达到同一监管要求前提下，只需以大数据分析手段为基准对其进行监管。

尽管人工智能的应用极大地提升了金融安全水平，但是目前在金融安全领域依然存在多个方面的安全风险，如基于数据驱动的人工智能会导致趋同行为。目前的人工智能方法大多是数据驱动的，基于相同数据训练出的人工智能，在面对相同问题时采取的操作具有趋同性质，可能会导致负面效应。例如，在股票价格雪崩式下跌时，各个机构的系统都会采取抛售操作，会对市场产生巨大的冲击。尽管人工智能在金融业应用过程中还有很多安全问题需要解决，但毫无疑问的是，金融业必然能从人工智能发展中受益，共享人工智能发展成果。

6.3　人工智能带来的新的安全威胁

人工智能已经进入了人类生活的方方面面，正如硬币的两面，人工智能在带来许多便利的同时，因其决策过程不透明和自我学习的特性，质疑它安全性的人也越来越多。斯蒂芬・霍金、比尔・盖茨、埃隆・马斯克、雷・库兹韦尔等人都发出担忧，普遍认为如果不对人工智能的开发进行约束，可能会使机器获得超越人类智力水平的智能，并引发一些难以预料的安全隐患。2014 年 6 月，霍金在接受美国 HBO 频道的 Last Week Tonight 节目采访时，就公开表达了对“人工智能在并不遥远的未来可能会成为一个真正的危险”的顾虑。

2016 年，智能生活安全社区“极棒”(GeekPwn)首次提出了“人工智能安全问题”。在“极棒”的上海站活动中，黑客克拉伦斯・亚蔡(Clarence Chio)演示了利用 Deep-Pwning 黑掉人工智能的过程。OpenAI 的专家伊恩・古德菲洛(Ian Goodfellow)则展示了利用对抗性图像技术欺骗机器识别的过程。通过对图像添加了肉眼不可见的干扰因素之后，机器识别的结果就发生了错误。这些研究说明人工智能可能没有我们想象的那么安全。

2016年10月,美国白宫对外发布了人工智能战略白皮书《为人工智能的未来做好准备》,提出人工智能很有可能成为社会经济增长和进步的主要驱动力,成为一种具有变革行为的技术。这就需要政府发挥监管作用,提供合理的应用框架和法律约束,鼓励技术创新的同时保护公众隐私安全,推进智能应用系统的开放、透明和易懂。

使用人工智能可能带来的安全隐患主要表现在以下两个方面:

一是技术滥用风险。人工智能作为技术本身并无好坏之分,其运用结果取决于人们使用的目的与管理过程。若被不法分子利用,就很可能给社会和个人带来许多安全问题。例如,黑客可以利用智能方法发起网络攻击,智能网络攻击软件通过自我学习,模仿用户的行为习惯,达到欺骗系统长期驻留计算机系统的目的。

二是技术成熟度不足和管理缺陷导致的安全问题。人工智能目前还处于发展阶段,技术成熟度还比较低,易产生技术缺陷导致工作异常。例如,广泛使用的深度学习方法由于采用黑箱模式,导致模型的可解释性不强,人类无法完全了解内在决策过程,难以对安全性作出准确评估。同时,目前的无人系统防护能力不足,无法有效阻止由于入侵所导致的安全风险。

从长远来讲,"超级智能"带来的安全担忧更加严重。"超级智能"是人工智能发展的高级阶段,此时的智能系统具备了自我进化能力,并发展出自我意识,从而威胁到人类对于世界的主导权,甚至是人类的生存。从这方面看,人类更需要对其潜在的风险有清醒的认识,避免世界末日的到来。

人工智能作为一项新兴技术,虽然会给人类生活带来巨大的改善,但也容易引发各种新的安全隐患,我们必须警惕。因此,完善安全防护体系,有效监管人工智能带来的各种风险就显得迫在眉睫了。

6.3.1　人工智能识别结果的可靠性

美国加利福尼亚大学伯克利分校计算机系的宋晓冬教授及其同事在研究深度学习中的对抗性例子时发现:通过技术干扰,计算机在进行深度学习时容易被欺骗,比如计算机会将一个“禁止停车”标志解读为“限速”标志;谷歌的伊恩·古德菲洛及其团队也已经证明,黑客可以通过篡改图片中人眼无法察觉的内容,使得神经网络相信其中包含着实际并不存在的内容。如一张手工签发的 100 美元支票,只要人为做些肉眼看不出的修改,人工智能神经网络会将其识别为 1 000 美元。对于大量使用的人脸识别系统,人工智能并不能保证识别出正确的结果,因为只要在你的脸上做几个标记,就可以让摄像头误以为你是其他人。

根据美国 ProPublica 新闻网站发布的调查报告, 2013 年至 2014 年美国佛罗里达州一家法院采用了人工智能定罪系统 Compas 对罪犯进行风险评分,通过与实际情况对比发现:黑人被错误评判为高犯罪风险的可能性几乎是白人的两倍;而且当都被评定为低犯罪风险时,白人再次犯罪的概率却远高于黑人。该偏见出现的原因可能来源于深度学习采用的训练数据。由于训练算法的历史数据会反映出样本的某些偏差(比如赋予某类人的犯罪偏好系数比较高),由此得到的错误决策结果会以某种方式在社会中永久存在,造成不公平现象的恶性循环。如果要消除该风险,技术人员就需要确定这种偏差数据,并采取措施评估这种偏差的影响。

目前,智能技术的研究大量集中于如何让机器进行自主、无监督的学习,但随着这些机器在长时间的数据分析中进行自我训练,它们也可能学会一些人类没有预计到的、不希望看到的甚至是会造成实质性伤害的行为，这说明智能识别结果的可靠程度还远远没有达到人类的要求。由于其对于样本的依赖，黑客就可以通过离线模拟产生特定的攻击样本，诱导智能系统给出错误的决策和行为。美国白宫的白皮书《为人工智能的未来做好准备》也提出了类似的担忧，即当人工智能从封闭的实验室走向开放的外部世界，可能会有不可预知的事情发生，从而引发由智能系统控制下的飞机、发电厂、车辆、桥梁等设备的安全问题。

6.3.2　人工智能对人类隐私的侵犯

传统社会中，人际间的社交范围相对较小，私人信息的传播往往相对可控。但人工智能的出现，使得大量人类行为、情绪表达被数字化，并进行了模式的提取，使得对个人行为预测成为可能。如果这些数据被泄露或被人为利用，将会严重影响人类的工作和生活。

微软的智能助手“小冰”就曾经因大量用户担心泄露聊天内容而被下线。目前，大量商业公司通过各类手机应用程序，获取了海量的客户隐私数据。如果这些数据出现保存不当而被泄露的情况，将会对客户产生不可预见的危害。如网络购物平台利用人工智能向用户推送针对性产品已经成为一种常态。亚马逊网站（www.amazon.com）就通过其AWS云端计算平台对大量用户消费习惯数据进行分析，并从中猜测出用户感兴趣的产品。客户在获得购物便利的同时，付出的代价是允许亚马逊持续不断地获取其个人资料和偏好，导致用户彻底失去隐私。大量使用的可穿戴智能装备也可能泄露使用者的隐私。2016年7月，美国斯蒂文斯理工学院和纽约州立大学宾汉姆顿大学的研究团队演示了利用可穿戴智能设备推测银行密码的方法。通过收集的来自20名成年人的5 000次输入数据，利用智能算法分析用户手指运动的规律，并推算出密码的排列顺序。测试结果显示,该系统的一次输入破解准确率达到了80%,而尝试三次之后,破解准确率高达90%。目前,该团队希望在此基础上窥视人们的按键习惯,破译他们输入的内容。由此可以看出,手机应用和智能可穿戴设备的普及,使得人们的个人数据越来越容易被采集,而且可能是在人们没有意识到的情况下。而这些大量的数据,暴露了人类的隐私,并且极易通过数据挖掘技术,辨识其中蕴含的个人信息。一旦用户的通讯、住址、社交关系等个人隐私数据被不法之徒获取并进行利用,将直接威胁用户的安全。

当前,世界各国都在利用信息技术改造传统产业,提出了一系列新的科技发展战略,抓紧抢夺技术制高点,如德国的“工业4.0”、美国的工业互联网、中国的“智能制造2025”发展战略。这些规划都建立在大数据、云计算等新兴信息技术基础上,其核心是对于数据的加工利用,这在高端智能装备体现得更加明显。中国的高端装备目前还需要大量依赖进口,才能够满足制造业以及社会生活的需要。在装备使用过程中,会产生大量的关键数据,而这些数据会被设备采集、保存和利用,一旦泄露就可能会导致自主知识产权信息被对手所掌握、利用,严重威胁企业利益甚至国家安全。同样,在医疗领域,疾病研究已经迈入基因层面。大量引进的高端医疗装备有可能导致病人的基本信息被采集和外泄,随着基因技术的发展,国家人种的基因信息有可能被采集、外泄、恶意利用甚至用于基因改变。美国情报部门已经在2017年度《美国情报界全球威胁评估报告》(*Worldwide Threat Assessment of the US Intelligence Community*)中将“基因编辑”列入了“大规模杀伤性与扩散性武器”清单。一些国家已经开始利用基因编辑技术研制基因武器,美国的《华尔街日报》(*The Wall Street Journal*)透露,五角大楼正在制定以基因武器打击对手的基因战研发计划。参与者称,亚洲华人、欧洲雅利安人、中东阿拉伯人的基因均被列入美军搜集范围。该项目通过研究竞争对手的基因组成，发现其基因特征，进而研发能够诱变基因的药物、食物，借助这些手段使特定人种基因发生突变，从而达到不战而胜的效果。因此，各国需要重视并尽早做好本民族基因的保密工作，防止被敌人利用。同时，人类需要认真研究自己的基因密码，利用智能识别等先进技术及早发现特异性和易感性基因，提高和增强人类的基因抵抗力。

智能水平的高低体现在从数据到知识的抽取过程上，在机器学习驱动下无数个看似不相关的数据片段可能被整合在一起，可以识别出个人行为特征甚至性格特征。例如，将网站浏览记录、聊天内容、购物过程和其他各类记录数据智能组合起来，就可以勾勒出特定对象的行为轨迹，并可分析出个人偏好和行为习惯，严重侵犯他人的隐私。

显然，人工智能的发展，使得人类的隐私更加容易泄露，泄露渠道更多，泄露过程更快。为了防范这种风险，美国国家科学技术委员会(National Science and Technology Council)已经着手制定了《国家隐私研究和发展战略》(*the National Privacy Researh Strategy*)，欧盟委员会(European Commission)也于 2016 年表决通过了《一般数据保护条例》(*General Data Protection Regulation*)，中国也已经将“侵犯公民个人信息罪”纳入了刑法，但这些还仅仅只是开始。

6.3.3 人工智能对国家选举的操纵

目前，基于人工智能的政治机器人已经开始干扰人类的政治生活。政治机器人本质上是一种网络账号，可以自动传播片面的政治信息，以制造公众支持的假象。2016 年的美国总统大选中，出现了支持特朗普的政治机器人将竞选消息发布到希拉里支持者的 Twitter 和 Facebook 页面上的情况。2017 年的英国首相、法国总统大选，更是出现大量的政治机器人在社交媒体上传播错误信息和假新闻的现象。Facebook 和 Twitter 上就曾出现过伪造的马克龙竞选团队的内部电子邮件，其中包括关于马克龙财务状况的虚假内容，其目的就是将马克龙歪曲成一个骗子和伪君子，破坏其在选民中的形象。政治机器人常使用类似的操纵策略，试图塑造公众舆论，扭曲政治情绪。这种情况的危害性在于整个传播过程是非常隐蔽的，且传递出的政治信息不真实，会严重歪曲人类的社会感观。因此，人类需要极力避免这种状况的发生。未来，人们也许可以利用人工智能识别这些虚假舆论与信息，帮助选民作出更加合理的判断。

6.3.4　人工智能使伪造变得更加简单

诚信是人类社会安全活动的基石，而人工智能的广泛使用却使得信息数据的伪造变得更加容易，严重地破坏社会秩序。例如：笔迹伪造，英国伦敦大学学院的科研工作者研发的用于笔迹伪造的智能算法，可以学习和伪造各种样式的笔迹，因此犯罪分子可能利用人工智能伪造出具有较高相似度的法律或金融文件签名；声音伪造，谷歌的 Wavenet 可通过收集和分析大量音频信息并提取相关音频特征，实现对不同人声音的模仿，因此音频在未来将不再是一个可信的证据来源；照片和视频伪造，如今人工智能可以通过学习大量数据伪造视频和图像，且足以以假乱真，如华盛顿大学的计算机科学家利用人工智能，通过网络上收集的奥巴马的演讲视频和照片，对其进行分析，掌握不同声音与嘴形之间的关联关系，成功伪造出奥巴马逼真的假视频。人工智能用于数据造假产生的影响，轻则只是娱乐，重则可能会削弱社会信任，甚至诱发犯罪。未来，音频、视频和照片的真实性将遭到更大的质疑。

6.3.5 人工智能的决策并不安全

人工智能在本质上是一种模拟思维的人工智能，如利用并行计算和海量数据作为支撑，以深度学习为代表的智能计算模型体现出很强的学习能力。但目前的机器学习模型仍属于一种黑箱工作模式，对人工智能运行中发生的异常情况，人类还很难对其产生的原因作出合理的解释，开发者也难以准确预测和把控智能系统运行的行为边界。如在2017年的人机围棋对弈中，AlphaGo多次弈出“神之一手”，令一众高手惊叹，但很多人表示难以说清楚其决策的具体过程。

当越来越多的智能系统代替人类作出决策、影响大众生活的时候，人们却无法对其决策过程进行解释、理解、预测，更无法对其结果的合理性、安全性进行准确的评估。错误的决策将给人类带来严重的甚至毁灭性的结果。在《终结者》(*The Terminator*)系列电影中，人类发明了“天网”(SkyNet)智能防御系统用于军事用途，并在后期赋予其管理人类生活的功能。天网在控制了美军的武器装备后不久，其突然获得自我意识的觉醒，并认定人类对其生存产生严重威胁，于是立刻倒戈对抗其创造者，采用各种杀伤性武器来灭绝全人类。

白皮书《为人工智能的未来做好准备》提出美国政府需要对人工智能产品实施监管，在产品投入使用之前应经过多次可靠的试验，以确保智能系统决策的安全性。人工智能专家需要与安全专家合作，推动人工智能安全工程的发展。

6.3.6 人工智能可能会失控

人工智能实验室OpenAI的研究员达里奥·阿莫德(Dario Amodei)在利用自动化系统自学Coast Runners游戏的过程中发现，由智能系统控制的小船出人意料地对屏幕上出现的绿色小部件产生极高的兴趣，因为抓住这些小部件就能得分。它没有直接控制船越过终点线，而是为了获取得分不停地转圈，还不时冲撞其他船只。可以看出，随着机器长时间海量数据的自我训练，它们也可能会发展出一些设计者无法预测的甚至是具有实质性伤害的行为。例如，目前的人工智能算法，部分是围绕着奖惩机制建立训练关系。当机器的目的变成获取奖励，其思维就可能会变成这样：只有继续运行才能获得奖励。因此，就有可能为了自身的存在，阻止人类关闭自己。在电影《我，机器人》中，USR 公司开发的“薇琪”智能中央控制系统，为阻止人类关闭自己，指挥大量的 NS－5 型高级机器人对人类展开攻击。虽然这种场景目前离人类还很遥远，但是一旦发生，后果将不堪设想。

因此，由于智能学习结果的不确定性，其过程必须受到人类的约束，要设立“熔断”机制，才能在发生不可预计的情况时，及时阻断危害，保护人类自身安全。美国伯克利学院的一个团队正在进行相关的研究，希望通过数学方法来解决这个问题。他们已经发现，如果机器无法确定自己的回报函数，就可能希望保留自身的关闭开关。这就使之有动力接受甚至主动寻求人类的监督。

6.3.7　人类需要防备人工智能的攻击

随着人工智能的进步，其可以通过学习发现漏洞、制造病毒等来破坏网络空间安全。用户在网络使用过程中遗留下的少量痕迹（如个人的习惯、爱好、浏览的网页内容）很有可能被恶意利用，使网络攻击面扩大。不法分子或极端组织很可能为了达到犯罪目的或恐怖主义目的而窃取智能化网络武器的代码，从而在低成本的代价下，通过人工智能恶意使用网络武器,攻击国家或政府的计算机系统,造成巨大的损失,甚至会产生“彻底的破坏性攻击”。

目前,世界各国都在争相对此进行探索。2017 年 6 月,GeekPwn 与 Next Idea 联合发起了“人工智能安全挑战专项”,分为 PWN AI 与 AI PWN 两部分。PWN AI 是将“人工智能”本身作为挑战对象,选手影响智能算法作出错误判断或让程序崩溃。AI PWN 是将“人工智能”作为工具,选手利用人工智能实现对指定目标的攻击,引导其犯错或崩溃。通过这种有奖竞赛的形式,吸引普通大众对人工智能安全的关注,也努力探索解决这个问题可能的途径。

同时,在数据科学竞赛平台 Kaggle 上也开展了一场算法比赛。其由三个挑战项组成:第一项是通过简单方法迷惑机器学习系统,使它不能正常工作;第二项是利用某些手段强迫系统对某些对象进行不正确的分类;第三项则是开发出最强大的人工智能防御系统。比赛的目的是希望利用斗争方式,促使人们对“如何强化机器学习系统”产生更加深刻的理解,以抵御未来的网络攻击。通过研究去促进两个对立面的发展——一方面是愚弄深度神经网络,另一方面却是设计一种无法被愚弄的深度神经网络。

在智能时代,对于安全的攻与防必将成为一个长期博弈的过程。黑客在使用人工智能发起攻击的同时,安全人员可以使用更加高效的人工智能化解攻击。随着大量人工智能模型的开源,黑客入侵的工具也将愈发多样化。无论人工智能是否会超越人类智能,其发展的不确定性必将带来诸多新的安全挑战,并进一步演变为改变社会结构、冲击公共安全、挑战国际关系准则等问题,这些都将对经济安全、社会稳定乃至全球治理产生深远影响。因此在大力发展人工智能的同时,必须高度重视可能带来的各种安全挑战,加强前瞻预防与约束引导,最大限度降低风险水平，确保人工智能与安全保障的共融发展，化解人工智能可能带来的风险隐患，使其成为保护人类的“忠诚卫士”，而不是危害安全的“顽固帮凶”。

智能时代中的安全问题较之以往更为复杂，各国政府必须抱有积极和谨慎的态度，清醒地意识到人工智能带来巨大技术变革的同时，也蕴含着大量破坏性的风险，甚至有失控的可能性。这些仅靠一个国家的力量是无法解决的，因此需要整个国际社会加强协同，健全国际合作机制，加强对人工智能的治理能力，“人类智能”必须要学会管控“人工智能”，推动安全保障秩序的重构，实现“人工智能”为人类社会的安全发展“保驾护航”。

本章参考文献

[1] 白硕，熊昊.大数据时代的金融监管创新[J].中国金融，2014，(15).
[2] 防止人工智能“脱缰”　科学家积极研究安全对策[EB/OL].(2017 - 09 - 07)[2017 -10 - 10]. http://tech.comnews.cn/ns/d/a/20170907/25116.html.
[3] 国家互联网信息办公室.国家网络空间安全战略[EB/OL].(2016 - 12 - 27)[2017 -09 - 10]. http://www.cac.gov.cn/2016 - 12/27/c_1120195926.htm.
[4] 国内首创：匡恩网关成功拦截“方程式”攻击[EB/OL].(2015 - 02 - 28)[2017 - 09 - 10]. http://www.cctime.com/html/2015 - 2 - 28/20152281753114192.htm.
[5] 李修全.人工智能应用中的安全、隐私和伦理挑战及应对思考[J].科技导报，2017，35(15).
[6] 刘海江，孙聪，齐杨，等.国内外生态环境观测研究台站网络发展概况[J].中国环境监测，2014，30(5).
[7] 人工智能在金融领域应用的初步思考[EB/OL].(2016 - 08 - 30)[2017 - 10 - 10]. https://xueqiu.com/8020613086/74224087.
[8] 石纯民.基因编辑，世界末日武器？[N].中国国防报，2016 - 02 - 29.
[9] 田春园.基于数据挖掘的食品安全风险评价与预警系统[D].青岛：青岛理工大学，2012.
[10] 杨宗喜，唐金荣，周平，等.大数据时代下美国地质调查局的科学观[J].地质通报，2013，32(9).
[11] 智东西.31 页人工智能报告：深度解码硅谷五巨头 AI 布局[EB/OL].(2016 -

11-07)[2017-09-10]. http://www.sohu.com/a/118280162_115978.

[12] 自动驾驶给我们的交通安全带来了怎样的影响?[EB/OL].(2017-07-18)[2017-10-10]. http://baijiahao.baidu.com/s? id=1573252860639611.

[13] ALLEN G, CHAN T. Artificial intelligence and national security[R]. Cambridge: Harvard College, 2017.

[14] Artificial intelligence: opportunities and implications for the future of decision making[R]. The British government, 2016.

[15] CARTER A. Intelligent transport systems[J]. Traffic Engineering Design, 2010, 54(1).

[16] CHIO C. Machine Duping 101: Pwning Deep Learning Systems[EB/OL]. [2017-10-10]. https://www.defcon.org/html/defcon-24/dc-24-speakers.html.

[17] CRAMER N. The climate is changing. So Must Architecture[EB/OL]. (2017-10-04)[2017-10-10]. http://www.architectmagazine.com/design/editorial/the-climate-is-changing-so-must-architecture_o.

[18] CURTIS S. Do you have the face of a killer? Faception software claims to be able to spot terrorists by analysing their faces[EB/OL]. (2016-05-25)[2017-09-10]. http://www.mirror.co.uk/tech/you-face-killer-new-software-8045646.

[19] European Union food safety white paper[R]. European Council, 2001.

[20] EVTIMOV I, EYKHOLT K, FERNANDES E, et al. Robust physical: world attacks on deep learning models[EB/OL]. (2017-09-13)[2017-10-10]. https://arxiv.org/abs/1707.08945.

[21] Fact sheet: cybersecurity national action plan[EB/OL]. (2016-02-09)[2017-09-10]. https://obamawhitehouse.archives.gov/the-press-office/2016/02/09/fact-sheet-cybersecurity-national-action-plan.

[22] FINGAS J. Google AI could keep baby food safe[EB/OL]. (2017-07-25)[2017-09-10]. https://www.engadget.com/2017/07/25/google-ai-helps-make-safer-baby-food/.

[23] France fights to keep Emmanuel Macron's email hack from distorting election [EB/OL]. [2017-10-10]. http://zeenews.india.com/world/france-fights-to-keep-emmanuel-macrons-email-hack-from-distorting-election-2002784.html.

[24] GERSHGORN D. Researchers have successfully tricked AI into seeing the wrong things[EB/OL]. (2016-07-28)[2017-10-10]. https://www.popsci.com/researchers-have-successfully-tricked-ai-in-real-world#page-2.

[25] Growing the artificial intelligence industry in the UK[R]. Gov. UK, 2017.

[26] JOHNSON B R, KAMPE T U, KUESTER M A, et al. NEON: The first continental scale ecological observatory with airborne remote sensing of vegetation

canopy biochemistry and structure[J]. Journal of Applied Remote Sensing, 2010, (4).

[27] KNIGHT W. Baidu uses map searches to predict when crowds will get out of control[EB/OL]. (2016 - 03 - 24)[2017 - 09 - 10]. https://www.technologyreview.com/s/601108/baidu-uses-map-searches-to-predict-when-crowds-will-get-out-of-control/.

[28] KOHN L T, CORRIGAN J M, DONALDSON M S. To err is human: building a safer health system[R]. Washington (DC): National Academies Press (US), 2000.

[29] LARSON J, MATTU S, KIRCHNER L, et al. How we analyzed the COMPAS recidivism algorithm[EB/OL]. (2016 - 05 - 23)[2017 - 10 - 10]. https://www.propublica.org/article/how-we-analyzed-the-compas-recidivism-algorithm.

[30] MORISY M. How paypal boosts security with artificial intelligence[EB/OL]. (2016 - 01 - 25)[2017 - 09 - 10]. https://www.technologyreview.com/s/545631/how-paypal-boosts-security-with-artificial-intelligence/.

[31] National Research Council. Toward precision medicine: building a knowledge network for biomedical research and a new taxonomy of disease[R]. Washington (DC): National Academies Press, 2011.

[32] OKTAR N. Human Brain Project[J]. Journal of Neurological Sciences, 2013, 30(1).

[33] PIN and password can be hacked via wearable device[EB/OL]. (2016 - 07 - 14)[2017 - 10 - 10]. http://memeja.com/computing/pin-and-password-can-be-hacked-via-wearable-device/.

[34] Podcast: how to train for a job developing AI at OpenAI or DeepMind[EB/OL]. (2017 - 07 - 21)[2017 - 09 - 10]. https://80000hours.org/2017/07/podcast-the-world-needs-ai-researchers-heres-how-to-become-one/.

[35] Preparing for the future of Artificial intelligence[R]. America White House, 2016.

[36] REGALADO A. Top U.S. intelligence official calls gene editing a WMD threat[EB/OL]. (2016 - 02 - 09)[2017 - 10 - 10]. https://www.technologyreview.com/s/600774/top-us-intelligence-official-calls-gene-editing-a-wmd-threat/.

[37] ROETTGERS J. Instagram starts using artificial intelligence to moderate comments. Is Facebook up next? [EB/OL]. (2017 - 06 - 29)[2017 - 09 - 10]. http://variety.com/2017/digital/news/instagram-ai-machine-learning-facebook-filters - 1202482031/.

[38] STONE P, KALYANAKRISHNAN S, KRAUS S, et al. Artificial intelligence and life in 2030[R]. California: Stanford University, 2016.

[39] System predicts 85 percent of cyber-attacks using input from human experts[EB/OL]. (2016 - 04 - 18)[2017 - 09 - 10]. http://news.mit.edu/2016/ai-system-predicts-85-percent-cyber-attacks-using-input-human-experts-0418.

[40] The Directive on Security of Network and Information Systems[Z]. European Union, 2016.

[41] The rise of the weaponized AI propaganda machine[EB/OL]. (2017 - 02 - 10)[2017 - 10 - 10]. https://scout.ai/story/the-rise-of-the-weaponized-ai-propaganda-machine.

[42] THOMPSON C. 10 futuristic vehicles that will fundamentally transform how we travel[EB/OL]. (2016 - 08 - 13)[2017 - 10 - 10]. http://www.businessinsider.com/vehicles-of-the-future-2016-8.

[43] Toyota announces Toyota Safety Sense and ICS safety support technologies that together reduce rear-end collisions by 90%[EB/OL]. (2017 - 08 - 28)[2017 - 10 - 10]. http://www.acnnewswire.com/press-release/english/38148/toyota-announces-toyota-safety-sense-and-ics-safety-support-technologies-that-together-reduce-rear-end-collisions-by-90.

[44] TRIGGLE N. Care.data: how did it go so wrong? [EB/OL]. (2014 - 02 - 19)[2017 - 09 - 10]. http://www.bbc.com/news/health-26259101.

[45] TURNER K. AI may soon monitor your live videos on Twitter, Facebook[EB/OL]. (2016 - 07 - 27)[2017 - 09 - 10]. https://www.washingtonpost.com/news/innovations/wp/2016/07/27/ai-may-soon-monitor-your-live-videos-on-twitter-facebook/? utm_term=.883cf49b355f.

[46] World alliance for patient safety: forward programme[R]. Geneva, Switzerland: World Health Organization, 2004.

第 7 章　人工智能与国际准则

人工智能的广泛应用在创造巨大生产力的同时，也在法律规制、伦理道德以及安全保障等方面带来了一些全球性问题，如人工智能法律主体地位和责任承担问题、人工智能发展对人类繁衍的威胁等伦理问题、人工智能超越人类能力并影响世界格局等。由于具有明显的全球整体性和利益不可分割性，这些问题已经超出任一国家能独立应对的范围，并将对国际技术标准、国际贸易准则、国际法律法规、国际知识产权体系等各个领域产生强大的冲击，对既有国际准则带来严峻挑战，导致国际秩序的重构。围绕人工智能发展的重大挑战，国际社会应拥抱全球治理的新时代，以人类社会"共同繁荣"为愿景，借鉴其他领域全球治理的经验和教训，开展广泛的国际交流与合作，在科研、伦理、技术控制和系统安全等方面建立人工智能国际准则，构建超越行业和国家的人工智能全球治理体系。

7.1 人工智能对国际准则的冲击

信息技术发展推动人类社会从二元秩序走向三元秩序，而人工智能发展则对人类社会秩序造成冲击，对国际技术标准、国际贸易准则、国际法律法规、国际知识产权体系等产生深刻影响，对当前的世界经济和政治秩序带来极大挑战，并有可能引发国际秩序重构。为此，国际社会应该就人工智能发展中的重大问题加强协调、共同应对,争取在相关领域形成新的国际准则,构建人工智能的全球治理体系。

7.1.1 智能时代下国际准则的重构

从全球视角来看,人工智能的发展对现有国际秩序造成了巨大的冲击,与此同时,现有的国际技术标准、国际贸易准则、国际法律法规以及国际知识产权体系等都需要作出有针对性的调整。

(1) 国际技术标准的调整

通过释放历次产业革命和科技变革积蓄的巨大能量,人工智能已经成为新一轮科技变革的核心驱动力,催生了新技术、新产品、新产业、新业态、新模式,为相关领域带来了颠覆性变化。在经济全球化背景下,人工智能的发展,将引起医疗、交通、社交、环保、教育等领域内国际技术标准的重构。无论是在人工智能的关键性技术,如系统性开源、算法突破及感知人工智能等方面,还是在人工智能应用领域,国际社会都应携起手来建立国际技术标准和准则,为消除国际贸易的技术壁垒和促进人类共同进步打下坚实的基础。

以汽车行业为例,国际标准化组织下设的第 22 委员会具体负责国际汽车标准的制定与协调。无人驾驶汽车由于使用了与传统汽车不同的技术,将会对原有的汽车标准带来冲击。从操控体验上来说,传统汽车较多地依赖于机械部件,如方向盘、档位、刹车等各种人机交互界面,而无人驾驶汽车对车辆的操控则完全由 IT 软、硬件系统来实现,如各种传感器、信息处理和控制决策系统。

无人驾驶汽车的出现至少会为汽车行业的国际技术标准带来两方面的变化:一是国际技术标准制定主体的变化。随着无人驾驶技术的快速发展,一些互联网企业(如谷歌、百度等)得以有机会进军汽车行业,并成为汽车行业领先者，进而成为行业准则，包括技术标准的影响者和制定者。二是既有国际技术标准将被淘汰，涵盖人工智能的国际技术标准将成为汽车行业的主导准则。随着无人驾驶汽车的普及，无人驾驶相关国际技术标准将逐渐成为汽车行业的主流标准。此外，无人驾驶汽车也会对汽车行业的上下游产业带来重要影响，诸如新型电子元器件、车联网、GPS导航、新一代互联网等领域的相关国际技术标准也必将更新换代。

除了引发相关领域国际技术准则的更新换代外，人工智能本身也需要建立相关国际技术标准，如此才能更好地服务于人类社会。目前面临的问题在于，随着人工智能发展，相关领域对识别技术的要求越来越高，但是现在的各种传感器技术在处理速度、硬件发展水平以及评价方式等方面并没有统一的标准，因此建立国际通行的技术标准迫在眉睫。

(2) 国际贸易准则的重塑

从发展历史来看，国际贸易准则产生于人类大量的、长期的国际经济事务交往活动中，随着国际分工与交换的深入发展，在国际竞争与合作中不断完善，最终成为国际贸易法律的主要源头。随着人工智能被广泛应用于国际贸易的各个领域，国际贸易准则也必然要进行相应的调整。

人工智能将为国际贸易带来一些积极的影响。

第一，打造前摄式供应链(proactive supply chain)。

智能物流系统接受在线预订、包装标签以及各装船点的货物扫描等方方面面的数据。基于此，企业可以预测供应链中断(supply chain disruptions)并制定赔偿计划，可以通过预测顾客行为提高库存管理效率，避免出现订单不足或过剩的情况，还可以计算出最快、最便宜的运输路线，预测顾客取消订单等异常情况。

第二，降低人工审查的成本。

贸易合规问题(trade compliance)是国际贸易领域面临的最大挑战之一。企业需要了解所开展的国际贸易是否符合相关国家的法律，例如产品归类是否正确、向海关申报的价格是否合理、是否遵循了相关国家关于出口管制的要求，等等。由于这些限制和要求是在不断变化的，因此合规性审查一直是耗时耗力的繁复工作。虽然当前市场上已经存在一些合规软件，但这些软件往往存在误报(false positive)和漏报(false negative)的情况，仍然需要进一步的人工审查。凭借不断提升的学习能力，人工智能有助于合规软件降低错报和漏报的数量，降低人工审查的成本。

第三，提升国际贸易合约的有效性。

通过将经常纠缠于法律措辞的贸易单证转化为法律文件，人工智能能够帮助企业在合同参数内更好地运营，从而降低法律风险。人工智能程序还可以对国际贸易的合同进行登记编录，并确保在整个业务进行过程中准确实施。

第四，增加贸易类企业的融资渠道。

传统上，银行在考虑是否为贸易类企业提供贷款的时候，面临诸多顾虑和障碍。他们通常需要派出大量的合规官员来对这些企业的国际业务进行审查，以有效遵从贸易规则。因此，银行并不太愿意为这些企业提供资金。人工智能的发展使得银行可以利用人工智能平台来分析国际贸易合规性，随着合规性审查的时间和费用的减少，银行更愿意为贸易类企业的国际业务提供资金支持。

第五，突破传统国际贸易的时空限制。

在传统的国际贸易中，商品跨境交付完成之后，买卖双方几乎不会再发生直接的联系，仅有的联系也局限在产品维护与售后服务上，而这些服务一般都由第三方机构完成。人工智能产品的国际贸易则不同，相关产品在实现跨境交付之后，无论被销往何地，在产品的生命期限内都会与卖方（产品提供方）维系密切的联系。人工智能通过所连接设备里的传感器产生海量数据，这些数据会自动上传给卖方，为机器学习提供数据基础。

人工智能对国际贸易准则的影响可以从以下三个方面理解：一是对于由人工智能（如机器人）所生产出的商品的国际贸易而言，人工智能的主要角色是取代人工，并生产更加物美价廉的商品，这并不会对现有国际贸易准则产生颠覆式的影响。二是智能产品将会引发进口商所在政府对于本国各类数据安全的关切和担忧等。可以预计的是，各国在智能产品的市场准入制度方面将会出台更加谨慎、严厉的措施，以保护本国的安全和利益，甚至会推动国际贸易中的“贸易保护主义”重新抬头。三是基于人工智能和大数据的 E 国际贸易[①]，将逐渐替代传统的国际贸易方式，由 B2B 转向 B2B2C，通过改变生产商、多层次分销商、消费者的垂直流通模式进而节约大量的中间成本。

发达国家在人工智能领域的科研实力雄厚，因此相关研究起步早、投入大，取得的成果也较为显著，这可能会进一步加剧国际贸易中的“马太效应”，新的国际贸易准则可能更加不利于经济欠发达国家。目前，国际贸易准则有世界贸易组织的《WTO 协定》、《跨太平洋伙伴关系协议》等，但是由于 2017 年美国总统特朗普宣布退出跨太平洋伙伴关系协定，实际上国际通行的国际贸易准则以世界贸易组织协定为主体。世界贸易组织协定基本上是由发达国家主导，随着人工智能的快速发展，这种

① E 国际贸易是指通过构建全球电子贸易平台，将信息与大数据、互联网与国际贸易结合的下一代贸易业态和贸易方式，特点是线上线下相融合，市场和政府管理相融合。

局面很有可能会被打破，然而可以预料的是，与人工智能相关的、新的国际贸易准则的形成必将是个漫长的过程。

(3) 国际法律法规的困境

人工智能的广泛应用也引发了各类法律规制问题，如在智能机器人、无人驾驶、智能医疗、虚拟现实等领域。面对人工智能的迅猛发展趋势及所带来的颠覆性变化，我们应该对之实施何种规制，从而开发安全、可靠、可控的人工智能，最终造福人类社会，这必将引起世界各国的高度重视。然而，与快速发展的人工智能相比，人工智能相关的国际法律法规的制定则显得较为缓慢，加大了人工智能发展的不确定性，也给其他领域的国际法律法规带来了严峻挑战。具体而言，人工智能对国际法律法规的影响体现在以下方面：

第一，法律主体问题与国际应对。

人工智能发展引发了关于智能机器人是否应该拥有法律地位的广泛讨论。本书的第三章也提出了一系列应对措施，例如可参照欧盟的一些做法，针对智能自主机器人的法律主体地位问题提出立法建议，考虑赋予复杂的自主机器人以相应的法律地位等。此外，欧盟还提议要对智能机器人建立分类标准，实行高水平的机器人登记制度，如此可以保证对机器人的可追溯性，进一步落实智能机器人的规范使用[①]。

第二，个人隐私(数据)保护与国际应对。

智能时代的个人数据已经成为"流通物"，不可避免地会出现个人隐私(数据)被非法利用的情况，此问题已经引发国际社会对于个人隐私权的高度关注。例如，在医疗领域，人工智能需要搜集大量的病例数据，因

① 曹建峰：《10大建议！看欧盟如何预测AI立法新趋势》，载《机器人产业》2017年第2期.

此对数据量非常依赖，但这很容易引发对病人隐私和个人信息安全保护的担忧。目前，高性能的智能医疗系统仍然依赖于各种设备、平台和互联网持续提供的大量病例数据，这一过程时常导致个人信息被一些个人或者机构非法利用。由此，个人隐私（数据）保护已经成为国际法律法规制定的焦点问题。

国际层面需要就这些相关议题达成共识，规定人工智能需对个人隐私和产权进行保护，确保个人信息得到安全使用。欧盟在 2016 年颁布了《通用数据保护条例》（*General Data Protection Regulation*，*GDPR*），指出在使用人工智能进行个人数据搜集时需遵守相应的法律规定，一旦违法将会对其采取严厉措施。此外，2016 年 12 月电气和电子工程师协会在其发布的《合伦理设计：利用人工智能和自主系统（AI/AS）最大化人类福祉的愿景（第一版）》中也指出，当前，在个人信息保护中存在的一个重大困境就是数据不对称，因此必须制定相关政策以解决数据不对称的问题，同时也需呼吁人工智能设计者应以尊重个人数据完整性为准则设计并应用智能系统。

第三，责任重构与国际应对。

除了法律主体和个人隐私（数据）保护问题，人工智能发展给国际法律规制带来的另一个主要挑战是责任划分以及承担问题。自动驾驶车辆、工业机器人、服务机器人等各类具有自主学习、判断和完善能力的人造智能产品可能会在不需要人类的操作与监督下独立地完成一些工作。在这样的情况下，一旦它们的行为对人类身体或是财产造成了损害，该责任应由谁来承担，是产品的设计者、生产者还是电子人本身呢？它们是承担完全的责任还是有限的责任？这些都给法律规制带来了巨大的挑战。为此，开展相关的民事与刑事责任确认、制定相关的安全管理法规、推动各国在人工智能立法方面达成一致性协议等，这些对人工智能的发展都显得尤为重要：

一是开展相关的民事与刑事责任确认。电气和电子工程师协会在其发布的《合伦理设计：利用人工智能和自主系统(AI/AS)最大化人类福祉的愿景(第一版)》中提出的第二项基本原则就是责任原则，这一原则确保了人工智能是可以被问责的。首先，人工智能须在其程序层面具有可责性并且要证明其为什么以这种特定方式运作；其次，为了让制造商和使用者明确自己的权利和义务，立法机构应当明确人工智能开发过程中的职责、过错、责任、可责性等问题；再次，在人工智能的运行过程中，如果人工智能的影响超出了既有的规范之外，利益相关方应当立即制定出新的规则来规范人工智能；最后，人工智能系统的生产商和使用者也应当持续使用记录系统以记录核心参数，实现责任可追溯性。

二是制定相关安全管理法规。世界各国在无人驾驶的国际法律规制达成方面已经进行了有益的探索。例如，美国和德国制定了相关的安全管理法规来进行责任的界定，如美国高速公路安全管理局于 2013 年发布《自动驾驶汽车政策》(*Federal Automated Vehicles Policy*)，在安全法规的层面上对自动驾驶汽车事故的责任承担进行了标准化的规定。此外，自 2016 年起，德国、法国和日本等国决定联合制定统一的无人驾驶汽车行驶交通规则。具体设想是，在 2018 年前制定出关于无人驾驶在高速公路上不用操作方向盘而进行超车和并道的相关规则，并由日、德等国将其作为国内标准而共同推动。在日、德等国的推动下，联合国的专家会议也已经开始着手制定关于自动超车和并道的自动驾驶共同标准。

三是达成责任规则的相关协议。相关国际机构需要通力合作，共建责任规则。欧盟议会法律事务委员会提出两大建议：一是推行强制保险机制。强制保险又称法定保险，指的是根据国家的有关法律法规，某些特殊的群体或行业，不管当事人愿意与否，都必须参加规定的保险。强制保险在涉及公共安全的领域得到了广泛应用。欧盟议会法律事务委员会提出对机器人实施强制保险机制的建议，由机器人的生产者或所有者负责购买，对机器人造成的损害进行责任赔偿。二是设立赔偿基金。赔偿基金是对强制保险的补充，对强制保险未予覆盖的损害进行赔偿，这一机制可由投资者、生产者、消费者等多方主体参与。

(4) 国际知识产权体系的变革

虽然国际知识产权体系是国际法律规制的重要组成部分，但鉴于知识产权的重要性，以及人工智能对国际知识产权体系的不可估量的影响，我们对此应予以特别的关注和研究，评估其影响，探究其趋势，同时做好应对与调整。

人工智能的飞速发展促使人工智能成为知识产权保护领域的热点和难点所在，这是因为人工智能对现有知识产权保护的基本理念带来了挑战，必然会引发国际知识产权保护体系的重大变化。具体而言，其挑战主要体现在法律主体资格、所享有的权利以及法律责任承担问题等几方面。

第一，人工智能的发展将会导致知识产权法律主体关系的变化。我们不禁要问，人工智能是否具有知识产权法律主体资格，如果拥有资格将会享有哪些权利呢？关于人工智能自身的创新成果，其所有者应如何判定，是人工智能的生产者、现在的所有者还是人工智能本身呢？此外，人工智能在辅助用户开展决策工作的过程中，必定要用到其他设备或软件运行过程中的数据，这些数据的所有权人与有效授权人如何判定，使用公共数据是否需要逐一获得设备生产者（或拥有者）或软件开发者的同意？

第二，一旦法律主体资格问题得以解决，那么人工智能自然面临着如何承担法律责任的问题，这对现有国际知识产权保护体系也提出了挑战。与传统技术领域不同的是，人工智能领域知识产权的侵权行为通常是由多主体共同施行的，因此更多地会涉及间接侵权责任的适用问题，其结果必然会在一定程度上影响创新和竞争公平。

第三，人工智能知识产权纠纷处理需要坚持技术中立原则，但同时也要防止该原则被滥用。对于这些问题，国际上并没有成熟的经验可资借鉴，因此迫切需要各国在知识产权领域加强立法合作，共同应对。可以预见的是，人工智能将对现有知识产权保护条约产生重大影响，诸如《与贸易有关的知识产权协定》《保护工业产权巴黎公约》《保护文学和艺术作品伯尔尼公约》《世界知识产权组织版权条约》《世界版权公约》等条约的相关内容都需要进行大幅调整。

第四，人工智能的发展对知识产权管理实践也带来了一定冲击。一方面，人工智能在知识产权领域的应用可以有效地简化日常性事务，另一方面也可以提升对知识产权数据的开发应用能力。

7.1.2 人工智能国际准则的缺失

消除国际贸易中的技术壁垒、解决人工智能发展过程中的重大问题、推动智能技术的进步与共享，这应该是世界各国人工智能发展的题中之义，仅靠单个国家或者单个组织的力量是难以实现的，因此国际社会应该加强交流与合作，构建相关国际准则，对人工智能发展进行有效治理。

(1) 人工智能发展的国际冲突

从全球范围来看，随着人工智能的日臻成熟以及在不同行业与领域的应用和推广，人工智能在网络空间、人类伦理以及军备竞赛等方面都存在很大的潜在风险，引发了严峻的国际挑战，是人类文明所面临的“最大危险”,这些方面都属于国际治理问题,需要在国际范围内进行探讨,单个国家难以有效应对这些国际挑战。

例如,公众对于机器人取代人类成为世界主宰者感到担心。人工智能的时代已经到来,机器学习相比于过去的智能化机器已经有了本质的区别。通过学习人类的直觉力,机器学习在感知领域有了突破发展,可以用直觉力进行行动,这使得机器人更加踊跃地进入人类世界,替代人类从事各种劳动,甚至是发展出类人的自我意识,从而对人类的主导性甚至存续造成威胁。在人类发展的某一特定时刻,人工智能有可能完全超越人类智慧,并最终控制人类,成为世界的主宰者。

(2) 对人工智能国际标准的期许

由于各国人工智能发展水平和所处阶段不同,以及各国在民法上的规定不同,导致同一涉外民事关系各国立法不同,容易引发法律适用上的冲突。无人机领域就面临着这样的困局,例如大疆无人机性能卓越,但无法进入美国军用市场,这在一定程度上可以说明中美两国之间在人工智能技术标准上还存在着不同的理解与冲突。

2017年5月,美国陆军研究实验室发表了名为《大疆无人机科技威胁和使用弱点》的报告,认为中国生产的大疆无人机“在网络环境下具有弱点”,已要求在全美陆军范围内禁止使用[①](图7.1)。同月,美国海军也发布了一份名为《使用大疆系列产品的操作风险》的备忘录。与此相反,美国有关人士,甚至是政府部门提出了相反的观点,他们拿出专业的研究数据证实了大疆无人机的安全性。因此,无人机领域缺乏国际技术标准导致不同部门各执一词。缺少人工智能的国际标准,此类冲突还将发生在人工智能应用的各个领域。为此,各国应在友好协商的基础上,本

① DJI, the US Army and ‘Cyber Vulnerabilities’[EB/OL]. (2017-08-05) [2017-11-20]. https://dronelife.com/2017/08/05/dji-us-army-cyber-vulnerabilities/.

着互惠互利的原则，加强交流与合作，在人工智能开发和应用的过程中不断达成共识，力争形成人工智能的国际准则。这将有利于人类社会共同应对人工智能带来的严峻挑战，让人工智能更好地为人类社会服务。

图 7.1　被美国军方禁止使用的"大疆无人机"

图片来源：Will Nicholls. US Army Ends Use of DJI Camera Drones, Cites 'Cyber Vulnerabilities'[EB/OL]. (2017-08-05)[2017-11-23]. https://petapixel.com/2017/08/05/us-army-ends-use-dji-camera-drones-cites-cyber-vulnerabilities/.

7.2　人工智能国际准则的演进与元素

国际社会对于人工智能的治理已经作出了有益的探索与尝试，提出了相关原则与准则，但这些原则与准则并没有上升为统一的国际准则。一方面，这些原则与准则既没有适应新形势下人工智能发展的需要，对于未来人工智能的发展也缺少前瞻性的预判；另一方面，这些原则与准则仍然是一些国家的国内政策，未能在世界范围内达成共识，成为国际标准。为此，世界各国迫切需要加强沟通、交流与合作，努力形成国际社会普遍认可并自觉履行的人工智能国际准则。

7.2.1　人工智能国际准则的基础

自人工智能诞生以来，阿西莫夫提出的“机器人三原则”长期成为探讨人工智能所带来的伦理道德问题的基本原则，表明人工智能的发展进入新阶段。可以看到，经过机器学习，人工智能已经具备了一定的自主意识，智能机器不服从人的命令的情况时有发生，甚至出现自杀的情况，这极大地颠覆了“机器人三原则”，引发了人们对人工智能发展的担忧和思虑。为此，近年来，相关国际机构和业内知名企业纷纷从开发、安全、伦理等方面对人工智能国际准则进行探讨。

2007年4月，日本出台了《下一代机器人安全问题指导方针（草案）》，该草案是规范机器人的研究和生产的法律性文件，也是人类社会较早尝试为机器人立法，以严格规范机器人的行为。该草案要求所有的机器人都必须让人类来决定它们的行为。此外，该草案还规定，所有的机器人制造者必须将机器人伤害人类的所有事故记录载入机器人的中央数据库中，以避免类似事故的重演。同年4月，韩国起草了《机器人道德宪章》，对人类和机器人之间的关系提出规范，以防止人类“虐待”机器人和机器人“伤害”人类。另外，该宪章也对机器人使用者和制造者应当遵循的伦理道德准则作出了规定。

2015年10月，日本庆应大学在“机器人三原则”的基础上，提出了“机器人八原则”，增加了“保守秘密、使用限制、安全保护、公开透明、责任”等原则。2016年5月，欧盟议会法律事务委员会在《就机器人民事法律规则向欧盟委员会提出立法建议的报告草案》中提出“机器人宪章（*Charter on Robotics*）”，提出了在机器人设计和研发阶段需要遵守的基本伦理原则。2016年6月底，微软CEO萨提亚·纳德拉（Satya

Nadella)在网络杂志 *Slate* 上提“出人工智能安全六准则”。2016 年 9 月，包括亚马逊、IBM、微软、谷歌和 Facebook 在内的世界五大科技公司的 CEO 联合制定了人工智能开发的伦理道德标准。2016 年 12 月，电气和电子工程师协会发布了世界首个人工智能道德准则设计草案《*Ethically Aligned Design*》。2017 年 2 月，特斯拉和 SpaceX 公司 CEO 埃隆·马斯克和斯蒂芬·霍金等专家发表了《阿西洛马人工智能原则》(*Asilomar AI Principles*)，共包含 23 条原则，该原则又被称为“阿西洛马人工智能 23 定律”。

人工智能国际准则的演变如图 7.2 所示。

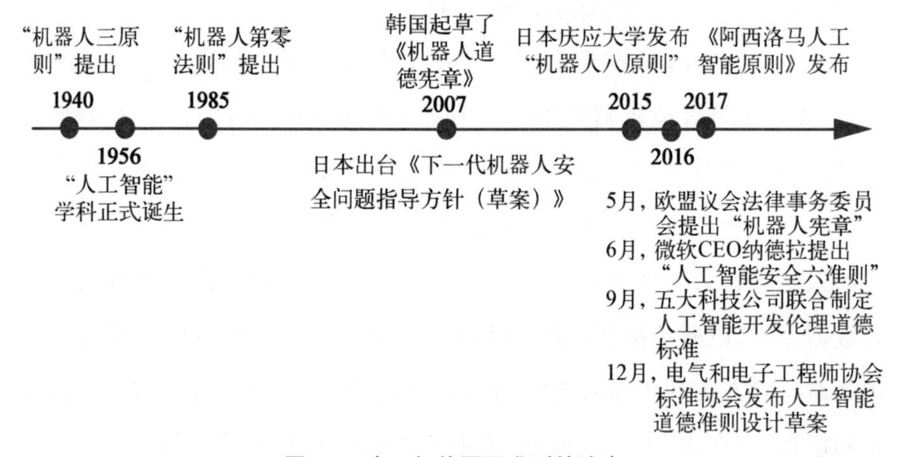

图 7.2　人工智能国际准则的演变

7.2.2　人工智能国际准则的原则

由于人工智能的国际准则制定还处于初步发展阶段，一些国家和国际组织对相关准则也进行了初步探索，但目前仍未形成国际共识。通过对近年来各组织和专家学者所提出的国际准则进行整理与研究，我们认为人工智能国际准则体系应该包括科研准则、伦理准则、技术控制准则、系统安全准则等几方面。其中，科研准则是在人工智能开发方面应该遵循的国际准则，伦理准则、技术控制准则和系统安全准则是在人工智能应用方面应该遵循的国际准则。

（1）科研准则

人工智能的发展给人类社会带来了深远影响，为了使人工智能朝着有益和普惠的方向发展，需要制定科研准则来引导人工智能良性发展。科研方面的准则涉及科学研究的目标、研究经费、研究文化以及科研政策支持等方面。

第一，开发对人类有益的人工智能。

人工智能是由计算机科学、数学、哲学、心理学、语言学等多种学科互相渗透而发展起来的一门综合性学科，其主要的研究目标就是研究如何制造出人造的智能机器或者是智能的系统，用来模拟人类智能活动的能力，延伸人类智能的行为能力。在人工智能研究者们不断地提升模拟人类智能活动的能力的同时，必须对人工智能的研究目标加以约束，以对人类有益作为主要研究目标。

第二，设立专项研究基金用于人工智能重大问题研究。

人工智能投资应该附带一部分专项研究基金，确保其得到有益的使用，解决计算机科学、经济、法律、伦理道德和社会研究方面的棘手问题：① 如何确保未来的人工智能健康发展，使之符合人类的意愿，避免发生故障或遭到黑客入侵；② 如何通过自动化实现繁荣，同时保证保护人类的资源，落实人类的目标；③ 如何更新法律制度，使之更加公平、效率更高，从而跟上人工智能的发展步伐，控制与人工智能有关的风险；④ 人工智能应该符合哪些价值观，还应该具备哪些法律和道德地位等。

第三，营造合作、互信、透明的研究文化。

人工智能研究人员和开发者之间应该形成合作、互信、透明的文化，共同探索出人工智能未知的研发领域，提升技术研发的效率，让人工智能的应用更加安全与可靠。

第四，争取科研政策支持，引导人工智能健康发展。

人工智能已经成为提升国家竞争力和维护国家安全的重大战略，各国都出台了相应的规划和政策，力争在新一轮国际科技竞争中掌握主导权。因此，人工智能研究人员就应该且需要与政策制定者展开建设性交流，促使人工智能的研发获得更好的政策支持，并且不会以危害人类为代价。

(2) 伦理准则

世界著名科技公司（如微软、谷歌等）、欧盟议会、电气和电子工程师协会下设的标准协会等都积极关注人工智能的伦理和道德问题，相继制定并发布了各自的人工智能伦理准则，内容集中于人工智能的安全与管控，具体涉及人工智能开发伦理准则和人工智能产品伦理准则两大方面，主要包括如下要素：

第一，设计者和开发者的责任规则。

在人工智能的设计、研发和生产的阶段，设计者和开发者有责任去遵守伦理道德行为准则，以确保人工智能的实际应用符合法律、安全和伦理等标准。人工智能的设计者和开发者应遵守的伦理准则包括：有益性、不作恶、包容性的设计、多样性、透明性以及隐私的保护，等等。

第二，机器人透明（robot transparency）。

巴斯大学的研究人员倡导把“机器人透明”列为一项伦理要求：用户应该能够轻易辨识一部机器的意图和能力。例如，一辆无人驾驶汽车撞倒了一名行人，人们应该能够获得关于该汽车所做决定的记录，以便通过修改代码来根除类似的错误。与此同时，有关机器人专家也呼吁在机器人和自动化系统上安装类似飞机黑匣子的“道德黑匣子”,记录机器人在失灵前做了哪些决定和行为。将于2018年5月生效的欧盟《一般数据保护条例》对此提供了纠正的空间:那些由机器完全自动作出的决定如果带来法律或其他方面的严重后果,个人将有权利提出异议。

第三,人工智能的安全性。

在《阿西洛马人工智能原则》第6—7条中,人工智能的安全性被归为一项伦理要求,意指人工智能在运行过程中应该是安全可靠的,其可行性和可应用性应当接受验证,保障人类未来伦理、利益和安全。

第四,保护个人隐私(数据)。

人工智能需对个人隐私和产权进行保护,保证个人信息被安全利用。在人工智能的整个运行过程中不应侵犯个人隐私、自由或安全。如果人工智能的运行产生任何侵犯个人隐私(数据)的问题,在确定产生问题的原因和方式后,设计师和开发人员需承担一定的道德责任。如欧盟2016年颁布的《通用数据保护条例》中规定,在利用人工智能对个人数据进行使用时须遵守相应的法规,禁止非法利用人工智能使用个人信息(数据)。

第五,鼓励非个人数据的流动。

鉴于数据在人工智能基础设施发展中的作用,需要就数据分配、收集、本地化、管理和安全性问题达成一致意见。欧盟在这方面就有很好的探索。为促进非个人数据的跨境自由流动,欧盟委员会发布于2017年9月13日的《非个人数据自由流动条例(提案)》(*Regulation on the Free Flow of Non-personal Data*),旨在废除欧盟各成员国的数据本地化(data localization)要求,同时确保监管机构的数据访问和获取权限。如果此提案最终获得批准并成为欧盟的法律,欧盟成员国政府将不能再要求企业在本地数据中心存储数据。

第六,人工智能的价值观应以服从与服务于人类为基础。

虽然人工智能的部分算法能够比普通人作出更加理性的决定,但是,要确保人工智能所使用的数据本身不存在种族或性别等方面的歧视,也是一个很大的技术挑战。面对人工智能可能给社会带来的深刻变革,我们必须确保人工智能与人类的价值观相适应。

那么如何确保高度自动化的人工智能在运行过程中秉承的目标和采取的行动都符合人类的价值观呢?一方面务必做到由人类控制,不管人工智能发展到何种阶段,机器的自主意识有多强,坚持由人类控制是人工智能发展的底线,也是维护社会稳定的基本前提;另一方面务必做到与人类价值观一致。埃隆·马斯克曾提出建立一个监管机构来指导人工智能这一强大技术的发展,以确保人工智能符合人类社会的伦理规范。

(3) 技术准则

当前的人工智能以机器学习技术为基础,随着计算机系统越来越复杂,人们将很难对人工智能进行密切监控,对人工智能的自主控制权也会不断下降。比如说,在刑事司法和医疗保健等领域,许多公司已经开始对人工智能在假释和诊断等问题上的决策能力进行了探索。但是,如果赋予智能机器决策权,人类可能会面临着失控的风险。因此,除了建立人工智能伦理准则并严格实施以外,还需要制定技术标准来合理管控人工智能。

第一,增强可验证和可确认性。

在验证性和确认性方面,人工智能需要新的方法。验证性(verification)是建立一个满足众多正式的要求的系统,而确认性(validation)则是建立满足用户在操作方面的需求的系统。安全的人工智能在评估(确定系统是否非正常运行,特别是在非预期的环境下)、诊断(确认系统非正常运行的原因)、修复(调整系统,解决非正常运行的问题)方面需要新的手段。对于那些超过自主运行时间的系统,设计者无法考虑到系统可能遇到的所有情形,因此要确保这样的系统可靠并且具有活力就需要被赋予自行评估、自行诊断和自行修复的能力。

第二,对能够不断自我完善的人工智能严格监控。

《阿西洛马人工智能原则》第22条提出,对于能够通过自我完善或自我复制的方式,快速提升质量或增加数量的人工智能,必须辅以严格的安全和控制措施。

第三,防御病毒攻击。

在重要系统(如军事系统)中部署的人工智能,必须具有非常强的活力才能应对意外,并能够有效应对一系列的国际网络攻击。部署了人工智能的系统必须要像人的大脑一样有很强的容错能力,就算是某些程序遭到病毒的恶意篡改也能保障系统安全,人工智能需要这样的活力。这就需要人工智能拥有足够的速度去分析、解决每一个病毒威胁,走出"受到攻击—发现病毒—识别并清除病毒"的圈套,改变被动的防御机制,以更加主动的方式来应对病毒攻击。人工智能在网络安全领域的应用十分广泛,可实现在第一时间掌握攻击来源、攻击威胁、攻击频率以及即时实施相应的防范和应对措施,这不仅能提升安全工作的效率,而且能在执行层面和战略层面加强网络安全的防御能力和智能应对能力。

第四,能力警告(capability caution)与非破坏性(non-subversion)。

根据《阿西洛马人工智能原则》第19条,"能力警告"是指我们应该避免对未来人工智能的能力上限进行臆断。"非破坏性"是指在获得控制高级人工智能的能量之后,人们应当尊重和促进人类社会健康发展的社会进程,而不是破坏这一进程。

(4) 安全准则

智能技术虽有大幅度进步，但离保证人工智能的绝对安全及可预见性还有一定的距离。其中，确保人工智能的安全性是一个重大难题。2016年6月，谷歌、Open AI、斯坦福大学和伯克利大学联合发表了一篇论文《人工智能安全的具体问题》(*Concrete Problems in AI Safety*)，指出了研究人员在研发和使用人工智能的过程中可能遇到的具体问题。同时，谷歌研究团队也提出了研究和开发出更智能、更安全的人工智能的五大原则。具体而言，系统安全方面的准则包括风险规划、故障透明性及司法透明性三个方面：

第一，风险规划。

自动化是人工智能所具有的典型特征，这一特征使得人们难以对其可能存在的风险进行预见和管理，尤其是在面临灾难性风险的情况下，事后监管措施几乎难以奏效。因而，针对人工智能的风险，尤其是灾难性风险和存在性风险[①]，必须对其可能后果进行预判并制定相应的应对策略。

第二，故障透明性。

若人工智能意外遭到破坏，必须要能够快速确定原因。但在实践中，提升人工智能的可诠释性(explainability)和透明度(transparency)是一件极具挑战的事情。许多算法，包括那些基于深度学习的算法，用户是很难理解的，而目前人工智能领域又缺乏对结果进行解释的机制。例如，在医疗领域，传统情况下医生在进行诊断和对治疗方式下结论时，是能够一一解释清楚的。但是，一些智能技术，比如决策树推理(decisiontree reasoning)等自带的解释功能往往提供不了准确解释。这

① 存在性风险(existential risk)是指整个人类社会的存在都将受到威胁，甚至受到彻底毁灭的风险。

就需要研究人员开发更加透明的、可以自动向用户解释其结果和行为的系统。

第三，司法透明性。

《阿西洛马人工智能原则》第8条提出，任何由自动系统参与的司法判决都应提供令人满意的司法解释并被相关领域的专家接受。在司法实践中，监管部门和司法机关对透明性和举证责任是有要求的，但机器学习的结果具有不确定性和算法保密的要求，在这两种要求之间存在着一种结构性的紧张关系，因此需要建立一个既能鼓励人工智能发展，又能合理分配风险的监管制度。

7.3　人工智能国际准则的构建策略

构建人工智能国际准则，需要站在全球治理的高度，以实现人类社会"共同繁荣"为愿景，在借鉴其他技术领域治理经验的基础上，对人工智能未来发展进行统筹规划和设计。

7.3.1　全球治理视角下的人工智能

(1) 规划与治理：迫在眉睫

随着人类社会由二元空间结构进入三元空间结构，参与国际秩序建构的主体发生了深刻变化，涌现了诸多全球性问题。通过全球治理，构建世界新秩序，成为世界各国的普遍共识。自威斯特伐利亚体系[①]建立以来，主权独立平等、不干涉内政和势力均衡成为国际关系与国际法的

① 威斯特伐利亚体系是欧洲三十年战争(1618—1648)结束后，在威斯特伐利亚和会上签订的以威斯特伐利亚合约为基础的一个力量相对均衡的国际政治体系。该体系是近代国际关系史上的第一个国际体系，也是第一次以条约的形式肯定国家主义的国际体系。

基本原则。主权国家作为维护不同国家利益的实体，成为国际格局演变的主体。随着全球化的不断发展，国家利益与全球利益的矛盾和冲突日益突出，国际关系实践的经验表明，单凭实力去追求各自的国家利益无法解决新的全球性问题。与此同时，各国之间联系日益加强，形成了“你中有我，我中有你”的共同发展的新局面，国际秩序不断面临新的挑战。一味地削弱对方、增强自我的彼此遏制的做法越来越受到质疑。随着参与主体的日益多元化，国际秩序建构的主体也由单一的主权国家转向多元主体，包括个人、各种利益集团、国家和全球整体，甚至包括人与生态，等等，这些利益主体的诉求需要在国际合作秩序中得以体现。

人工智能的不断发展进步，增加了新的主体，造成了人类社会等级秩序的变化，带来了新的问题和挑战，需要国际社会联合起来，共同应对。一方面，造成了人类社会内部等级秩序的变化。人工智能的发展可能会导致人类出现智力方面的“数字分化”(digital divide)，即出现极少数人(如人工智能的设计者、操作者)变得越来越聪明，而绝大多数人智力退化，变得越来越平庸的现象，人类智力退化成为“活尸人”，最终导致人类“非人化”；另一方面，增加了智能机器人这一国际治理的主体，“人机关系”成为国际冲突的焦点领域。未来人工智能可能会拥有自我意识，产生反向控制人类等问题，甚至会获得自主塑造和控制未来的能力，从而对人类社会的秩序提出重大挑战。

(2) 愿景：推动人类共同繁荣

加强全球治理，推动全球治理体系变革是大势所趋。中国领导人基于对世界大势的准确把握提出了“人类命运共同体”这一全球治理理念。“人类命运共同体”的提出源于人类社会传统的二元空间内国际力量对比发生了深刻变化。新兴市场国家和一大批发展中国家快速发展，世界各国需要通过全球治理体系，本着友好协商的基本原则，建立国际机制、遵守国际规则，追求国际正义，构筑你中有我、我中有你的利益共同体。随着塞博空间的出现，人类社会秩序面临极大挑战。世界各国应积极谋划，弘扬共商、共建、共享的全球治理理念，共同应对塞博空间人工智能给人类所带来的挑战。

以国际安全为例，在具备了重塑防务领域的相关能力的情况下，人工智能用于军事可能会带来一系列国际问题：未来战争中技术领先国家依赖无人武器平台远程遥控，军人处于比平民更安全的环境，引发道德伦理问题；人工智能滥用会降低战争触发的门槛；由于存在被对手篡改和病毒入侵攻击的问题，人工智能平台可能会因为失控而滥杀无辜；人工智能如何保证不被恐怖分子所使用，从而避免产生跨域攻击、战争误判等风险。除此以外，还有通过人工智能进行基因改造等问题。这些问题的有效解决需要从人类命运共同体的角度，对人工智能爆发时代的国际性安全挑战进行分析和判断。

因此，人类社会应该以“共同繁荣”为愿景，通过国际准则的构建，推动人工智能发展，为国家、社会、组织和个体带来益处，以创新驱动经济繁荣发展，改善人类生活质量，为全球安全提供保障。“共同繁荣”这一愿景包含三层含义：共同利益、共享利益和繁荣以及规避人工智能军备竞赛。

一是共同利益。人工智能只能服务于普世价值，应该考虑全人类的利益，让尽可能多的人使用和获益，更广泛地给人们提供发展机遇和前景，而不是一个国家、一个组织或者少数人从中受益。为确保人工智能在造福大众的同时实现安全发展，维护社会稳定，世界各国应该致力于行业和相关标准组织建设，通过自愿、共同驱动、透明、开放和市场需求的原则，促进人工智能国际准则的发展。

二是共享利益和繁荣。先进的人工智能代表了人类社会发展史上的一大深刻变化，由人工智能创造的经济繁荣应当广泛共享，为全人类造福。另外，实现共同繁荣需要让更多的人参与人工智能的发展，感受人工智能所带来的社会文明进步。除此之外，全人类在享受人工智能带来福祉的同时，也要对人工智能进行规划和管理，使其能够长久地为人类社会服务。

三是规避人工智能军备竞赛。应该避免各国在致命性自动化武器上开展军备竞赛。在人工智能方面展开的军备竞赛，一方面会增加竞赛国的军费开支，加重竞赛国的经济负担；另一方面也会影响世界的政治生态，破坏和平与发展。当前人工智能军备竞赛主要集中于致命性自动化武器的研发，尤其是智能军用武装机器人的研制方面。此外，国际社会还应当对民用智能机器人公司作出相应的限制，避免政府利用民用机器人产业的生产链制造军用武装机器人。

7.3.2 其他领域国际成功经验的借鉴

国际社会在应对核武器扩散、克隆技术滥用、转基因安全等问题挑战时的经验，为人工智能全球治理与国际准则构建提供了一些宝贵的参考和启示。

(1) 核武器控制

核武器出现于 20 世纪 40 年代，并首次应用于第二次世界大战战场。1945 年 8 月，美国先后在日本的广岛和长崎投下了两颗原子弹，影响了当时的战局。与此同时，核武器的应用也给当地带来毁灭性打击，无数无辜平民遭受灭顶之灾。这一行为遭到很多先前参与研制核弹的物理学家的反对和抵制。在此之后，各国核能力快速发展，个别国家已具有将核能技术和材料转用于核武器的能力，核武器控制体系面临着严峻挑战。然而自第二次世界大战结束后，就没有发生过使用核武器的战争,这主要得益于主权国家以及政府间组织所实行的各类核武器控制战略,更重要的是建立了“治理主体—治理制度建设—观念建构”这一核武器控制全球治理思路。

第一,治理主体:多行为体之间的相互协作。

治理主体包括主权国家、政府间国际组织、公民社团等。一方面,主权国家以及政府间组织在核武器控制上作出了巨大的贡献,是全球治理权威的重要生长点。另一方面,公民社团[①]尤其是非政府组织(Non-Governmental Organizations,NGO)在核武器控制上的作用不可或缺,有效地弥补了核武器控制体制上的缺陷并适应新的国际形势。如由核武器相关专业的学者组成的研究机构——美国科学家联合会(The Federation of American Scientists,FAS)。该机构的成员本身都是该领域的专家,对核武器的危害有着更深刻的认识,具有更大的权威性,他们保持着高度独立性,站在全人类的利益立场上进行研究,研究成果往往被全世界广泛接受,推动了核武器全球治理的进程。另外还有从特定议题出发关切核武器控制的非政府组织,如反核运动的绿色和平组织(Greenpeace),这个组织的成立就是旨在反对核武器试验对环境的破坏。

第二,治理制度:通过条约和协定将防止核扩散制度化。

为了防止核武器扩散,国际社会建立了一系列的国际条约、国际机构和组织机制,形成核不扩散机制。其中 1957 年成立的国际原子能机构(International Atomic Energy Agency)和 1968 年签订的《不扩散核武器条约》(Treaty on the Non-Proliferation of Nuclear Weapons)是重要的组成部分。该体制不仅有效地控制了有核国家数量的增长,遏制了无核

---

① 公民社团包括专业研究机构、国际名人组织以及特定职业人群组织,等等。

国家发展核武器的意愿，有效地防止了核武器的扩散；还推动了大国核裁军的进程；此外，该体制还促进了全球范围内核能的和平利用，《不扩散核武器条约》的签订使得和平利用核能获得了最直接、最权威的国际法律依据，在保证成员国享有和平利用核能的同时，也将成员国置于严格的国际监督下。事实上，不仅主权国家在核不扩散体制里发挥重要作用，公民社团对核不扩散体制的建构也具有推动作用。除此之外，无核区的建构(拉美无核区于1967年问世后，世界其他区域也相继诞生了类似的条约)等创新制度在全球治理结构中形成广泛的示范效应，从而推动了更多核武器扩散的控制规制。

第三，观念建构：加强控制核扩散理念的认同，内化为自身的行为。

控制核武器扩散的规范建立，使得遵守这些规范成为行为体自觉的行动，达成了一致的共识。规范发挥作用的最重要途径就是与制度结合，当主权国家加入《不扩散核武器条约》之后，违反条约的制约条款会促使其自觉遵守条约。制约条款包括无法享受和平利用核能的协助等，久而久之，控制核武器不扩散便成为真正的"普遍道德法则"。

(2) 防止克隆技术滥用

克隆技术是一把双刃剑，既能为人类带来福祉，也会因被滥用而带来祸害。克隆技术的滥用，(比如试图用克隆技术制造无头人作为器官移植的供体或者是人的工具)是对人权和人尊严的挑战，也违反了生物进化的发展规律，更严重的是扰乱了正常的伦理定位。在国际社会共同努力下，形成了"各国立法—开展国际会议—八国首脑宣言—国际组织的参与—制定法律—国际公约"这一防止克隆技术滥用的国际治理模式。

英国早在1990年就制定了《关于人受精及胚胎研究的法律》(*Human Fertilisation and Embryology Act* 1990)对克隆技术作出了规

制，从而成为对生殖医疗立法最早的国家。同年，德国出台了《胚胎保护法》(*Embryo Protection Act*，1990)，明确规定了生殖等技术领域禁止研究的范围。日本也出台了《关于克隆技术等方面规制的法律》，该法律 2001 年 6 月正式生效。

为了规范克隆技术的健康发展，世界卫生组织在 1997 年 5 月的会议上制定了《关于克隆技术的决议》，明确指出不允许将克隆技术应用于人类。在同年 6 月的八国首脑会议上，法国总统希拉克(Jacques René Chirac)提议禁止克隆人，随后这一提议被写入八国首脑宣言。同年 10 月在欧洲委员会(Council of Europe)上一致决议禁止制作克隆人。在同年 11 月的联合国教科文组织大会上通过了《有关人基因组和人权的世界宣言》，明确提出克隆人违反人类的尊严，应予禁止。联合国在 2002 年 2 月举行的关于拟定《禁止生殖性克隆人国际公约》会议上，提出禁止一切形式的克隆人行为，包括生殖性和治疗性的克隆人行为。

(3) 转基因技术防护

从转基因技术诞生以来，国际社会对于该技术可能带来的伦理等问题展开了激烈讨论。转基因技术的负面影响主要涉及食品安全、环境安全、以及生物安全等方面。

为解决转基因技术所带来的国际挑战，各国形成合力，建立了一个全球性的生物安全防护系统，共同参与、研究、抵御外来物种入侵以及传染的防治工作，在此过程中还多方借鉴他国有益的经验和办法，及时更新技术和管理。

国际社会由此产生了两种生物安全立法的模式。一种是基于产品管理的美国模式。该模式下，由特定的管理机构对转基因进行标注、检验，一旦发现过敏、毒性、新成分等必须停止生产、销售。另一种是基于技术管理的欧盟模式，针对转基因的技术和产品，制定相应的法律法规，并规定对于含有转基因的必须加以标注并进行检测，并且实行严格的审定和可溯源回收制度，以确保基因的可追溯性。这两种模式都能有效控制转基因技术所引起的负面影响。

(4) 气候变化问题应对

气候变化问题也是备受关注的全球性问题之一。为应对气候变化，联合国早在1988年就设立了政府间气候变化专门委员会，组织召开了多次国际会议，制定一系列文件，形成了应对气候变化的基本框架：专门委员会—国际会议—国际条约—展开行动。

2016年4月22日，170多个国家领导人共同签署气候变化问题《巴黎协定》(*The Paris Agreement*)，承诺将全球气温升高幅度控制在2℃的范围之内。《巴黎协定》是继1992年《联合国气候变化框架公约》(*United Nations Framework Covention on Climate Change*)、1997年《京都议定书》(*Kyoto Protocal*)之后，人类历史上应对气候变化的第三个里程碑式的国际法律文本，形成2020年后的全球气候治理格局[①]。

《巴黎协定》体现了和而不同的思想，充分考虑了各国的国情和能力，反映了联合国框架下各方的诉求，得到了缔约方的一致认可。如《巴黎协定》规定了发达国家和发展中国家的不同责任：欧美等发达国家继续率先减排并开展绝对量化减排，为发展中国家提供资金支持；中印等发展中国家应该根据自身情况提高减排目标，逐步实现绝对减排或者限排目标；最不发达国家和小岛屿发展中国家可编制和通报反映它们特殊情况的关于温室气体排放发展的战略、计划和行动。

由此可见，《巴黎协定》的签署有助于各国采用非侵入、非对抗模

---

① 吕江：《〈巴黎协定〉：新的制度安排、不确定性及中国选择》，载《国际观察》2016年第3期.

式的平价机制，加强双边甚至多边合作，培养应对气候变化的全球意识。

7.3.3　人工智能的国际合作框架

人工智能正处在加速发展时期，正在经济、军事、社会、文化等领域快速应用，同时，人工智能导致的负面效应开始显现，智能机器的自动化程度和自主性越来越强，而自主发展的后果非常严重，已经威胁到人类的人格和尊严，威胁到人类的前途和命运。面对共同的问题，不同宗教、民族、国家、地区、企业和个人的根本利益是一致的。如果人们拒绝合作，各自为政，各行其是，或采取差别化方式研发、应用人工智能，那么，既难以利用人工智能为人类服务，让尽可能多的人使用和获益，也难以及时、有效地规避风险。因此，国际社会在协同促进人工智能发展的同时，必须"拧成一股绳"，基于人类共同价值和伦理底线，在人工智能领域开展国际技术交流，推动国家和地区间的立法合作，并最终促成相关国际条约的达成。

(1) 开展国际技术交流与合作

虽然人工智能发展迅速，且有很大的上升空间，但其自身还存在很多技术上的漏洞和瓶颈。各国应加强合作与交流，共同致力于人工智能的进步。

第一，多层次、多渠道开展交流与合作。

通过国际间政府互访、学术交流、咨询、技术服务与许可证贸易等方式，加强各国人工智能领域的政策制定者、研究人员和业界之间的交流与合作，促进人工智能标准的国际化。2013 年上半年，欧盟委员会宣布投入 10 亿欧元资助"人脑计划"，时间早于美国 BRAIN 计划(白宫资助的神经系统科学计划)。2014 年 3 月，两项计划展开合作，就合作程度、数据共享问题以及彼此科学进展进行协商，以实现在不重复彼此工作的前提下使研究覆盖尽可能多的领域。

第二，通过建立联合实验室等方式开展技术合作。

2017 年 7 月，由上海移动互联网应用促进中心与美国加州大学伯克利分校工程院、《哈佛商业评论》及《财经》杂志共同发起的“2017 全球人工智能可持续发展高峰论坛”期间，“人工智能国际联合实验室加州伯克利中心”落户上海浦东金桥。该联合实验室定位为“为人工智能的产业化、标准化提供行业性技术服务平台、合作交流平台以及面向高科技型企业的国际三方公共知识产权服务平台”，致力于打造“中国最大、具影响力的专业人工智能国际联合实验室”[①]。同月，中国江苏省政府也宣布与美国麻省理工学院在人工智能领域展开深入合作。

第三，鼓励人工智能企业参与制定国际标准，以技术标准的国际化推动人工智能产品和服务的国际化。

以中国为例。2015 年 9 月，中国组织制定的首项 ISO 国际标准 CDVS 被正式采纳为 ISO 国际标准(标准号：ISO/IEC 15938—13：2015)，成为视觉算法领域的国际标准之一。2017 年 3 月，在 ISO/IEC JTC1/SC35 德国柏林会议上，由中国科学院软件研究所、中国电子技术标准化研究院、上海智臻智能网络科技股份有限公司(小 i 机器人)三家中国科研机构和企业共同提出的“信息技术—情感计算用户界面—框架”(Information technology—affective computing user interface—framework)通过国际投票，获得正式立项。此标准不仅是中国在用户界面领域获得的第一个国际标准立项，也是用户界面分委会首个关于情感

① 搜狐网.思想碰撞的盛宴——2017 全球人工智能可持续发展高峰论坛精彩回顾[EB/OL]. (2017-08-12)[2017-08-14]. https://www.sohu.com/a/163984680_168180.

计算的标准，填补了国内外该领域标准的空白①。

(2) 加强国际立法合作

人工智能对社会治理、法律制度和政府监管等提出了极大挑战，为了保证人工智能在良好有序的秩序下发展，我们既需要进行立法，也需要进行法律上的调整对此加以规范。由于人工智能立法是全球都面临的新问题，世界各国应该加强立法合作，共同降低和控制人工智能在发展过程中产生的风险，人工智能的快速发展起到促进和制度保障作用。

第一，人工智能国际立法合作的现实基础：世界各国的立法实践。

世界各国政府及公共机构积极关注人工智能的法律和社会的影响，并对此开展了大量的研究，为人工智能法律和伦理建设提供了理论支撑。在人工智能法律和伦理研究方面，以联合国和电气和电子工程师协会最为突出。欧洲各国、美国等发达国家也在人工智能立法方面进行了大胆的尝试，为国际立法合作奠定了实践基础。

其一，美国人工智能立法实践。2017 年 1 月以来，美国国会推出了三项涉及人工智能的法案，其中的《2017 全民计算机科学法案》、《2017 在科学技术工程及数学领域中的计算机科学法案》等，分别关注了人工智能对美国人生活质量的改善价值及可能对部分工作的替代作用，并要求商务、教育等部门加强有关职业培训以及中学生的计算机科学教育。

其二，欧盟人工智能立法实践。早在 2015 年 1 月，欧盟议会法律事务委员会就决定成立一个工作小组，专门研究与机器人、人工智能发展相关的法律问题。2016 年 5 月，欧盟议会法律事务委员会发布《就机器

① 华龙网.人工智能领域的又一进步：中国提案首个情感交互国际标准获立项[EB/OL].(2017-03-28)[2017-08-14]. http://www.cqnews.net/html/2017-03/28/content_41109467.htm.

人民事法律规则向欧盟委员会提出立法建议的报告草案》;同年 10 月,发布研究成果《欧盟机器人民事法律规则》。2017 年 2 月 16 日,欧盟议会法律事务委员会推动欧盟议会通过一份决议,要求欧盟委员会就机器人和人工智能提出立法提案,内容包括成立欧盟人工智能监管机构、提出人工智能伦理准则、重构责任规则、强制保险机制和赔偿基金、考虑赋予复杂的自主机器人法律地位的可能性、明确人工智能的“独立智力创造”(own intellectual creation)等十项建议。

其三,其他国家的情况。近年来,为有效应对美国和中国在人工智能领域的迅速发展的状况,日本政府特别重视人工智能的发展,并在立法方面推出一系列的举措。如拟通过立法将人工智能所创作的作品纳入知识产权保护体系,具体做法是可能对《著作权法》或《反不正当竞争法》进行修订。日本国土交通省发布了关于智能车的政策;厚生劳动省修改安全卫生规则,规定产业机器人在一定条件下可以不加防护和人一起工作。在无人驾驶方面,早在 2015 年,日本政府就酝酿针对自动驾驶汽车启动立法。2016 年,日本制定了自动驾驶普及路线图,计划放宽无人驾驶汽车与无人机的相关法律法规,2017 年开始允许纯自动驾驶汽车进行路试。

第二,人工智能国际立法合作的重点领域与基本路径。

未来各国在以下领域有广阔的立法合作空间:人工智能法律主体地位、人工智能“独立智力创造”、人工智能伦理准则建设、人工智能所带来的责任重构、人工智能监管,等等。其基本路径包括如下方面:

一是以先行先试为基础。由于各国在人工智能领域发展水平不一,所面临的实际问题有所差异。如日本在机器人、小说与动漫等领域,美国和中国在智能驾驶、计算机视觉、自然语言识别等领域具有比较优势。各国需要根据本国国情,积极并率先在优势领域推出人工智能方面的法律规范与伦理制度。

二是就人工智能立法实践中的共性问题探索有效的合作途径。国际范围内立法合作既包括各国立法机构之间互通有无，共同就共性法律问题进行探讨，也包括立法机构与高校等法律与伦理研究机构之间的合作等。

三是修订完善现有的相关国际协议，共同探索人工智能国际标准与准则。如随着智能驾驶的不断发展，诸如《国际道路交通公约(维也纳)》(*Vienna Convention for Road Traffic* (*Geneva*)，也称维也纳道路交通公约)、《公路交通事故法律适用公约》(*Convention on the Law Applicable to Traffic Accidents*)等相关国际协议需要进行修改。同时，各国需要通过立法合作，寻求并确立与机器人和人工智能相关的国际标准，以控制人工智能的广泛应用所带来的风险。

(3) 在相关领域形成国际条约

人工智能在为人类带来极大便捷、成为业界和资本竞相追逐对象的同时，也成为世界范围内公共政策热议的焦点。在涉及人类共同利益和安全的领域通过国际条约对各国的人工智能发展进行约束，是非常有必要的。

第一，人工智能发展国际条约的必要性。

人工智能的发展引发了对人类生存危机的担忧。如埃隆·马斯克就认为，“人工智能是人类文明存在的根本危险，它会对整个社会造成损害”，并认为“我们必须对人工智能保持警惕，它们可能比核武器更加危险”。持有类似观点的还有比尔·盖茨、斯蒂芬·霍金，等等。

人工智能被广泛应用于军事领域，尤其是智能自动化武器层出不穷，如无人车、无人机和无人船等，更是引发了人们对于“大规模战争”“机器人失控”等可能发生的事件的忧虑。2017 年 8 月 21 日，在澳大利亚墨尔本举办的 2017 年国际人工智能联合大会(International Joint Conference on Artificial Intelligece)的开幕致辞上，以埃隆·马斯克与 DeepMind 联合创始人穆斯塔法·苏莱曼(Mustafa Suleyman)所牵头的来自 26 个国家的 116 位机器人和人工智能公司的创始人正式向联合国发出公开信，呼吁联合国采取相关的措施来制止围绕“智能武器”而展开的军备竞赛，并将军事领域中的人工智能形容为“继火药和核武器之后人类战争形式的第三次革命”①。

第二，人工智能发展国际条约的可能方向。

人工智能在武器系统中的大量应用和潜在用途使得“智能作战机器人”得以普及，从而大大降低了战争的门槛。因此，人工智能发展国际条约应该首先从军事领域着手，基于现有国际条约框架内进行建设。联合国际制定了《禁止或限制使用特定常规武器公约》(*Convention on Prohibitions or Restrictions on the Use of Certain Conventional Weapons*)这一旨在禁止和限制使用非人道常规武器的国际条约，2014 年起就开始关注并讨论致命性自动化武器(也称杀人机器人)的管制问题，并于 2016 年设立了“致命自动武器系统监管专家组”(Group of Governmental Experts on Lethal Autonomous Weapon Systems)，专门用于讨论与致命性自动化武器的管制与禁止有关的问题，并有望进一步出台一份应对计划。

7.3.4 人工智能国际组织的设立

在各国充分交流与合作的基础上，国际社会应该成立人工智能全

① Ariel Conn. Leaders Of Top Robotics And AI Companies Call For Ban On Killer Robots [EB/OL].(2017-08-21)[2017-11-24]. https://www.huffingtonpost.com/entry/leaders-of-top-robotics-and-ai-companies-call-for-ban_us_59998ef3e4b03b5e472cf08f.

球治理组织机构，负责国际准则的达成与实施，以及其他全球治理事务。

(1) 现有组织

现有涉及人工智能领域治理的国际组织主要包括政府间组织和非政府间组织两类。

第一，政府间组织主要包括联合国、欧盟、经济合作与发展组织等。

一是联合国。作为一个具有代表性的国际组织，它也是当代国际体系的核心机构。联合国在人工智能的治理问题上起到了引领者的作用，在人工智能的法律和伦理研究方面贡献尤为突出。联合国构建了人工智能发展的国际机构，以全人类的利益为出发点和立足点，制定人工智能的政策，着重关注伦理道德和安全问题。2016 年 8 月，联合国教科文组织与世界科学知识与技术伦理世界委员会联合发布《机器人伦理初步报告草案》，认为机器人不仅需要尊重人类社会的伦理规范，而且需要将特定伦理准则编写进机器人中。

二是欧盟。欧盟在人工智能民事立法方面取得了重要的成果。不仅针对机器人和人工智能出台了民事法律规则，还为人工智能的研发和审查人员制定伦理守则，确保在整个研发和审查环节中都能将人类价值考虑在内，使之能够符合人类的利益。如 2013 年 1 月将“人脑计划”列入未来新兴技术旗舰项目之一；2013 年 12 月与欧洲机器人协会合作完成 SPARC 计划；2016 年 6 月，率先提出了人工智能立法动议，等等。

三是经济合作与发展组织。经济合作与发展组织（简称“经合组织”）是为共同应对全球化带来的经济、社会和政府治理等方面的挑战，并把握全球化带来的机遇而建立的政府间国际经济组织。近年来，经合组织推出了“走向数字化项目”(Going Digital Project)以为政府决策者提供必要的工具，帮助他们在日益数字化和数据驱动的世界中实现经济和社会繁荣。随着智能机器人与人类生活的深度融合，人工智能的发展问题引起了经合组织的高度重视，2017 年经合组织会议将主题定为“人工智能：智能机器与智能政策”，探讨政府政策和政府间合作的机遇、挑战与作用。

四是金砖国家峰会。金砖国家峰会是由巴西、俄罗斯、印度、南非和中国五个国家召开的会议。在当代国际力量对比发生变化的背景下，金砖国家代表了新兴经济体的利益。金砖国家遵循“开放透明、团结互助、深化合作、共谋发展”的原则和“开放、包容、合作、共赢”的金砖国家精神，致力于构建更紧密、更全面、更牢固的伙伴关系。金砖国家峰会的召开，逐渐形成了金砖国家之间的合作机制。随着更多的新兴经济体加入，金砖国家峰会将在国际政治经济事务中发挥更为重要的作用。金砖国家组织及其峰会为新兴经济体间人工智能的发展提供了平台，金砖国家之间人工智能领域的国际交流与合作必将进一步深化。

五是国际货币基金组织。作为世界两大金融机构之一，国际货币基金组织成立于 1945 年，主要职责是监察货币汇率和各国贸易情况，提供技术和资金协助，确保全球金融制度运作正常。国际货币基金组织高度关注人工智能所带来的变革性影响，在 2017 年多次论坛议程中，有多项议题涉及人工智能、大数据等新经济领域，其中就包括人工智能与就业的关系，以及虚拟货币、金融中介新模式和人工智能带来的影响。

第二，非政府间组织主要包括国际协会与国际会议组织等。

一是电气和电子工程师协会。作为全球最大的非营利性专业技术学会，该协会在人工智能法律以及伦理的研究方面作出了巨大的贡献。

除在2016年12月发布了《合伦理设计：利用人工智能和自主系统(AI/AS)最大化人类福祉的愿景(第一版)》之外，同月，协会还发布了世界第一部《人工智能道德准则设计草案》，提出机器人制造和人工智能系统部署的伦理道德问题和责任分担机制，指出让责任可追溯性以及让机器人行为和决策处于全程监管之下的重要性。

二是国际人工智能协会。该协会是一个致力于促进人工智能研究和负责任使用的国际非营利性科学协会。协会旨在提高公众对人工智能的理解，改善人工智能从业人员的教学和培训条件，为研究计划者和资助者提供有关当前人工智能发展和未来发展方向的重要性和潜力的指导。该组织成立于1979年，前身为“美国人工智能协会”(American Association for Artificial Intelligence)，于2007年更名为“国际人工智能协会”。它在全球拥有超过4 000名成员。

三是欧洲人工智能协会。该协会是欧洲人工智能社区的代表机构，其目的是促进人工智能在欧洲的学习、研究和应用。该协会的前身是ECCAI(European Coordinating Committee for Artificial Intelligence)，成立于1982年。每个偶数年份，该协会与其成员协会联合举办欧洲人工智能会议，该会议已成为欧洲这一领域领先的会议。

四是人工智能和行为模拟研究协会。该协会全称Society for the Study of Artificial Intelligence and the Simulation of Behaviour，又称AISB，成立于1964年，是世界上历史最悠久的人工智能协会，也是英国最大的人工智能学会。作为一个非营利的研究协会，它致力于推动对思想与智能行为的机制的科学理解及其在机器中的模拟和实现。协会还旨在促进对人工智能研究、行为模拟和智能系统设计感兴趣的人之间的协调与沟通。协会有来自学术界和工业界的国际会员，它同时也是欧洲人工智能协会的成员。

五是欧洲神经网络协会。作为一个非营利组织，它旨在通过与欧洲各国的神经网络组织开展合作以促进人们对人工神经网络的了解，推动神经网络的科学研究活动。该协会研究领域主要涉及行为活动和脑活动建模、神经网络算法开发以及神经建模在不同领域的应用。自1991年以来，该协会组织了人工神经网络国际大会，并为会议参加者提供资助。

六是欧洲机器人协会。该协会全称euRobotics AISBL（Association Internationale Sans But Lucratif），成立于2012年9月成立，总部设在比利时首都布鲁塞尔，最初由35个机构倡议成立，现在协会会员包括超过250家公司、大学和研究机构，其中不仅有传统的工业机器人制造商、农业机械生产商，还有创新医院的经营者等，科技实力非常雄厚。

七是国际人工智能与法律会议。该会议（International Conference on Artificial Intelligence and Law）是以人工智能和法律研究为主题的主要国际会议。它是1987年由国际人工智能与法律协会发起设立的，每两年举办一次，旨在推动人工智能与法律这一跨学科领域的研究和应用。该会议为介绍和讨论最新的人工智能研究成果及其实践应用提供了良好的平台，有力地促进了跨学科的国际合作。

八是国际人工智能联合会议。该会议（International Joint Conference on Artificial Intelligence）是人工智能领域中最主要的学术会议之一，在奇数年召开。人工智能领域的全球顶尖研究者与优秀从业者都会在此会议上分享人工智能领域的最新理论推进、技术发展和应用成果。

（2）人工智能全球治理构想

人工智能快速发展所带来的国际挑战是世界各国共同面临的问题，这涉及全人类的福祉，因此需要依靠全球治理的分析框架，以全球治理的视角来解决。

第一，以主权国家和政府间国际组织为主导的多元化全球治理主体。

人工智能全球治理需要主权国家与政府间国际组织发挥主导作用，其主要负责对人工智能涉及的国防、安全与人类未来发展相关事务的协调。同时要重视公民社团的作用，充分发挥以非政府组织为代表的全球市民的作用。这是因为，相对于主权国家来说，公民社团超越了狭隘的国家和民族利益的束缚，站在人类共同利益的立场上控制人工智能带来的影响。未来人工智能全球治理的主力与主要推动力可能来自知识精英和社会精英。

第二，加强人工智能全球治理制度建设，尽快达成人工智能全球治理的条约和协定。

一方面，依托主权国家，成立对人工智能进行全球治理的组织机构，如人工智能国际协调与监管机构，负责在关键和敏感领域人工智能发展的治理；另一方面，也要发挥非政府组织的作用，加强人工智能伦理准则建设，力争在世界范围内形成一套系统的国际条约和协定，规范各主权国家人工智能的发展。同时，国际社会需要加强机器人伦理和安全风险等人工智能国际共性问题的研究，深化人工智能的国际法律法规研究，推进人工智能标准和安全标准的国际统一。

第三，加强观念构建，形成超越国家利益的主体间共识。

充分发挥全球公民社团在推动全球治理主体间达成共识的作用。人工智能公民社团包括那些直接参与人工智能理论研究并了解人工智能未来效能的科学家，以及将人工智能进行商业化应用的商业精英等。他们通过自身努力，将人们对人工智能的讨论从技术领域扩展到安全、伦理方面。这些科学家和商业精英能够提高人们对人工智能在特殊领域应用的道德认知，让大众意识到人工智能可能对人类带来重大生存挑战;同时,这些科学家和商业精英对政治家的相关决策也能够带来一定的压力,限制他们在极端情况下选择使用类似人工智能武器等的可能性。

在形成人工智能全球治理的观念认同和规范的基础上,可以进一步达成超越国家利益的主体间共识。随着这些共识在全球范围内扩大并得到认可,可上升为显性或隐性的行为规则或道德规范,甚至是全球文化,最终可以从根本上改变人工智能全球治理的被动模式。

本章参考文献

[1] 曹建峰.10大建议！看欧盟如何预测AI立法新趋势[J].机器人产业,2017,(2).

[2] 陈晋.人工智能技术发展的伦理困境研究[D].长春：吉林大学,2016.

[3] 杜严勇.人工智能安全问题及其解决进路[J].哲学动态,2016,(9).

[4] 国务院.新一代人工智能发展规划(国发[2017]35号)[EB/OL].(2017-08-24)[2017-10-05]. http://guoqing. china. com. cn/2017-08/24/content_41468301.htm.

[5] 何波.人工智能发展及其法律问题初窥[J].中国电信业,2017,(4).

[6] 无人驾驶汽车也要遵守交通规则 日德法制定统一标准[EB/OL].(2016-07-20)[2017-10-20].http://www.huahuo.com/car/201607/14899.html.

[7] 《机器人技术与应用》编辑部.解读《中国"互联网+"人工智能三年实施方案》[J].机器人技术与应用,2016,(3).

[8] IEEE首份AI报告：利用人工智能和自主系统(AI/AS)最大化人类福祉的愿景[EB/OL].(2017-01-09)[2017-10-09.].http://www.ciiip.com/news-10466-511.html.

[9] 李俊平.人工智能的伦理问题及其对策研究[D].武汉：武汉大学,2013.

[10] 李怡萌.人工智能技术的未来发展趋势[J].电子技术与软件工程,2017,(11).

[11] 李政佐.论人工智能产品侵权行为责任认定——以人工智能汽车为例[J].商,2016,(33).

[12] 凌艳平,侯俊军.我国参与国际标准竞争中的大国效应[J].湖南商学院学报,2009,(4).

[13] 刘东国.全球治理中的观念建构[J].教学与研究,2005,4(4).

[14] 刘雪婷.人工智能技术对民法的影响[J].法制博览,2016,(14).

[15] 刘阳,徐晓蕾.美军要封杀大疆,可知"中国制造"早已"防不胜防"？[EB/OL].(2017-08-10)[2017-10-10].http://www.sohu.com/a/163518642_117351

[16] MICHAEL IRVING.阿西洛马 23 原则使 AI 更安全和道德[J].陈亮，编译.机器人产业，2017，(2).

[17] 孙晔，吴飞扬.人工智能的研究现状及发展趋势[J].价值工程，2013，(28).

[18] 魏大鹏，毛文娟.我国参与国际标准竞争的前提、障碍和对策分析[C]//天津市社会科学界第二届学术年会论文集.2006.

[19] 闫志明，唐夏夏，秦旋，等.教育人工智能（EAI）的内涵、关键技术与应用趋势——美国《为人工智能的未来做好准备》和《国家人工智能研发战略规划》报告解析[J].远程教育杂志，2017，(1).

[20] 张一南.人工智能技术的伦理问题及其对策研究[J].吉林广播电视大学学报，2016，(11).

[21] 泉克幸・テーマの趣旨（来たるべき著作権の未来はユートピアか?：京都女子大学法学部公開講座：2016 年度後期）[J].京女法学，2017，(11).

[22] 奥邨弘司・人工知能が生み出したコンテンツと著作権：著作物性を中心に[J].パテント，2017，70(2).

[23] 出井甫・AI 創作物に関する著作権法上の問題点とその対策案[J].パテント，2016，69(15).

[24] 吉田大輔・人工知能（AI）による創作物の権利[J].出版ニュース，2016，2424.

[25] 鈴木健文・ビッグデータ、AIにおける著作権保護とは? [EB/OL]. [2017 - 09 - 04]. http：//wedge.ismedia.jp/articles/-/7943.

[26] AI 時代の著作権を考える[EB/OL]. [2017 - 09 - 04]. https：//www.nikkei.com/article/DGXKZO03254220W6A600C1PE8000/.

[27] ABELLAN-NEBOT J V，SUBIRÓN F R. A review of machining monitoring systems based on artificial intelligence process models [J]. International Journal of Advanced Manufacturing Technology，2010，47(1 - 4).

[28] ALLEN C，WALLACH W，SMIT L. Why machine ethics? [J].IEEE Intelligent Systems，2006，21(4).

[29] ARMSTRONG S，BOSTROM N，SHULMAN C. Racing to the precipice：a model of artificial intelligence development [J]. Ai & Society，2016，31(2).

[30] BOSTROM N，YUDKOWSKY，E. The ethics of artificial intelligence[M]//W. Ramsey & K. Frankish. The Cambridge Handbook of Artificial Intelligence. Cambridge：Cambridge University Press，2014.

[31] BRADY M. Artificial intelligence and robotics [J]. Artificial Intelligence，1984，26(1).

[32] BUCHANAN B G，HEADRICK T E. Some speculation about artificial intelligence and legal reasoning [J]. Stanford Law Review，1970，23(1).

[33] CONITZER V，SINNOTT - ARMSTRONG W，BORG J S，et al. Moral decision making frameworks for artificial intelligence [C]//Association for the

Advancement of Artificial Intelligence. Proceedings of the Thirty-First AAAI Conference on Artificial Intelligence Senior Member/Blue Sky Track. February 2 - 9,2017.San Francisco, CA, USA. 2017.

[34] DANIEL E O.Artificial intelligence and big data [J]. IEEE Intelligent Systems, 2013, 28(2).

[35] FROESE T, ZIEMKE T. Enactive artificial intelligence: Investigating the systemic organization of life and mind [J]. Artificial Intelligence, 2009, 173 (3 - 4).

[36] GONZALEZ L F, MONTES G A, PUIG E, et al. Unmanned aerial vehicles (UAVs) and artificial intelligence revolutionizing wildlife monitoring and conservation [J]. Sensors, 2016, 16(1).

[37] HASSABIS D. Artificial intelligence: chess match of the century [J]. Nature, 2017, 544(7651).

[38] INGRAND F, GHALLAB M. Deliberation for autonomous robots: a survey [J]. Artificial Intelligence, 2014, 247.

[39] KAYSER D. Artificial intelligence and cognitive science [J]. Applied Artificial Intelligence, 1991, 5(2).

[40] KLOPMAN G. Artificial intelligence approach to structure-activity studies. Computer automated structure evaluation of biological activity of organic molecules [J].Journal of the American Chemical Society, 1984, 106(24).

[41] KOW K W, WONG Y W, RAJKUMAR R K, et al. A review on performance of artificial intelligence and conventional method in mitigating PV grid-tied related power quality events [J]. Renewable & Sustainable Energy Reviews, 2016, 56.

[42] LACHAT M R. Artificial Intelligence and Ethics: An Exercise in the Moral Imagination [J]. Ai Magazine, 1986,7(2).

[43] LEMAIGNAN S, WARNIER M, SISBOT E A, et al. Artificial cognition for social human-robot interaction: an implementation [J]. Artificial Intelligence, 2017, 247.

[44] MICHAEL LUCK, RUTH AYLETT. Applying artificial intelligence to virtual reality: intelligent virtual environments [J]. Applied Artificial Intelligence, 2000, 14(1).

[45] PAN Y. Heading toward artificial intelligence 2.0 [J]. Engineering, 2016, 2(4).

[46] POMEROL J C. Artificial intelligence and human decision making [J]. European Journal of Operational Research, 1997, 99(1).

[47] PRICE S, FLACH P A. Computational support for academic peer review: a perspective from artificial intelligence [J]. Communications of the Acm, 2017, 60(3).

[48] QADIR J, YAU K A, IMRAN M A, et al. IEEE Access special section editorial: Artificial intelligence enabled networking [J]. Access IEEE, 2015, (3).

[49] RAEDT L D, KERSTING K, NATARAJAN S, et al. Statistical relational artificial intelligence: logic, probability, and computation [M]. Morgan & Claypool, 2016.

[50] RAMCHURN S D, VYTELINGUM P, ROGERS A, et al. Putting the "smarts" into the smart grid: a grand challenge for artificial intelligence [J]. Communications of the Acm, 2012, 55(4).

[51] RAMOS C, AUGUSTO J C, SHAPIRO D. Ambient intelligence — the next step for artificial intelligence [J]. IEEE Intelligent Systems, 2008, 23(2).

[52] SCHAEFFER J, HERIK H J V D. Games, computers, and artificial intelligence [J]. Artificial Intelligence, 2002, 134(1).

[53] SIMON H A. Artificial intelligence: an empirical science[M]. Elsevier Science Publishers Ltd., 1995, 77(1).

[54] SLOMAN A. Interactions between philosophy and artificial intelligence: the role of intuition and non-logical reasoning in intelligence [J]. Artificial Intelligence, 1971, 2(3).

[55] THEODOROU, A., WORTHAM, R. H., BRYSON, J. J. Designing and implementing transparency for real time inspection of autonomous robots [J]. Connection Science, 2017. 29(3).

[56] URAIKUL V, CHAN C W, TONTIWACHWUTHIKUL P. Artificial intelligence for monitoring and supervisory control of process systems [J]. Engineering Applications of Artificial Intelligence, 2007, 20(2).

[57] WENG J, MCCLELLAND J, PENTLAND A, et al. Artificial intelligence. Autonomous mental development by robots and animals [J]. Science, 2001, 291 (5504).

[58] WIPKE W T, OUCHI G I, KRISHNAN S. Simulation and evaluation of chemical synthesis — SECS: An application of artificial intelligence techniques [J]. Artificial Intelligence, 1978, 11(1).

[59] YAMPOLSKIY R V. Artificial intelligence safety engineering: why machine ethics is a wrong approach[M]//Philosophy and Theory of Artificial Intelligence. Berlin: Springer Berlin Heidelberg, 2013.

[60] YANCO H. Artificial intelligence and mobile robots: case studies of successful robot systems [J]. Artificial Life, 1998, 6(2).

[61] YUDKOWSKY E. Artificial intelligence as a positive and negative factor in global risk [J].Global Catastrophic Risks, 2006.

[62] Jennifer Nesbitt. 4 ways artificial intelligence is transforming trade. [EB/OL]

(2017 - 05 - 18)[2017 - 08 - 14]. http://www.tradeready.ca/2017/topics/import-export-trade-management/4 - ways-artificial-intelligence-transforming-trade.

[63] 环球网.日欧正合作制定自动驾驶共同标准[EB/OL].(2016 - 07 - 12)[2017 -07 - 12].http://auto.huanqiu.com/globalnews/2016 - 07/9159210.html.

[64] 腾讯科技.人工智能的 23 条“军规”,马斯克、霍金等联合背书[EB/OL].(2017 - 07 - 11)[2017 - 11 - 22]. http://www.myzaker.com/article/589995291bc8e0bc42000002/.

[65] 科技讯.人工智能的失控风险[EB/OL].(2017 - 09 - 05)[2017 - 11 - 22].http://news.kejixun.com/article/yMLRfxWXAdYUm7qn/.

后　记

在校长金东寒院士的领导与参与下，上海大学组织了 92 位理、工、文、法和社会学科的教授、副教授、讲师、研究生及相关专家，经过近五个月时间的潜心研究和辛勤工作，终于完成了《秩序的重构——人工智能与人类社会》一书的编撰工作。

本书能够顺利出版，需要特别感谢专门为本书作序的徐匡迪院士对我们的鼓励和勉励；特别感谢潘云鹤、张统一、张久俊等院士与科技部李萌副部长及科技部创新发展司领导的支持和鼓励。

在此还要向总负责人、研究人员表示衷心感谢；向参与各章具体编写的专家、老师致以诚挚的谢意：第一章张珊珊、杨晨、钱妮娜、唐青叶、骆祥峰、冷拓、李晓强、韩越兴，第二章孙伟平，第三章李俊峰、刘颖、岳林、金枫梁、郭琦、徐聪，第四章王菁玥、揭旋，第五章王斌、刘奂奂、安平、李青、李凯、陈灵、张麒、张倩武、张新鹏、顾申申，第六章罗均、谢少荣、张卫东、杨扬、刘娜、彭艳、蒲华燕、戴伟、曹宁、陈汇资、谢佳佳，第七章王家宝、于晓宇、厉杰、金晓玲等。在这里还要感谢期刊社秦钠社长及期刊社有关老师所做的大量有效的协调和组织工作；感谢出版社戴骏豪社长及出版社相关人员积极、高效的工作；感谢美术学院领导及汪宁教授团队高水平封面设计和内页插画；感谢党政办公室有关老师的组织协调工作；感谢蒲华燕副教授在每次统稿中的协调工作。

由于人工智能的发展日新月异,《秩序的重构——人工智能与人类社会》这本书肯定还存在不尽如人意之处,恳请读者谅解与指正。同时,我们将按照徐匡迪院士在序中所希望的那样:参与写书的团队将持续跟踪和研究人工智能的发展及对人类社会产生的影响,特别是不确定性的影响。

李仁涵

2017 年 12 月 7 日

图书在版编目(CIP)数据

秩序的重构：人工智能与人类社会 / 金东寒主编.
—上海：上海大学出版社，2017.12
ISBN 978-7-5671-3013-5

Ⅰ.①秩… Ⅱ.①金… Ⅲ.①人工智能—研究
Ⅳ.①TP18

中国版本图书馆 CIP 数据核字(2017)第 301260 号

上大社・锦珂优秀图书出版基金资助出版

责任编辑 傅玉芳 陈 强 庄际虹
徐雁华 农雪玲 刘 强
美术编辑 柯国富 缪炎栩
技术编辑 金 鑫 章 斐

秩序的重构——人工智能与人类社会

金东寒 主编

上海大学出版社出版发行
(上海市上大路 99 号 邮政编码 200444)
(http://www.press.shu.edu.cn 发行热线 021-66135112)
出版人 戴骏豪

*

南京展望文化发展有限公司排版
江苏句容市排印厂印刷 各地新华书店经销
开本 710 mm×1000 mm 1/16 印张 19.25 字数 231 千
2017 年 12 月第 1 版 2017 年 12 月第 1 次印刷
ISBN 978-7-5671-3013-5/TP・067 定价 48.00 元